高等职业教育系列教材

电气控制与 PLC 技术项目教程 （三菱）

主　编　任艳君　　张　娅

副主编　李修云　　何泽歆　　康　亚

参　编　张浩波　　杨小庆　　张元禾　　李云松

　　　　戴明川　　刘　韵　　兰　扬　　艾光波

主　审　郭　兵

机 械 工 业 出 版 社

本书是重庆市高校精品在线开放课程"电气控制与可编程控制器"的配套教材，课程网址是"www.cqooc.com"。本书以三菱 FX_{3U} 系列 PLC 的应用为主线，结合"项目导向、任务驱动"的教学方式，在内容上将电气控制部分与 PLC 知识融为一体，力求在新颖性、实用性、可读性 3 个方面有所突破，体现高职高专教材的特点。本书共设置了 5 个模块 22 个任务，每个任务均有明确的任务目标和任务描述，读者通过任务实施、任务知识点、知识点拓展和任务延展及实训的学习，既可掌握电气控制技术和 PLC 基本编程技术，还可形成遵纪守法、诚实守信、尊重生命、质量意识、环保意识、安全意识、规范意识和爱岗敬业的责任意识以及信息素养、工匠精神、创新思维等职业素养。

　　本书为新形态一体化教材，配有在线开放课程平台，内容丰富，功能完善。数字化教学资源包括微课、动画、习题、源程序等，需要的教师可登录机械工业出版社教育服务网 www.cmpedu.com 免费注册后下载，或联系编辑索取（微信：15910938545，电话：010-88379739）。

　　本书可作为高等职业院校电气自动化技术、工业机器人技术、机电一体化技术、数控技术、建筑电气工程技术、应用电子技术等专业的教学用书，也可作为工程技术人员的培训用书和自学用书。

图书在版编目（CIP）数据

电气控制与 PLC 技术项目教程：三菱/任艳君，张娅主编. —北京：机械工业出版社，2020.9（2025.6 重印）
高等职业教育系列教材
ISBN 978-7-111-65932-7

Ⅰ. ①电… Ⅱ. ①任… ②张… Ⅲ. ①电气控制-高等职业教育-教材 ②PLC 技术-高等职业教育-教材 Ⅳ. ①TM571.2 ②TM571.61

中国版本图书馆 CIP 数据核字（2020）第 110558 号

机械工业出版社（北京市百万庄大街 22 号　邮政编码 100037）
策划编辑：曹帅鹏　　责任编辑：曹帅鹏　和庆娣
责任校对：张艳霞　　责任印制：单爱军
北京中科印刷有限公司印刷

2025 年 6 月第 1 版·第 7 次印刷
184mm×260mm·19.25 印张·476 千字
标准书号：ISBN 978-7-111-65932-7
定价：59.90 元

电话服务　　　　　　　　　　网络服务

客服电话：010-88361066　　机 工 官 网：www.cmpbook.com
　　　　　010-88379833　　机 工 官 博：weibo.com/cmp1952
　　　　　010-68326294　　金 书 网：www.golden-book.com
封底无防伪标均为盗版　　机工教育服务网：www.cmpedu.com

前　言

电气控制与可编程控制器技术是将继电器技术、计算机技术、控制技术、网络通信技术集于一体的综合性技术。可编程控制器（PLC）是工业自动化设备的主导产品，具有控制功能强、可靠性高、使用方便和适用于不同控制要求的各种控制对象等优点。随着工业自动化的发展，PLC 在电气控制中的应用越来越广泛，逐步成为电气控制的核心器件。在高等职业院校的电气、机电类专业，"电气控制与 PLC" 已成为一门重要的专业技术课程。

三菱公司的 PLC 在我国应用市场中占有一定份额，尤其是三菱 FX 系列 PLC 因其小型化、高速度、功能强、易于通信以及具有满足各种个体需要的特殊功能模块等优点，所以在工业自动化控制中得到广泛应用。本书以三菱 FX 系列 PLC 为例，介绍了电气控制与 PLC 的基本知识及其应用。本书共分为 5 个模块：模块一为基本控制电路的继电器-接触器控制和 PLC 控制，通过 8 个任务的实施，介绍了三相异步电动机的起动、制动及调速运行控制，以及三菱 FX_{3U} 系列 PLC 的基本结构、工作原理及基本指令；模块二为 PLC 步进顺序控制设计及其应用，通过 4 个任务的实施，介绍了顺序功能图、步进指令编程的思想和方法及实际应用；模块三为 PLC 功能指令及其应用，通过 4 个任务的实施，详细介绍了功能指令及其应用；模块四为 PLC 与变频器，通过 2 个任务的实施，介绍了变频器的结构、原理与应用；模块五为电气控制系统的设计及其 PLC 控制实例，通过 4 个任务的实施，介绍了电气控制系统的设计方法及 PLC 控制系统的分析和设计方法。本书以任务为单元，以完成任务的过程为主线，将知识点和技能点穿插其中。多数任务按照"任务目标—任务描述—任务实施—任务知识点—知识点拓展—任务延展"的顺序编排，便于不同层次的读者使用。为密切结合企业的实际需求，本书是学校与浙江天煌科技实业有限公司、重庆水务集团合作共同编写的，是一本校企合作的教材。

党的二十大报告指出"教育、科技、人才是全面建设社会主义现代化国家的基础性、战略性支撑"。本书通过先进技术的实操应用，加强学生对现代科技发展水平的认识，同时也融入诚实守信、爱岗敬业、工匠精神和创新思维等职业素养。

本书任务 1~任务 16 由重庆工商职业学院的教师编写，其中：任务 1~任务 4 由任艳君编写，任务 5 由杨小庆编写，任务 6 由刘韵编写，任务 7 由兰扬编写，任务 8 由戴明川编写，任务 9~任务 12 由张娅编写，任务 13 由张浩波编写，任务 14 由李云松编写，任务 15~任务 16 由何泽款编写；任务 17~任务 18 由重庆工程职业技术学院李修云编写；任务 19~任务 21 由重庆城市管理职业学院康亚编写；任务 22 由重庆水务集团张元禾编写。重庆水务集团张元禾和浙江天煌科技实业有限公司艾光波对实训项目的设置进行了指导，并参与了各任务中实训任务的编写工作。本书由任艳君、张娅负责全书的统稿和最后定稿。

本书由郭兵教授主审，郭教授仔细审阅了稿件，肯定了本书的特色，并提出了许多宝贵的意见和建议，在此表示衷心的感谢！此外，本书编写过程中翻阅了大量的参考资料，也得到了其他高校教师和许多企业工程技术人员的指导和帮助，在此一并表示诚挚的谢意！

由于编者水平和实践经验有限，书中不妥和疏漏之处在所难免，恳请读者提出宝贵意见。

编　者

目　　录

模块二　PLC 步进顺序控制设计及其应用

模块三 PLC 功能指令及其应用

模块四 PLC 与变频器

模块五　电气控制系统的设计及其 PLC 控制实例

模块一　基本控制电路的继电器–接触器控制和 PLC 控制

任务 1　三相异步电动机点动运行的继电器–接触器控制

1.1　任务目标

- 会描述三相异步电动机点动运行的继电器–接触器控制工作原理。
- 能记住常用低压电器的国标图形符号和文字符号并描述其工作原理。
- 会利用实训设备完成三相异步电动机点动运行的继电器–接触器控制电路的安装、调试和运行等，会判断并排除电路故障。
- 会选择低压电器并利用工具检测元器件的好坏。
- 具有遵循国家标准和遵守规章制度、操作规范以及生产安全的意识；具有利用手册及网络资源等，阅读和查找相关资料的自学能力。

1.2　任务描述

三相异步电动机点动运行的要求：当按下起动按钮时，电动机起动运转；松开按钮后，电动机立即停止运转。使用继电器–接触器控制电路实现控制。

1.3　任务实施

利用实训设备完成三相异步电动机点动运行继电器–接触器控制电路的安装、调试、运行及故障排除。

1. 三相异步电动机点动运行的继电器–接触器控制效果

2. 绘制工程电路原理图

三相异步电动机点动运行的继电器–接触器控制电路原理图如图 1–1 所示。

3. 选择元器件

1）编制器材明细表。该实训任务所需器材见表 1–1。

视频 1.1
展示控制效果

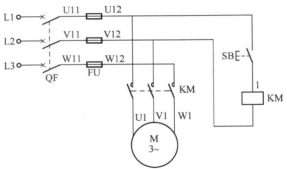

图 1-1 三相异步电动机点动运行的继电器-接触器
控制电路原理图

表 1-1 三相异步电动机点动运行的继电器-接触器控制电路器材明细表

符 号	名 称	型 号	规 格	数 量	备 注
QF	低压断路器	DZ108-20/10-F	脱扣器整定电流 0.63～1 A	1 只	
FU	螺旋式熔断器	RL1-15	配熔体 3 A	3 只	
KM	交流接触器	CJX2-1810	线圈 AC 380 V	1 只	
SB	按钮	LAY16	一动合一动断自动复位	1 个	
M	三相笼型异步电动机	DJ24/DJ26	U_N380V（丫/△）	1 台	

2）器材质量检查与清点。

4. 安装、敷设电路

1）绘制工程布局布线图。三相异步电动机点动运行继电器-接触器控制电路的工程布局布线图如图 1-2 所示。

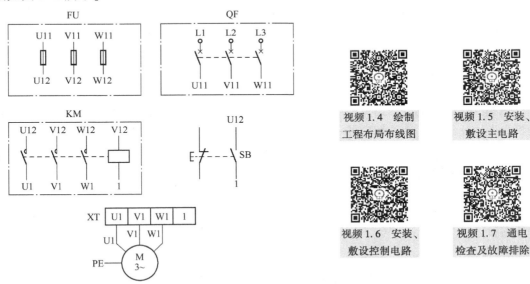

图 1-2 三相异步电动机点动运行继电器-接触器
控制电路的工程布局布线图

2）安装、敷设电路。

3）通电检查及故障排除。

4）整理器材。

1.4　任务知识点

1.4.1　三相异步电动机点动运行的继电器−接触器控制电路的工作原理

视频 1.8
点动运行的
继电器−接触
器控制

三相异步电动机点动运行的继电器−接触器控制电路原理如图 1-1 所示，其工作过程是：当合上电源开关 QF 时，主电路中的电动机 M 不会起动运转，因为此时交流接触器 KM 的主触头处在断开状态，电动机 M 的定子绕组上没有电压。当按下按钮 SB 时，控制电路中交流接触器 KM 的线圈得电吸合，主电路中 KM 的主触头闭合，电动机起动运转。当松开按钮 SB 时，KM 的线圈失电释放，从而使 KM 的主触头断开，电动机随即停转。

这种按下按钮电动机运转、松开按钮即停转的电路，称为点动控制电路。这种电路常用于快速移动控制或调整机床。

1.4.2　常用低压电器概述

动画 1.1
点动运行的继
电器−接触
器控制

图 1-1 所示的继电器−接触器控制电路由各种不同的电气元器件组成。电器是所有电工器械的简称，对电能的生产、输送、分配和使用起控制、调节、检测、转换及保护作用。我国现行标准将工作在 AC 50 Hz 或 60 Hz、额定电压 1200 V 及以下和 DC 额定电压 1500 V 及以下电路中的电器称为低压电器。低压电器种类繁多、结构各异、用途不同，随着科学技术的不断发展，它将会向着体积小、质量轻、安全可靠、使用方便及性价比高等方向发展。

1. 低压电器的分类及型号

（1）低压电器的分类

低压电器的种类很多，根据用途、动作方式、有无触头和工作原理等的不同，其分类见表 1-2。本书将陆续对部分相关低压电器进行介绍。

表 1-2　低压电器分类表

分类方式	分类名称	功　能	器件示例
用途	控制电器	用于各种控制电路和控制系统的电器	接触器、继电器、按钮、转换开关、行程开关等
	配电电器	正常或事故状态下接通或分断用电设备和供电电网所用的电器	刀开关、熔断器、断路器、热继电器、电压继电器、电流继电器等
动作方式	自动切换电器	简称自动电器，依靠本身参数的变化或外来信号的作用，自动完成接通或分断等动作	接触器、继电器、熔断器、行程开关等
	非自动切换电器	简称手动电器，用手直接操作来进行切换	刀开关、转换开关、按钮等
有无触头	有触头电器	利用触头的闭合与断开来实现电路的接通与分断	接触器、按钮等
	无触头电器	没有触头，利用晶体管的导通与截止来实现电路的接通与分断	接近开关、电子式时间继电器等
工作原理	电磁式电器	由电磁机构控制电器动作，从而实现控制目的	接触器、继电器等
	非电信号控制电器	由非电磁力控制电器触头的动作	压力继电器、速度继电器、温度继电器等

（2）低压电器的型号

不同的低压电器有不同的型号，其产品型号的组成形式及含义如图 1-3 所示。其中，低压电器产品型号中的类组代号及派生代号见附录 A。

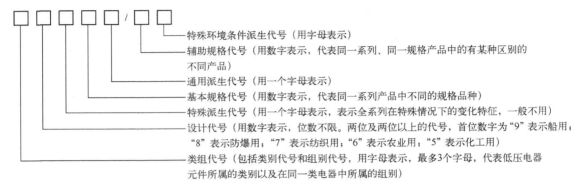

图 1-3　低压电器产品型号的组成形式及含义

低压电器产品型号中的类组代号与设计代号的组合代表产品的系列，一般称为电器的系列号。同一系列的电气元器件的用途、工作原理和结构基本相同，而规格、容量则根据需要可以有许多种。如 JR16 是热继电器的系列号，同属这一系列的热继电器的结构、工作原理都相同，但其热元件的额定电流从几安到几百安，有十几种规格；其中，辅助规格代号为 3D 的热继电器，表示有三相热元件，装有差动式断相保护装置，因此能对三相异步电动机有过载和断相保护功能。

2. 低压电器的技术参数

（1）低压电器的常用技术术语

1）动（操）作：电器的活动部件从一个位置转换到另一个相邻的位置。例如，把电风扇的调速器的风速档位从"1 档"旋转到"2 档"就是一个动作。

2）闭合：使电器的动、静触头在规定的位置上建立电接触的过程。

3）断开：使电器的动、静触头在规定的位置上解除电接触的过程。

4）接通：由于电器的闭合，从而使电路内电流连续流通的操作。

5）分断：由于电器的断开，从而使电路内电流被截止的操作。

6）控制：使电器设备的工作状态适应于变化运动要求。

视频 1.9
低压电器的
分类及型号

7）可逆转化：通过电器触头的转化改变电动机电路上的电源相序（对于直流电动机则为电源极性），以实现电动机反向运转的过程。

（2）低压电器的主要技术参数

为保证电器设备安全可靠工作，国家对低压电器的设计、制造制定了严格的标准，合格的电器产品必须满足国家标准规定的技术要求。用户在使用电气元器件时，必须按照产品说明书中规定的技术条件选用。

1）额定电压。

① 额定工作电压：在规定条件下，能保证电器正常工作的电压值，通常是指触头的额定电压值。有电磁机构的控制电器还规定了电磁线圈的额定工作电压。

② 额定绝缘电压：在规定条件下，用来度量电器及其部件的绝缘强度、电气间隙和漏电

距离的额定电压值。除非另有规定，一般为电器最大额定工作电压。

③ 额定脉冲耐受电压：反映电器在其所在系统发生最大过电压时所能耐受的能力。额定绝缘电压和额定脉冲耐受电压共同决定电器的绝缘水平。

2）额定电流。

① 额定工作电流：在规定条件下，保证开关电器正常工作的电流值。

② 额定发热电流：在规定条件下，电器处于非封闭状态，开关电器在 8 h 工作制下，各部件的温升不超过极限数值时所承载的最大电流值。

③ 额定封闭发热电流：在规定条件下，电器处于封闭状态，在所规定的最小外壳内，开关电器在 8 h 工作制下，各部件的温升不超过极限数值时所承载的最大电流值。

④ 额定持续电流：在规定条件下，开关电器在长期工作制下，各部件的温升不超过规定极限数值时所承载的最大电流值。

3）使用类别。有关操作条件的规定组合，通常用额定电压和额定电流的倍数及其相应的功率因数或时间常数等来表征电器额定通、断能力的类别。

4）通断能力。通断能力包括接通能力和分断能力，用非正常负载时接通和分断的电流值来衡量。接通能力是指开关闭合时不会造成触头熔焊的能力；分断能力是指开关断开时能可靠灭弧的能力。

5）绝缘强度。电气元器件的触头处于断开状态时，动、静触头之间耐受的电压值（无击穿或闪络现象）。

6）耐潮湿性能。保证电器可靠工作的允许环境潮湿条件。

7）极限允许温升。电器的导电部件通过电流时将引起发热和温升。极限允许温升是指为防止过度氧化和烧熔而规定的最高温升值（温升值=测得实际温度−环境温度）。

8）操作频率及通电持续率。操作频率是指开关电器每小时内可能实现的最高操作循环次数。通电持续率是电器工作于断续周期工作制时，负载时间与工作周期之比，通常以百分数表示。

9）寿命。控制电器的寿命包括机械寿命和电寿命。机械寿命是指机械电器在需要修理或者更换机械零件前所承受的空载操作循环次数，即在无电流情况下能操作的次数；电寿命是指按所规定的使用条件在需要修理或更换零件前所承受的负载操作循环次数。对于有触头的电器，其触头在工作中除机械磨损外，尚有更为严重的电磨损。因而，电器的电寿命一般小于其机械寿命，故设计时，要求其电寿命为机械寿命的 20%~50%。

（3）选择低压电器的注意事项

1）安全原则。安全可靠是对任何电器的基本要求，保证电路和用电设备的可靠运行是正常生活与生产的前提。

2）经济性。包括电器本身的经济价值和使用该电器产生的价值。

3）明确控制对象及其工作环境。

4）明确控制对象的额定电压、额定功率、操作特性、起动电流及工作方式等相关的技术数据。

视频 1.10
低压电器的
技术参数

5）了解备选电器的正常工作条件，如环境温度、湿度、海拔、振动和防御有害气体等方面能力。

6）了解备选电器的主要技术性能，如额定电流、额定电压、通断能力和使用寿命等。

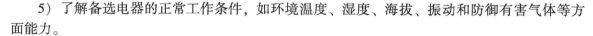

3. 电磁式低压电器

电磁式低压电器一般都由感受部分和执行部分组成。感受部分感受外界信号，并做出反应，自动电器的感受部分大多由电磁机构组成，手动电器的感受部分通常为电器的操作手柄。执行部分即触头系统，是根据感受部分做出的反应而动作，执行接通或分断电路的任务。部分电磁式低压电器还有灭弧装置。电磁式低压电器的基本结构如图 1-4 所示。

图 1-4　电磁式低压电器的基本结构

（1）低压电器的电磁机构

电磁机构的主要作用是将电磁能转换为机械能，即将线圈中的电流转换成电磁力，带动触头动作，从而完成电路的接通或分断。

1）电磁机构的结构。电磁机构由线圈、铁心（静铁心）和衔铁（动铁心）等几部分组成，吸引线圈绕在铁心柱上，静止不动，如图 1-5 所示。按通过线圈的电流种类分为交流电磁机构和直流电磁机构；按电磁机构的形状分为 E 形和 U 形；按衔铁的运动形式分为拍合式和直动式。图 1-5a 为衔铁沿棱角转动的拍合式电磁机构，其铁心材料由电工软铁制成，广泛用于直流电器中；图 1-5b 为衔铁沿轴转动的拍合式电磁机构，其铁心材料由电工硅钢片叠成，多用于触头容量较大的交流电器中；图 1-5c 为衔铁直线运动的双 E 形直动式电磁机构，其铁心材料也是由硅钢片叠成，多用于中、小容量的交流电器中。

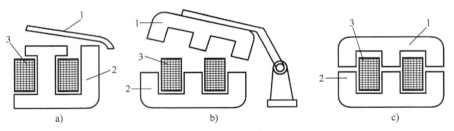

图 1-5　电磁式低压电器的电磁机构
a）、b）拍合式电磁机构　c）直动式电磁机构
1—衔铁　2—铁心　3—线圈

① 铁心（衔铁）。交流电磁机构和直流电磁机构的铁心（衔铁）有所不同，直流电磁机构的铁心为整体结构，以增加磁导率和增强散热；交流电磁机构的铁心采用硅钢片叠制而成，目的是减少铁心中产生的涡流（涡流使铁心发热）。

此外，交流电磁机构的铁心一般都有短路环，以防止电流过零时（滞后 90°）电磁吸力不足使衔铁振动。短路环示意图如图 1-6 所示，其作用是将磁通分相，使合成后的吸力在任一时刻都大于反力，消除振动和噪声。

② 线圈。线圈是电磁机构的心脏，按接入线圈电源种类的不同，可分为直流线圈和交流线圈。由于铁心中有磁滞损耗和涡流损耗，因此交流线圈一般做成矮胖形，以便于散热；而直流线圈一般做成瘦长形。

根据励磁的需要，线圈可分串联和并联两种，前者称为电流线圈，后者称为电压线圈。电流线圈连接如图 1-7a 所示，采用扁铜条带或粗铜线绕制，匝数少，阻抗小，衔铁动作与否取决于线圈中电流的大小，且衔铁动作不改变线圈中电流的大小；电压线圈连接如图 1-7b 所示，采用细铜线绕制，匝数多，阻抗大，电流小。

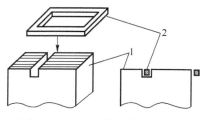

图 1-6　电磁机构短路环示意图
1—铁心　2—短路环

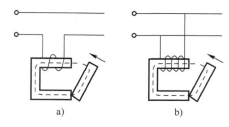

图 1-7　电磁机构的电流电压线圈
a）电流线圈　b）电压线圈

从结构上看，线圈可分为有骨架和无骨架两种。交流电磁机构多为有骨架结构，主要用来散发铁心中的磁滞和涡流损耗产生的热量；直流电磁机构的线圈多为无骨架结构。

2）电磁机构的工作原理。当线圈中有电流通过时，通电线圈产生磁场，经铁心、衔铁和气隙形成回路，产生电磁力并克服弹簧的反作用力将衔铁吸向铁心，由连接机构带动相应的触头动作。

（2）低压电器的触头系统

在工作过程中可以断开与闭合的电接触称为可分合接触，又称为触头。触头是成对的，分别称为动触头和静触头。电流容量较小的电器（如接触器、继电器）常采用银质材料作触头，这是因为银的氧化膜电阻率与纯银相似，可以避免表面氧化膜电阻率增加而造成接触不良。

触头的结构形式有多种。按控制电路可分为主触头和辅助触头，主触头用于接通或分断主电路，允许通过较大的电流；辅助触头用于接通或分断控制电路，只允许通过较小的电流。按初始状态可分为动合触头和动断触头，动合触头又称为常开触头，当线圈不带电时，动、静触头断开；动断触头又称为常闭触头，当线圈不带电时，动、静触头闭合。按接触形式可分为桥式触头和指式触头，桥式触头又分为点接触和面接触，点接触适用于电流较小，且触头压力小的场合，常用于继电器电路或作为辅助触头，如图 1-8a 所示；面接触适用于电流较大的场合，如刀开关、接触器的主触头等，如图 1-8b 所示；指式触头的接触区为一条直线，因此又称为线接触，触头闭合或断开时产生滚动摩擦，以利于去掉氧化膜，故其触头可以用紫铜制造，特别适合于触头分合次数多、电流大的场合，如图 1-8c 所示。

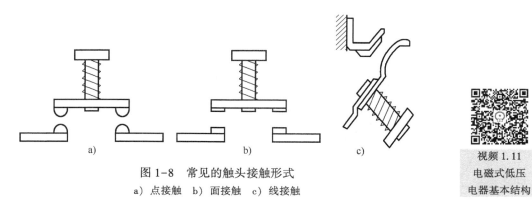

图 1-8　常见的触头接触形式
a）点接触　b）面接触　c）线接触

视频 1.11
电磁式低压
电器基本结构

（3）低压电器的灭弧装置

开关电器分断电流电路时，触头间电压大于 10~20 V、电流超过 80 mA 时，触头间会产生强烈而耀眼的光柱，这就是电弧。

1）电弧的产生。当动、静触头断开瞬间，两触头间距极小，电场强度极大，在高热及强电场的作用下，金属内部的自由电子从阴极表面逸出，奔向阳极。这些自由电子在电场中运动时撞击中性气体分子，使之激励和游离，产生正离子和电子，这些电子在强电场作用下继续向阳极移动，同时撞击其他中性分子。因此，在触头间隙中产生了大量的带电粒子，使气体导电形成了炽热的电子流即电弧。电弧的产生主要经历了 4 个物理过程：强电场放射、撞击电离、热电子发射、高温游离。

2）电弧的危害。产生电弧时，外部有白炽弧光，内部有很高的温度和密度很大的电流，因此会导致触头烧损，并使电路故障的切断时间延长，同时高温将引起电弧附近电气绝缘材料烧坏，或形成飞弧造成电源短路，严重时可引起火灾。

3）灭弧的方法。电弧分直流电弧和交流电弧，交流电弧有自然过零点，故其电弧较易熄灭。为加速电弧熄灭，常采用以下方法灭弧。

① 机械灭弧。又称拉弧，通过机械将电弧迅速拉长，使其表面积增大而迅速冷却，加快了触头的断开速度。如开关电器中通过加装强力开断弹簧来实现此目的。

② 吹弧。利用气体或液体介质吹动电弧，使之拉长、冷却。按照吹弧的方向，分纵吹和横吹。另外还有两者兼有的纵横吹、大电流横吹、小电流纵吹。双断口电动力吹弧如图 1-9 所示。

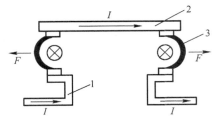

图 1-9　双断口电动力吹弧
1—静触头　2—动触头　3—电弧

③ 磁吹灭弧。在一个与触头串联的磁吹线圈产生的磁力作用下，电弧被拉长且被吹入由固体介质构成的灭弧罩内，被冷却熄灭。

④ 栅片灭弧。又称长弧割短弧，即当触头断开时，产生的电弧在电场力的作用下被推入一组金属栅片而被切割成几个串联的短弧，彼此绝缘的金属片相当于电极，因而就有许多阴阳极压降，对交流电弧来说，在电弧过零时会使电弧无法维持而熄灭，如图 1-10 所示。

⑤ 窄缝灭弧。在电弧形成的磁场和电场力的作用下，将电弧拉长进入灭弧罩的窄缝中，使其分成数段并迅速熄灭，如图 1-11 所示，该方式主要用于交流接触器中。

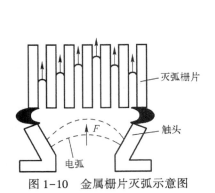

图 1-10　金属栅片灭弧示意图

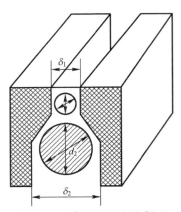

图 1-11　窄缝灭弧室的断面

⑥ 多断口灭弧。同一相采用两对或多对触头，使电弧分成几个串联的短弧，从而使每个断口的弧隙电压降低，触头的灭弧行程缩短，提高灭弧能力。

⑦ 利用介质灭弧。电弧中去游离的强度，很大程度取决于所在介质的特性（如导热系数、

介电强度、热游离温度和热容量等）。气体介质中氢气具有良好的灭弧性能和导热性能，其灭弧能力是空气的 7.5 倍；六氟化硫（SF_6）气体的灭弧能力是空气的 100 倍。因此，把电弧引入充满特殊气体介质的灭弧室中，使游离过程大大减弱，能够快速灭弧。

视频 1.12
电磁式低压
电器灭弧装置

⑧ 改善触头表面材料。触头应采用高熔点、导电导热能力强和热容量大的金属材料，以减少热电子发射、金属熔化和蒸发。目前，许多触头的端部镶有耐高温的银钨合金或铜钨合金。

1.4.3　开关电器（低压断路器（QF），按钮（SB））

开关电器属于配电电器，用于电能的分配和小型电器设备的控制，是利用触头的闭合和断开在电路中起通断、控制作用的电器。开关电器主要包括刀开关、负荷开关、断路器、漏电保护开关和主令电器等。本节重点介绍低压断路器和按钮，其他开关电器将在知识点拓展中介绍。

1. 低压断路器（QF）

低压断路器又称自动开关或空气开关，可用来分配电能，不频繁起动电动机，对供电线路及电动机等进行保护。它相当于刀开关、熔断器、热继电器和欠电压继电器的组合，是一种既有手动开关作用又能自动进行失电压保护、过载保护、短路保护和漏电保护的电器。

（1）结构

低压断路器按结构形式分为塑壳式 DZ 系列（又称装置式）和框架式 DW 系列（又称万能式）两大类。DZ 系列低压断路器的实物图、结构和符号如图 1-12 所示。低压断路器主要由触头系统、灭弧装置、保护装置和传动机构等组成。触头系统一般由主触头、弧触头和辅助触头组成。灭弧装置采用栅片灭弧方法，灭弧栅一般由长短不同的钢片交叉组成，放置在由绝缘材料组成的灭弧室内。保护装置由各类脱扣器（电磁脱扣器、自动脱扣器及热脱扣器等）构成，以实现短路、失电压和过载等保护功能。

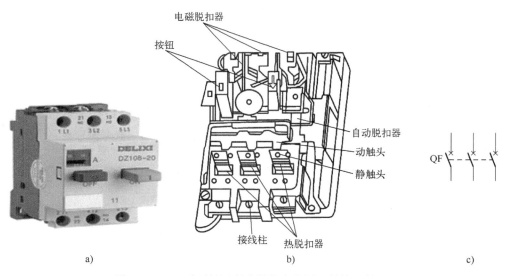

图 1-12　DZ 系列低压断路器的实物图、结构和符号

a）实物图　b）结构　c）图形符号和文字符号

低压断路器型号的组成形式及含义如图 1-13 所示。DZ 型主要是对小容量低压配电线路、电动机等进行过载和短路保护，其常用型号有 DZ5、DZ10、DZ108 等系列。DW 型多用于低压配电系统的主开关，大容量不频繁操作的电动机，以及重要的、负载较大的主干线的过载、失电压和短路保护，常见型号有 DW10、DW15、DW17 等系列。

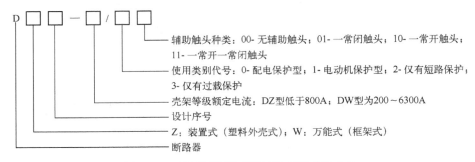

辅助触头种类：00- 无辅助触头；01- 一常闭触头；10- 一常开触头；11- 一常开一常闭触头

使用类别代号：0- 配电保护型；1- 电动机保护型；2- 仅有短路保护；3- 仅有过载保护

壳架等级额定电流：DZ 型低于 800A；DW 型为 200～6300A

设计序号

Z：装置式（塑料外壳式）；W：万能式（框架式）

断路器

图 1-13　低压断路器型号的组成形式及含义

低压断路器操作方式有按钮操作、旋钮操作、手柄操作、电磁铁操作和电动机操作等，一般 DZ 型多为手动操作，大容量需配有电动操作机构。DZ 系列的动作时间低于 0.02 s，DW 系列的动作时间大于 0.02 s。

（2）工作原理

低压断路器的工作原理如图 1-14 所示。图中低压断路器的 3 副主触头串联在被保护的三相主电路中，由于搭钩钩住弹簧，从而使主触头保持闭合状态。当线路正常工作时，电磁脱扣器中线圈所产生的吸力不能将它的衔铁吸合；当线路发生短路时，电磁脱扣器的吸力增加，将衔铁吸合，并撞击杠杆把搭钩顶上去，在弹簧的作用下切断主触头，实现了短路保护。当线路上电压下降或失去电压时，欠电压脱扣器的吸力减小或失去吸力，衔铁被弹簧拉开，撞击杠杆把搭钩顶上去，切断主触头，实现了失电压保护。当线路过载时，热脱扣器的双金属片受热弯曲，也把搭钩顶上去，切断主触头，实现了过载保护。

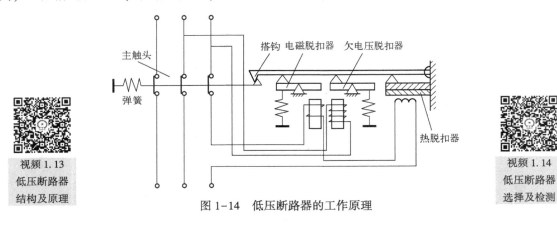

视频 1.13
低压断路器
结构及原理

视频 1.14
低压断路器
选择及检测

图 1-14　低压断路器的工作原理

2. 按钮（SB）

按钮是一种结构简单、应用广泛的主令电器。主令电器主要用来接通、分断和切换控制电路，即用它来控制接触器、继电器等电器的线圈得电与失电，从而控制电力拖动系统主电路的接通与分断以及改变系统的工作状态。常用的主令电器有按钮、转换开关、行程开关、凸轮控制器等。

（1）结构

按钮的结构种类很多，可分为普通揿钮式、蘑菇头式、自锁式、自复位式、旋柄式、带指示灯式、带紧急制动功能式及钥匙式等，有单钮、双钮、三钮及不同组合形式。但其基本结构和符号类似，如图1-15所示。主要由按钮帽、复位弹簧、桥式动触头、静触头和外壳等组成。为了标明各个按钮的作用，避免误操作，通常将按钮帽做成不同的颜色，以示区别，其颜色有红、绿、黑、黄、蓝、白等。通常，红色表示停止按钮，绿色表示起动按钮。

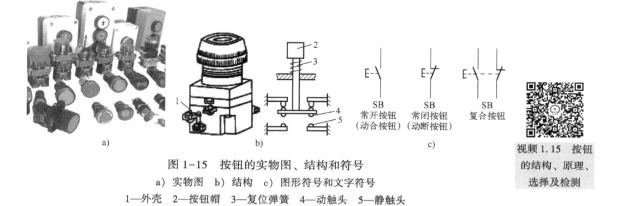

图1-15　按钮的实物图、结构和符号

a）实物图　b）结构　c）图形符号和文字符号

1—外壳　2—按钮帽　3—复位弹簧　4—动触头　5—静触头

视频1.15　按钮的结构、原理、选择及检测

（2）工作原理

按钮可以完成电路的起动、停止，电动机的正反转、调速以及互锁等基本控制。通常每一个按钮有两对触头，一对动合（常开）触头和一对动断（常闭）触头，其工作原理如图1-16所示。当按下按钮，两对触头动作，先是动断触头断开，然后动合触头闭合；松开按钮时，动合触头先在复位弹簧的作用下复位断开，动断触头后在复位弹簧的作用下复位闭合。

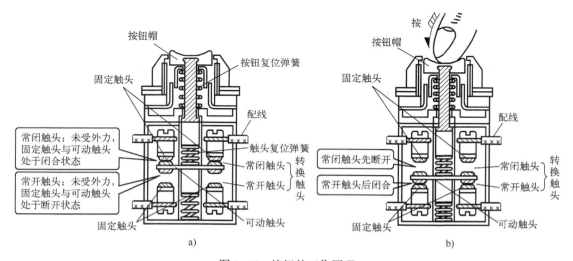

图1-16　按钮的工作原理

a）按钮按下前状态　b）按钮按下后状态

1.4.4　熔断器（FU）

熔断器是一种简单而有效的保护电器，它串联在电路中主要起短路和过电流保护作用。

1. 结构

熔断器的结构和符号如图 1-17 所示，主要由熔体、外壳和支座 3 部分组成。熔断器的主要元件是熔体，一般用电阻率较高的易熔合金制成，大多被装在各种样式的外壳里面，常见类型有插入式、螺旋式、封闭式、快速式、自恢复式等。

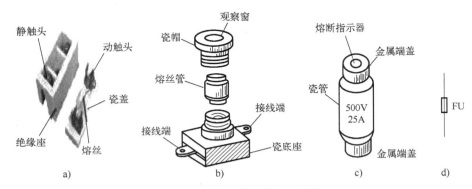

图 1-17　熔断器的结构和符号

a）插入式熔断器结构　b）螺旋式熔断器结构　c）熔体　d）图形符号和文字符号

2. 工作原理

熔断器的工作原理如图 1-18 所示。当电路正常工作时，流过熔体的电流小于或等于它的额定电流，熔断器的熔体不会熔断；一旦发生短路或严重过载时，熔体因自身发热而熔断，自动分断电路，从而起到保护的作用。

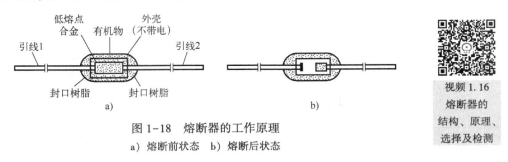

图 1-18　熔断器的工作原理

a）熔断前状态　b）熔断后状态

视频 1.16
熔断器的
结构、原理、
选择及检测

1.4.5　接触器（KM）

接触器是利用电磁吸力进行操作的电磁开关，适用于远距离频繁接通和分断交、直流主电路以及大容量控制电路。接触器主要控制对象是电动机、电热设备、电焊机等，具有欠电压保护、零电压保护、操作方便、动作迅速、操作频率高、灭弧性能好、控制容量大、工作可靠和寿命长等优点，是自动控制系统中应用最多的一种电器。接触器按其主触头通过电流的种类不同可分为交流接触器和直流接触器两种。

1. 交流接触器

（1）结构

交流接触器的结构和符号如图 1-19 所示，主要由电磁系统、触头系统和灭弧装置组成。电磁系统主要由线圈、静铁心、动铁心（衔铁）组成；触头系统的触头包括主触头和辅助触头；灭弧装置用于迅速切断主触头断开时产生的电弧，常采用灭弧栅灭弧。常用交流接触器有空气电磁式交流接触器、机械联锁交流接触器、切换电容接触器、真空交流接触器和智能化接触器，型号多为 CJ 系列。

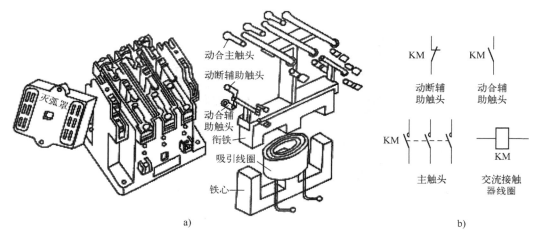

图 1-19　交流接触器的结构和符号

a）结构　b）图形符号和文字符号

（2）工作原理

交流接触器的工作原理如图 1-20 所示。当接触器的线圈得电后，线圈中流过的电流产生磁场，使铁心产生足够大的吸力，克服反作用弹簧的反作用力，将衔铁吸合，通过传动机构带动主触头和动合辅助触头闭合、动断辅助触头断开。当接触器线圈失电或电压显著下降时，由于电磁吸力消失或过小，衔铁在反作用弹簧的作用下复位，带动各触头恢复到初始状态。

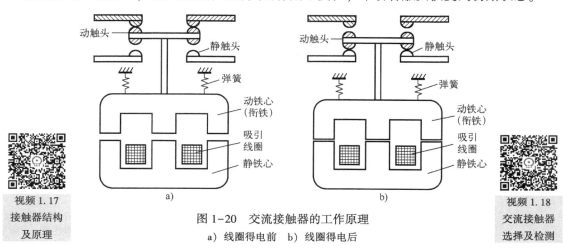

视频 1.17
接触器结构
及原理

图 1-20　交流接触器的工作原理

a）线圈得电前　b）线圈得电后

视频 1.18
交流接触器
选择及检测

2. 直流接触器

直流接触器主要用于远距离接通和分断直流电路，还用于直流电动机的频繁起动、停止、反转和反接制动等，其实物及结构原理如图 1-21 所示。直流接触器的动作原理与交流接触器相似，但直流分断时感性负载存储的磁场能量瞬时释放，断点处产生高能电弧，因此要求直流接触器具有一定的灭弧功能。直流接触器有立体布置和平面布置两种结构，中/大容量直流接触器常采用单断点平面布置整体结构，其特点是分断时电弧距离长，灭弧罩内含灭弧栅；小容量直流接触器采用双断点立体布置结构。电磁系统多采用绕棱角转动的拍合式结构，主触头采用双断点桥式结构或单断点转动式结构。常用的产品多为 CZ 系列。

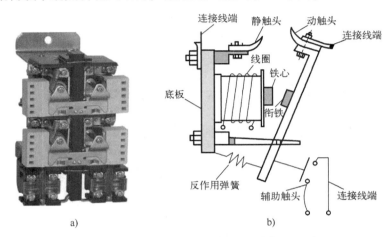

图 1-21　直流接触器的实物图及结构原理图

a）实物图　b）结构原理图

3. 接触器的主要技术参数及选用

接触器的触头数量、种类应满足控制电路要求，其技术参数见表 1-3。

表 1-3　接触器的主要技术参数

分　类		技术参数值	说　　明
额定电压	直流接触器	110 V、220 V、440 V、660 V	主触头的额定工作电压应大于或等于负载额定电压
	交流接触器	127 V、220 V、380 V、500 V、660 V	
额定电流	直流接触器	40 A、80 A、100 A、150 A、250 A、400 A、600 A	主触头的额定电流应大于或等于 1.3 倍的负载额定电流
	交流接触器	5 A、10 A、20 A、40 A、60 A、100 A、150 A、250 A、400 A、600 A	
	辅助触头	5 A	
线圈额定电压	直流接触器	24 V、48 V、220 V、440 V	当电路简单、使用电器较少时，可选用 220 V 或 380 V 电压；当电路复杂、使用电器较多或处在不太安全的场所时，可选用 36 V、110 V 或 127 V 电压
	交流接触器	36 V、110（127）V、220 V、380 V	
寿命	机械寿命	可操作 1000 万次以上	
	电气寿命	可操作 100 万次以上	
操作频率	每小时的操作次数一般为 600 次或 1200 次	—	当通断电流较大且通断频率超过规定数值时，应选用额定电流大一级的接触器型号，否则会使触头严重发热，甚至熔焊在一起，造成电动机等负载断相运行

1.4.6　电动机（M）

电机是基于电磁感应原理而运行的电气设备，可以实现机械能和电能间的转换、不同形式电能间的变换以及信号的传递与转换。在实际生产应用中，电机的种类繁多，可以按不同的标准进行划分。一般电机的分类如图 1-22 所示。本书将以三相异步电动机和直流电动机为例介绍电机的相关知识。

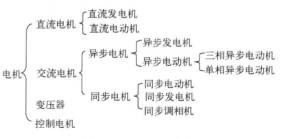

图 1-22　电机的分类

1. 三相异步电动机

异步电机是指电机运行时的转子转速与旋转磁场的转速不相等，或与电源频率之间没有严格不变的关系，且随着负载的变化而改变。三相异步电动机结构简单、制造使用和维护方便、运行可靠、成本低、效率高，主要用在各种生产机械的电力拖动装置中，能满足各行业大多数生产机械的传动要求。

（1）结构

三相异步电动机由 3 个主要部分组成：一是静止部分，称为定子；二是转动部分，称为转子（或电枢）；三是定子和转子之间留有的一定间隙，称为气隙。图 1-23 是笼型三相异步电动机的剖面图和零部件拆分图。

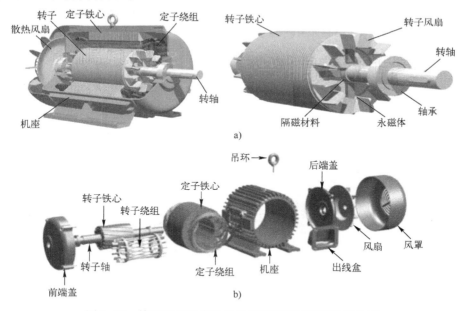

图 1-23　笼型三相异步电动机的剖面图和零部件拆分图

a）剖面图　b）零部件拆分图

1）定子。笼型三相异步电动机的定子主要由定子铁心、定子绕组和机座组成。定子铁心是导磁部分，即异步电动机磁路的一部分，并起固定定子绕组的作用。定子绕组是导电部分，即异步电动机的电路部分，它通过三相电流建立旋转磁场，产生感应电动势以实现机电能量转换。机座是异步电动机机械结构的组成部分，其主要作用是固定和支撑定子铁心，同时也是异步电动机磁路的一部分。

2）转子。笼型三相异步电动机的转子主要由转子铁心、转子绕组和转子轴 3 部分组成，其作用是带动其他机械设备运转，一般有铜条转子和铸铝转子两种，如图 1-24 所示。转子铁心是导磁部分，一般固定在转子轴上，其外圆上均匀地冲有许多槽，用来嵌放转子绕组。转子绕组是导电部分，其作用是切割旋转磁场产生感应电动势和感应电

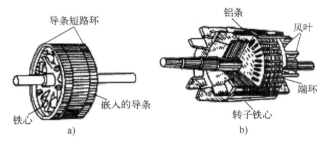

图 1-24 笼型三相异步电动机的转子
a）铜条转子　b）铸铝转子

流，感应电流产生的磁场在定子旋转的磁场作用下产生电磁转矩。铜条转子绕组是在转子铁心的槽中嵌入铜条，铸铝转子绕组是在槽中浇铸铝液，其两端用端环连接。

3）气隙及其他部分。异步电动机的气隙比同容量的直流电动机的气隙小得多，它的大小对异步电动机的运行性能和参数影响较大。励磁电流由电网供给，气隙越大，则它的磁阻就越大，励磁电流也就越大，而励磁电流又属于无功性质，它会影响电网的功率因数；气隙过小，则将引起装配困难，同时转子还有可能与定子发生机械摩擦，并导致运行不稳定。因此，异步电动机的气隙大小往往为机械条件所能允许达到的最小值，中、小型电动机一般为 0.1~1 mm。端盖除了起保护作用外，还装有转轴，用以支撑转子轴。风扇则用来通风冷却。

（2）工作原理

三相异步电动机定子接三相电源后，有三相对称电流通过的三相定子绕组就在电动机的气隙中产生旋转磁场，如图 1-25a 所示。转子静止时，转子与旋转磁场之间有相对运动，由此产

视频 1.19
三相异步电动机
结构及原理

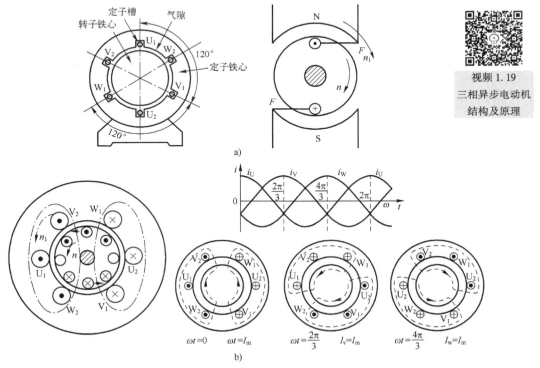

图 1-25 三相异步电动机的工作原理
a）三相异步电动机的旋转磁场　b）三相异步电动机的工作原理

生感应电动势 e 和感应电流 i，该电流再与旋转磁场相互作用而产生电磁转矩 T。电磁转矩的方向与旋转磁场同方向，转子便在该方向上旋转起来，将输入的电能变成旋转的机械能，其工作原理如图 1-25b 所示。如果电动机轴上带有机械负载（如水泵、切削机床等），则机械负载随着电动机的旋转而运转。

三相异步电动机转子的转速为 n，旋转磁场的同步转速为 n_1，当 $n<n_1$ 时，转子与磁场就有相对运动，电磁转矩 T 使转子旋转，稳定运行在 $T=T_L$ 情况下。若 $n=n_1$ 时，转子绕组与旋转磁场之间无相对运动，就不会感应出电动势和电流，也不会产生电磁转矩使转子继续转动。因此，电动机转速 n 总是略低于旋转磁场的同步转速 n_1，故称为异步电动机。由此可知，异步电动机运行的必要条件是保持 $(n_1-n)>0$。

（3）铭牌数据

每一台三相异步电动机，在其机座上都有一块铭牌，铭牌上标注有型号、额定值、接法和绝缘等级等，如图 1-26 所示。

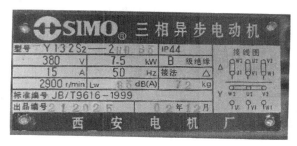

视频 1.20
三相异步电动
机选择及检测

图 1-26　三相异步电动机的铭牌

1）型号。异步电动机型号一般采用汉语拼音的大写字母和阿拉伯数字组成，可以表示电动机的种类、规格和用途等。图 1-27 为铭牌上电动机型号的含义。

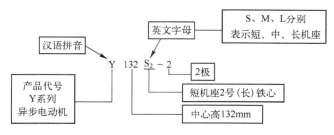

图 1-27　电动机型号含义

2）额定值。额定值规定了异步电动机正常运行的状态和条件，它是选用、安装和维修电动机时的依据。

① 额定功率 P_N：电动机在额定运行状态时轴上输出的机械功率，单位为 W 或 kW。

② 额定电压 U_N：电动机在额定运行状态时定子绕组应加的线电压，单位为 V。

③ 额定电流 I_N：电动机在额定电压下运行，轴上输出额定功率，流入定子绕组的线电流，单位为 A。

④ 额定频率 f_N：电动机所接的交流电源的频率。我国电力网的频率（工频）规定为 50 Hz。

⑤ 额定转速 n_N：电动机在额定电压、额定频率和额定功率时的转子转速，单位为 r/min。

三相异步电动机的额定功率计算式：

$$P_N=\sqrt{3}\,U_N I_N \cos\varphi_N \eta_N$$

式中　$\cos\varphi_N$——额定功率因数；

　　　　η_N——效率。

3）接法。即定子绕组的接线方式，三相异步电动机的定子绕组是三相对称绕组，由三个完全相同的绕组组成，每个绕组即一相，三相绕组在空间相差 120°电角度，根据需要可连接成丫形或△形。图 1-26 所示 Y132S$_2$-2 型电动机，U$_1$、V$_1$、W$_1$ 分别为绕组的首端，U$_2$、V$_2$、W$_2$ 分别为绕组的末端，其接线方式如图 1-28 所示。

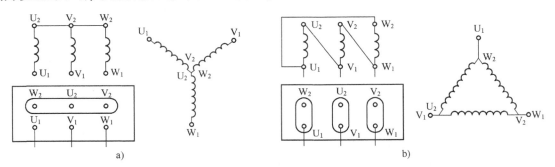

图 1-28　三相异步电动机定子绕组的接法

a）星形（丫）接法　b）三角形（△）接法

特别说明：若铭牌上标明"额定电压为 220 V/380 V、接法为△/丫"，则表示当电源电压为 220 V 时，为三角形接法；当电源电压为 380 V 时，为星形接法。这两种情况下，每相绕组实际只承受 220 V 电压。

2. 直流电动机

直流电机是直流发电机和直流电动机的总称。直流发电机将机械能转换为电能；直流电动机则将电能转换为机械能。直流电动机虽然比三相异步电动机的结构复杂，维护也不方便，但是由于它的调速性能好和起动转矩较大，因此，常用于对调速要求较高的生产机械（如龙门刨床、镗床和轧钢机等）或需要较大起动转矩的生产机械（如起重机械和电力牵引设备等）。直流电动机按励磁方式分为并励电动机、串励电动机、复励电动机和他励电动机 4 种。

（1）结构

直流电动机主要由磁极、电枢和换向器组成，如图 1-29 所示。

1）磁极。直流电动机的磁极和磁路如图 1-30 所示，用硅钢片叠成，固定在机座上，是磁路的一部分，它分成极心和极掌两部分。极心上放置励磁绕组，极掌的作用是使电动机气隙中磁感应强度的分布最为合适，并用来挡住励磁绕组。机座也是磁路的一部分，通常用铸钢制成。

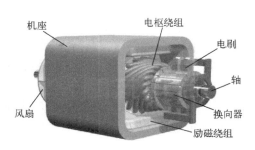

图 1-29　直流电动机的结构

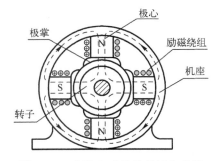

图 1-30　直流电动机的磁极和磁路

2）电枢。电枢由铁心和绕组组成，电枢铁心呈圆柱状，由硅钢片叠成，表面冲有槽，槽中放电枢绕组，如图1-31所示，电枢的旋转使电动机中产生感应电动势。

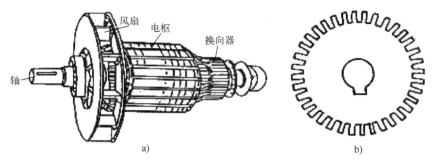

图 1-31　直流电动机的电枢绕组和电枢铁心片

a）电枢绕组　b）电枢铁心片

3）换向器。换向器装在电动机转轴上，如图1-32所示。换向器由镞形换向铜片组成，铜片间用云母（或塑料）垫片绝缘。换向铜片放在套筒上，用压圈固定，压圈本身又用螺母紧固。电枢绕组的导线按一定规则与换向片连接，换向器的凸出部分焊接电枢绕组。在换向器的表面用弹簧压着固定的电刷，使转动的电枢绕组得以同外电路连接起来。

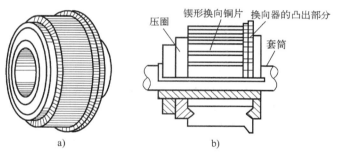

图 1-32　直流电动机的换向器

a）外形　b）断面图

（2）工作原理

直流电动机的工作原理如图1-33a所示。电动机具有一对磁极，电枢绕组是一个线圈，线

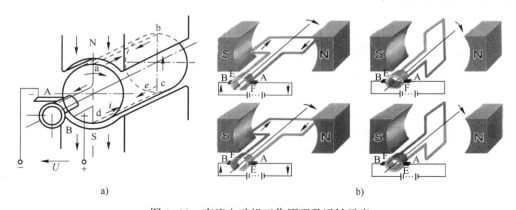

图 1-33　直流电动机工作原理及运转示意

a）工作原理　b）运转示意

圈两端分别连在两个换向片上，换向片上压着电刷 A 和 B，直流电源接在两个电刷上。当直流电动机运行时，N 极下电枢绕组有效边中的电流与 S 极下的电枢绕组有效边中的电流方向相反，根据左手定则，两个边上受到的电磁力方向一致，电枢因而转动。当 N 极下电枢绕组有效边转到 S 极下，S 极下电枢绕组有效边转到 N 极下时，其两条边上的电流方向由于换向片而同时改变，但电磁力的方向不变，因此电动机连续运行，其运转示意如图 1-33b 所示。

1.4.7 电气控制系统基础知识

电气控制系统是由电气设备及电气元器件按照一定的控制要求连接而成的。为了清晰地表达生产机械电气控制系统的工作原理，便于系统的安装、调试、使用和维修，将电气控制系统中的各电气元器件用一定的图形符号和文字符号来表示，再将其连接情况用一定的图形表达出来，这种图形就是电气控制系统图，即工程图。常用的电气控制系统图有 3 种：电路图（电气系统图、原理图和线路图）、元器件布置图和接线图。

1. 图形符号和文字符号

（1）图形符号

图形符号由符号要素、限定符号、一般符号以及常用的非电操作控制的动作符号（如机械控制符号等），根据不同的具体元器件情况组合构成。部分常用图形符号见附录 B。

（2）文字符号

电气工程图中的文字符号分为基本文字符号和辅助文字符号。基本文字符号有单字母符号和双字母符号，单字母符号表示电气设备、装置和元器件的大类，如 K 为继电器类元器件；双字母符号由一个表示大类的单字母与另一个表示元器件某些特性的字母组成，如 KM 表示继电器类中的接触器。辅助文字符号用来进一步表示电气设备、装置和元器件的功能、状态及特征。部分常用文字符号见附录 B。

视频 1.21
图形符号和
文字符号

更多更详细的图形符号和文字符号资料，请查阅有关国家标准。

2. 电路图

电路图用于表达电路、设备、电气控制系统的组成部分和连接关系，习惯上也称为电气原理图。通过电路图，可详细地了解电路、设备、电气控制系统的组成及工作原理，并可在安装、测试和故障查找时提供足够的信息，同时电路图也是编制接线图的重要依据。

（1）识读电路图

电路图一般包括主电路和控制电路。主电路是用电设备的驱动电路，在控制电路的控制下，根据控制要求由电源向用电设备供电。控制电路由接触器和继电器线圈以及各种电器的动合触头、动断触头组合构成控制逻辑，实现所需要的控制功能。主电路、控制电路和其他的辅助电路、保护电路等一起构成电气控制系统。某电动机正、反转的电气原理图如图 1-34 所示。工程图样通常采用分区的方式建立坐标，以便于阅读查找。图样上方沿横坐标方向划为若干功能区，如"电源开关……"等字样，表明对应区域下方元器件或电路的功能。图样下方沿横坐标方向划分成若干图区，如"1、2、3……"等数字，便于检索电气线路，方便阅读分析。

（2）绘制电路图

电路图分水平布置和垂直布置。水平布置时，电源线垂直绘制，其他电路水平绘制，控制电路中的耗能元件安排在电路的最右端，如图 1-35a 所示。垂直布置时，电源线水平绘制，其他电路垂直绘制，控制电路中的耗能元件安排在电路的最下端，如图 1-35b 所示。主电路、控制电路和辅助电路应分开绘制。

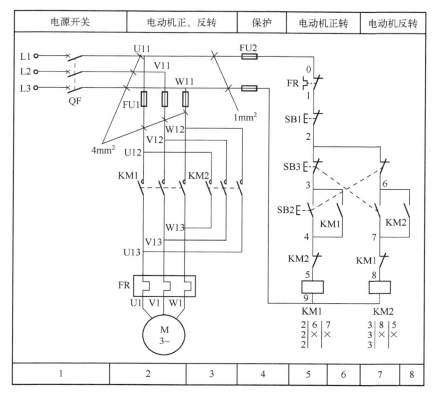

图 1-34　某电动机正、反转的电气原理图

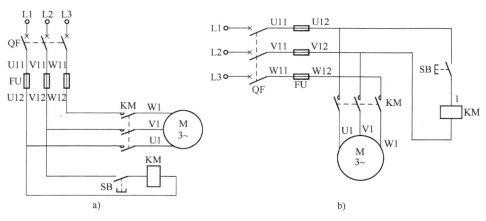

图 1-35　电路图的布置方式
a）水平布置　b）垂直布置

　　电路图中的所有元器件一般不是用其实际的外形图，而是采用国家标准规定的图形符号和文字符号表示的。同一个元器件的各个部件可根据需要出现在不同的地方，但必须用相同的文字符号标注。如图 1-35a 中的交流接触器 KM，其主触头画在主电路中，而吸引线圈则画在控制电路中，都用符号 KM 标注，表示同一个元器件。同一类电器若在电路中出现多个，都用相同的国标文字符号表示，但在文字符号的后面加上数字或其他字母以示区别，如图 1-34 中有两个交流接触器，分别用 KM1 和 KM2 表示。

在不同的工作阶段，各个电器的动作不同，其触头有时闭合有时断开，但在电气原理图中只能表示出一种情况。因此，电路图中所有元器件的可动部分按电器非激励或不工作的状态和位置进行绘制。如断路器和隔离开关，应处在断开位置；接触器和各种继电器的触头状态，是线圈未通电，触头未动作时的位置；按钮，是未按下时触头的位置；热继电器，是动断触头在未发生过载动作时的位置等。在绘制触头的位置时，应注意使触头动作的外力方向的画法。当电路垂直布置时为从左到右，即垂线左侧的触头为动合（常开）触头，垂线右侧的触头为动断（常闭）触头；当电路水平布置时为从下到上，即水平线下方的触头为动合（常开）触头，水平线上方的触头为动断（常闭）触头。画导线时，图中有直接电联系的交叉导线的连接点，要用黑圆点表示。无直接电联系的交叉导线，交叉处不能画黑圆点。电路图中元器件的数据和型号（如热继电器动作电流和整定值的标注、导线截面积等）可用小号字体标注在电器文字符号的下面。

图 1-34 中交流接触器线圈下方的触头表，用来说明线圈和触头所在图区位置，便于查找相应的元件。其含义如图 1-36 所示。说明：未使用的触头用"×"表示。

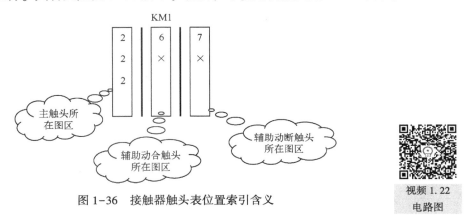

图 1-36　接触器触头表位置索引含义

视频 1.22
电路图

3. 元器件布置图

元器件布置图主要是表明机械设备上所有电气设备和元器件的实际位置，是电气控制设备安装和维修必不可少的技术文件，应考虑安装间隙，并尽可能做到安全、规范、整齐和美观等。图 1-37 为电动机正、反转的元器件布置图。

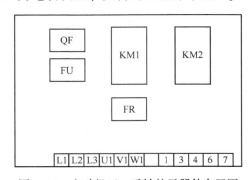

图 1-37　电动机正、反转的元器件布置图

视频 1.23
元器件布置图

4. 接线图

接线图主要用于安装接线、电路检查、电路维修和故障处理，通常表示设备电气控制系统

各单元和各元器件的接线关系，并标注出所需数据，如接线端子号、连接导线参数等，实际应用通常与电路图、布置图一起使用。图 1-38 为电动机正、反转的接线图。

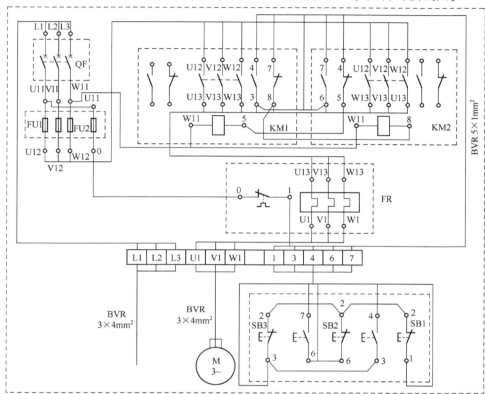

视频 1.24
接线图

图 1-38   电动机正、反转的接线图

1.5   知识点拓展

1.5.1   其他低压开关电器

1. 刀开关（QS）

刀开关是一种隔离开关，主要用于各种设备和供电线路的电源隔离，也可用于非频繁接通和分断容量不大的低压供电线路，还有转换电路的功能。刀开关没有灭弧装置，也没有保护线路的功能，所以通常不能单独使用，一般要和能切断负荷电流和故障电流的电器（如熔断器、断路器和负荷开关等电器）一起使用。操作时应注意，停电时应将线路的负荷电流用断路器、负荷开关等开关电器切断后再将隔离开关断开，送电时操作顺序相反。隔离开关断开时有明显的断开点，有利于检修人员的停电检修工作。

刀开关一般由刀片（动触头）、刀座（静触头）、绝缘底座、手柄和绝缘外壳等构成。刀开关安装时，要求在合闸状态下手柄应该向上，不能倒装和平装，以防止闸刀松动时误合闸。接线时电源进线应接在刀座上，负载则接在刀片上。

（1）单投刀开关

单投刀开关按极数分为单极、双极、三极，其结构和符号如图 1-39 所示。

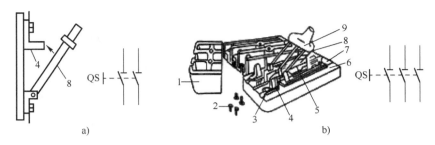

图 1-39　单投刀开关的结构和符号

a）双极刀开关及图形文字符号　b）三极刀开关及图形文字符号

1—胶盖　2—螺钉　3—进线座　4—静触头　5—熔体丝　6—瓷座　7—出线座　8—动触头　9—瓷手柄

（2）双投刀开关

双投刀开关也称转换开关，其作用和单投刀开关类似，常用于双电源的切换或双供电线路的切换等，其结构和符号如图 1-40 所示。

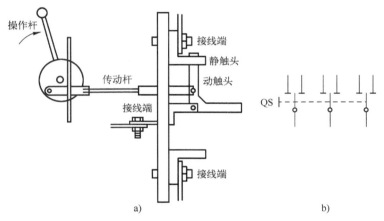

图 1-40　双投刀开关的结构和符号

a）结构　b）图形符号和文字符号

2. 封闭式开关熔断器组（QS-FU）

封闭式开关熔断器组又称封闭式负荷开关，由刀开关、熔断器、灭弧装置、操作机构和金属外壳等构成，其结构及符号如图 1-41 所示。

1）操作机构中装有机械连锁，使盖子打开时手柄不能合闸，手柄合闸时盖子不能打开，这样能保证操作安全。

2）操作机构中，在手柄、转轴和底座之间装有速断弹簧，使刀开关的接通和分断的速度与手柄的操作速度无关，这样有利于迅速灭弧。

3）使用时，外壳应可靠接地，防止意外漏电造成触电事故。

3. 组合开关（QS）

组合开关又称转换开关，主要用于换接电源或负载、测量三相电压和控制小型电动机正反转。组合开关的结构和符号如图 1-42 所示，它有 3 个静触片，每个触片的一端固定在绝缘板上，另一端伸出盒外，连在接线端上；3 个动触片套在装有手柄的绝缘杆上，转动手柄就可以使 3 对动静触片同时闭合或断开。由于采用了扭簧储能，开关动作迅速，与操作速度无关。

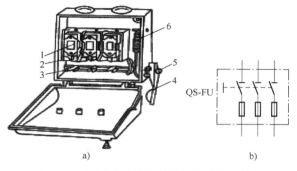

图1-41　封闭式开关熔断器组的结构和符号

a）结构　b）图形符号和文字符号

1—熔断器　2—静夹座　3—动触刀　4—手柄　5—转轴　6—速断弹簧

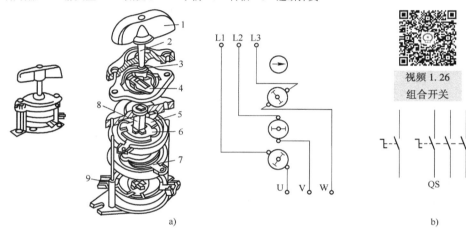

图1-42　组合开关的结构和符号

a）结构　b）图形符号和文字符号

1—手柄　2—转轴　3—弹簧　4—凸轮　5—绝缘板　6—动触片　7—静触片　8—绝缘杆　9—接线端

4. 漏电保护开关

漏电保护开关是一种最常用的漏电保护电器，其实物图如图1-43所示。它既能控制电路的通断，又能保证其控制的线路或设备发生漏电或人身触电时迅速自动掉闸，切断电源，从而保证线路或设备的正常运行及人身安全。

（1）结构

漏电保护开关由零序电流互感器、漏电脱扣器和开关装置3部分组成。零序电流互感器用于检测漏电电流；漏电脱扣器将检测到的漏电电流与一个

图1-43　三相和单相漏电保护开关

a）三相塑料外壳漏电保护开关　b）单相漏电保护开关

预定基准值比较，从而判断漏电保护开关是否动作；开关装置通过漏电脱扣器的动作来控制被保护电路的接通或分断。

（2）保护原理

漏电保护开关的原理图如图1-44所示。正常情况下，漏电保护开关所控制的线路没有发生漏电和人身触电等接地故障时，$I_{相}=I_{零}$（$I_{相}$为相线上的电流，$I_{零}$为零线上的电流）。故零序

电流互感器的二次回路没有感应电流信号输出，也就是检测到的漏电电流为零，开关保持在闭合状态，线路正常供电。当线路中有人触电或设备发生漏电时，因为 $I_相=I_负+I_人$，而 $I_零=I_负$，所以，$I_相>I_零$，通过零序电流互感器铁心的磁通 $\varphi_相-\varphi_零\neq0$。故零序电流互感器的二次绕组感生漏电信号，漏电信号输入到电子开关输入端，促使电子开关导通，磁力线圈通电产生吸力分断电源，完成人身触电或漏电保护。

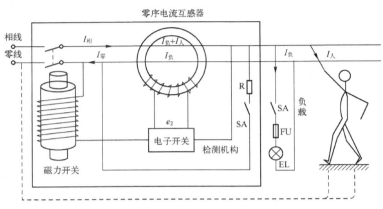

图 1-44　漏电保护开关保护原理

5. 行程开关（SQ）

行程开关也称位置开关或限位开关，它是利用生产机械某些运动部件的碰撞使触头动作，从而发出控制指令。其结构和符号如图 1-45 所示，主要由操作机构、触头系统和外壳构成。使用行程开关时安装位置要准确牢固，若在运动部件上安装，接线应有套管保护，使用时应定期检查，防止接触不良或接线松脱造成误动作。

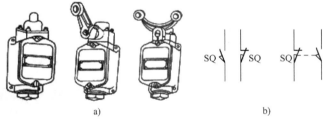

视频 1.27
行程开关

图 1-45　行程开关的结构和符号

a）结构　b）图形符号和文字符号

1.5.2　新型电子式无触头低压电器

有触头电器存在着一些固有的缺点，如因机械磨损、触头的电蚀损耗、触头分合时产生电弧等因素使元件较易损坏，开关动作不可靠等。随着微电子技术和电力电子技术的不断发展，人们应用电子元器件组成各种新型低压控制电器，可以克服有触头电器的一系列缺点。下面简单介绍几种较为常用的新型电子式无触头低压电器。

1. 接近开关（SQ）

接近开关又称无触头位置开关，其实物图和符号如图 1-46 所示。接近开关的用途除行

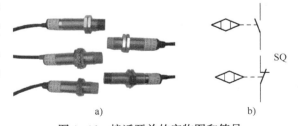

图 1-46　接近开关的实物图和符号

a）实物图　b）图形符号和文字符号

程控制和限位保护外，还是一种非接触型的检测装置，用作检测金属物体是否存在、零件尺寸、定位和测速等，也可用于变频计数器、变频脉冲发生器、液面控制和加工程序的自动衔接等。它具有工作可靠、寿命长、无噪声、动作灵敏、体积小、耐振、操作频率高和定位精度高等优点。

接近开关以高频振荡型为最常用，它占全部接近开关产量的80%以上。电路形式多样，但电路结构不外乎由振荡、检测及晶体管输出等部分组成。它的工作基础是高频振荡电路状态的变化。

当金属物体进入以一定频率稳定振荡的线圈磁场时，由于该物体内部产生涡流损耗，使振荡回路电阻增大，能量损耗增加，以致振荡减弱直至终止。因此，在振荡电路后面接上放大电路与输出电路，就能检测出金属物体存在与否，并能给出相应的控制信号去控制继电器动作。

视频 1.28
接近开关

2. 温度继电器

在温度自动控制或报警装置中，常采用带电触头的汞温度计或热敏电阻、热电偶等制成的各种形式的温度继电器，如图1-47所示，其文字符号为KH。

图1-48为用热敏电阻作为感温元件的温度继电器原理图。当温度在极限值以下时，温度继电器呈现很大电阻值，使A点电位在2 V以下，则VT1截止，VT2导通，VT2的集电极电位约2 V，远低于稳压管VZ1的5~6.5 V的稳定电压值，VT3截止，电流继电器KA不吸合。当温度上升到超过极限值时，温度继电器阻值减小，使A点电位上升到2~4 V，VT1立即导通，迫使VT2截止，VT2的集电极电位上升，VZ1导通，VT3导通，KA吸合。该温度继电器可利用KA的动合或动断触头对加热设备进行温度控制，对电动机实现过热保护等，可通过调整电位器RP1的阻值来实现对不同温度的控制。

图 1-47　欧姆龙 ESC
温度继电器

随着技术的进步，新型电器的种类将不断增加，功能不断完善，可靠性不断提高，以满足自动控制的各种要求。其他低压电器介绍见本书配套资源。

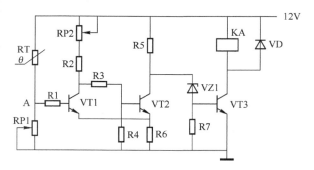

图 1-48　电子式温度继电器原理图

1.6　任务延展

1. 什么是低压电器？低压电器的电磁机构由哪几部分组成？触头的形式有哪几种？
2. 写出下列电器的作用、图形符号和文字符号：
①熔断器②低压断路器③按钮开关④交流接触器
3. 电弧是如何产生的？灭弧的措施主要有哪几种？
4. 低压断路器有哪些脱扣装置？各起什么作用？
5. 简述交流接触器的组成及工作原理。从结构上如何区分是交流接触器还是直流接触器？
6. 三相异步电动机的工作原理是什么？

任务 2 三相异步电动机点动运行的 PLC 控制

2.1 任务目标

- 会描述三相异步电动机点动运行的 PLC 控制工作过程。
- 能记住三菱 PLC 的输入、输出端口及表示方法。
- 能记住三菱 PLC 取指令、线圈输出指令和结束指令。
- 会利用实训设备完成三相异步电动机点动运行 PLC 控制电路的安装、编程、调试和运行等，会判断并排除电路故障。
- 具有爱国意识和积极学习的热情；具有遵循国家标准的意识，遵守规章制度、操作规范和生产安全的意识；具有利用手册及网络资源等，阅读和查找相关资料的自学能力以及团队协作精神。

2.2 任务描述

三相异步电动机点动运行的要求：当按下起动按钮时，电动机起动运转；松开按钮后，电动机立即停止运转。使用 PLC 控制电路编写程序实现控制。

视频 2.1
展示控制效果

2.3 任务实施

利用实训设备完成三相异步电动机点动运行 PLC 控制电路的安装、编程、调试、运行及故障排除。

1. 三相异步电动机点动运行的 PLC 控制效果

2. I/O 分配

视频 2.2
I/O 分配表

1）I/O 分配表。根据三相异步电动机点动运行的控制要求，需要输入设备

1 个，即按钮；输出设备 1 个，即用来控制电动机运行的交流接触器。其 I/O 分配见表 2-1。

表 2-1 三相异步电动机点动运行 PLC 控制的 I/O 分配表

输　入			输　出		
电气符号	输入端子	功能	电气符号	输出端子	功能
SB	X000	点动按钮	KM	Y000	电动机点动运行的交流接触器

2）硬件接线图。三相异步电动机点动运行 PLC 控制的硬件接线图如图 2-1 所示。

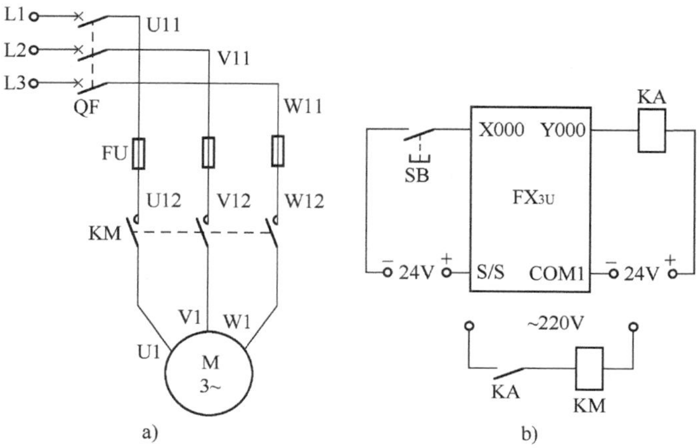

视频 2.3
布线主电路

视频 2.4
布线控制电路

图 2-1　三相异步电动机点动运行 PLC 控制的硬件接线图
a）主电路　b）PLC 的 I/O 接线图

3. 软件编程

三相异步电动机点动运行 PLC 控制的程序如图 2-2 所示。

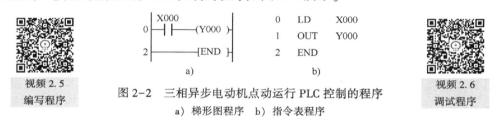

视频 2.5
编写程序

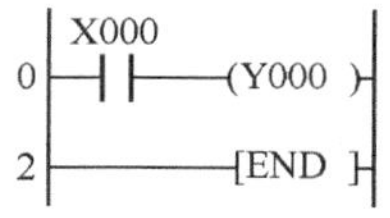

a)

0	LD	X000
1	OUT	Y000
2	END	

b)

视频 2.6
调试程序

图 2-2　三相异步电动机点动运行 PLC 控制的程序
a）梯形图程序　b）指令表程序

4. 工程调试

在断电状态下连接好电缆，将 PLC 运行模式选择开关拨到“STOP”位置，使用编程软件编程并下载到 PLC 中。启动电源，并将 PLC 运行模式选择开关拨到“RUN”位置进行观察。如果出现故障，学生应独立检修，直到排除故障。调试完成后整理器材。

2.4　任务知识点

2.4.1　三相异步电动机点动运行的 PLC 控制过程

三相异步电动机点动运行 PLC 控制的硬件接线图和程序分别如图 2-1 和图 2-2 所示。PLC 控制方式与继电器-接触器控制方式相比较，其主电路相同，不同的是控制电路部分。PLC 方式，控制电路部分只需要将输入、输出元器件分别接到可编程序控制器的输入、输出端口即可，如图 2-1b 所示；其他元器件不需要连接，而是通过编写程序来实现控制，如图 2-2 所示。

视频 2.7
点动运行的
PLC 控制

三相异步电动机点动运行的 PLC 控制过程是：当合上电源开关 QF 时，主电路中的电动机 M 不会起动运转，因为此时交流接触器 KM 的主触头处在断开状态，电动机 M 的定子绕组上没有电压。当按下按钮 SB 时，PLC 的输入端子 X000 得电，执行 PLC 内部程序，即梯形图中的软元件输入继电器 X000 的

动合触头闭合，使其后的软元件输出继电器 Y000 的线圈吸合，从而使 PLC 的输出端子 Y000 得电，驱动中间继电器 KA 的线圈得电吸合，其动合触头闭合，使交流接触器 KM 的线圈得电吸合，主电路中 KM 的主触头闭合，电动机起动运转。当松开按钮 SB 时，PLC 的输入端子 X000 失电，梯形图中的输入继电器 X000 的动合触头断开，使其后的输出继电器 Y000 的线圈释放，从而使 PLC 的输出端子 Y000 失电，与之相连的中间继电器 KA 的线圈失电释放，其动合触头恢复断开状态，其后的 KM 的线圈失电释放，使 KM 的主触头断开，分断电动机的电源，电动机随即停转。

动画 2.1
点动运行的
PLC 控制

2.4.2　PLC 产生和定义

早期的 PLC 用来替代继电器-接触器控制，主要用于顺序控制，实现逻辑运算，因此，被称为可编程序逻辑控制器（Programmable Logic Controller，PLC）。随着电子技术、计算机技术的迅速发展，PLC 已不限于当初的逻辑运算，其功能不断增强，被称为可编程序控制器（Programmable Controller，PC）。为区别于 Personal Computer（PC，个人计算机），故沿用 PLC 这个名称。

1968 年，美国最大的汽车制造商——通用汽车公司（GM 公司）为了适应生产工艺不断更新的需要，提出要用一种新型的工业控制器取代继电器-接触器控制装置，并要求将计算机控制的优点（功能完备，灵活性、通用性好）和继电器-接触器控制的优点（简单易懂、使用方便和价格便宜）结合起来，设想将继电器-接触器控制的硬接线逻辑转变为计算机的软件逻辑编程，且要求编程简单，使得不熟悉计算机的人员也能很快掌握其使用技术。1969 年，美国数字设备公司（DEC 公司）研制出了第一台可编程序控制器，并在美国通用汽车公司的自动装配线上试用成功，取得令人满意的效果，可编程序控制器自此诞生。此后，1971 年日本开始生产可编程序控制器，1973 年欧洲开始生产，我国从 1974 年开始研制。目前用得比较多的 PLC 是美国的 GE 系列、日本的三菱 MITSUBISHI 系列和欧姆龙 OMRON 系列、德国的西门子 SIEMENS 系列、法国的施耐德 SCHNEIDER 系列等。可编程序控制器（PLC）部分实物图如图 2-3 所示。

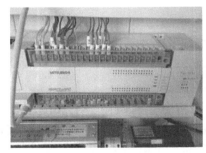

视频 2.8
PLC 的产生
和定义

图 2-3　可编程序控制器（PLC）实物图

PLC 的定义有许多种，国际电工委员会（IEC）对 PLC 的定义是：可编程序控制器是一种专为在工业环境下应用而设计的数字运算操作的电子装置。它采用可编程序的存储器，用来在其内部存储执行逻辑运算、顺序控制、定时、计数和算术运算等操作的指令，并通过数字的或模拟的输入和输出，控制各种类型的机械或生产过程。可编程序控制器及其有关的外围设备，都应按易于与工业控制系统形成一个整体，易于扩展其功能的原则而设计。

可见，可编程序控制器是一种用程序来改变控制功能，易于与工业控制系统连成一体的工业计算机。当今 PLC 吸取了微电子技术和计算机技术的新成果，从单机自动化到整条生产线的自动化乃至整个工厂的生产自动化，从柔性制造系统、工业机器人到大型分散控制系统，PLC 均承担着重要角色，居现代工业自动化的三大支柱之首。

2.4.3　PLC 系统

PLC 的系统组成如图 2-4 所示。

1. PLC 的硬件结构

（1）PLC 的外部硬件结构

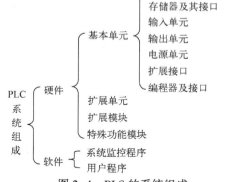

图 2-4　PLC 的系统组成

PLC 系统的硬件通常由基本单元、扩展单元、扩展模块及特殊功能模块组成，如图 2-5 所示。基本单元（即主单元）是 PLC 控制的核心；扩展单元是扩展 I/O 点数的装置，内部有电源；扩展模块用于增加 I/O 点数和改变 I/O 点数的比例，内部无电源，由基本单元或扩展单元供电，扩展单元和扩展模块均无 CPU，必须与基本单元一起使用；特殊功能模块是一些具有特殊用途的装置。

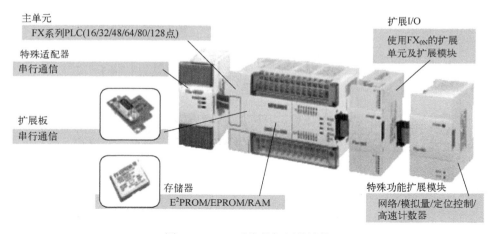

图 2-5　PLC 系统外部硬件结构

FX 系列 PLC 的外部特征基本相似，通常都有外部端子部分、指示部分及接口部分，其各部分的组成及功能如图 2-6 所示。

1）外部端子部分。外部端子包括 PLC 电源端子（L、N 和接地）、供外部传感器用的 DC 24V 电源端子（24V、0V）、输入端子（X）和输出端子（Y）等，如图 2-7 所示。外部端子主要完成输入/输出（即 I/O）信号的连接，是 PLC 与外部输入、输出设备连接的桥梁。

输入端子与输入信号相连，PLC 的输入电路通过其输入端子可随时检测 PLC 的输入信息，即通过输入元件（如按钮、转换开关、行程开关、继电器的触头和传感器等）连接到对应的输入端子上，通过输入电路将信息送到 PLC 内部进行处理，一旦某个输入元件的状态发生变化，则对应输入点的状态也随之变化，其连接示意图如图 2-8a 所示。输出电路就是 PLC 的负载驱动回路，通过输出点，将负载和负载电源连接成一个回路。这样，负载就由 PLC 的输出

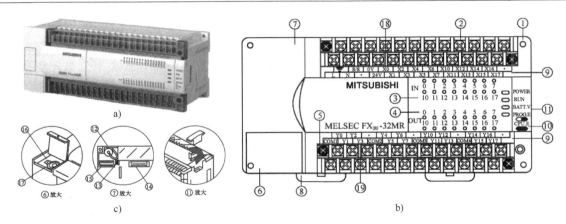

图 2-6　FX 系列 PLC 外形图

a）外部轮廓图　b）俯视图　c）局部放大图

注：①安装孔 4 个；②电源、辅助电源、输入信号用的可装卸式端子；③输入状态指示灯；④输出状态指示灯；⑤输出用的可装卸式端子；⑥外围设备接线插座，盖板；⑦面板盖；⑧DIN 导轨装用的卡子；⑨I/O 端子标记；⑩状态指示灯，POWER 为电源指示灯，RUN 为运行指示灯，BATT. V 为电池电压指示灯，PROG. E 指示灯闪烁时表示程序语法错误，CPU. E 指示灯亮时表示 CPU 出错；⑪扩展单元、扩展模块、特殊单元、特殊模块的接线插座盖板；⑫锂电池；⑬锂电池连接插座；⑭另选储存器滤波器安装插座；⑮功能扩展板安装插座；⑯内置 RUN/STOP 开关；⑰编程设备、数据储存单元接线插座；⑱输入继电器习惯写成 X0～X7，…，X360～X367，但通过 PLC 的编程软件或编程器输入时，会自动生成 3 位八进制的编号，如 X000～X007，…，X360～X367；⑲输出继电器 Y000～Y007，…，Y360～Y367，也习惯写成 Y0～Y7，…，Y360～Y367。

⏚	S/S	0V	X0	X2	X4	X6	X10	X12	X14	X16	X20	X22	X24	X26	·
L	N	·	24V	X1	X3	X5	X7	X11	X13	X15	X17	X21	X23	X25	X27
FX₃U–48MR															
	Y0	Y2	·	Y4	Y6	·	Y10	Y12	·	Y14	Y16	Y20	Y22	Y24	Y26	COM5
COM1	Y1	Y3	COM2	Y5	Y7	COM3	Y11	Y13	COM4	Y15	Y17	Y21	Y23	Y25	Y27

图 2-7　FX₃U-48MR 的端子分布图

注：输出端子共分为 5 组，组间用黑实线分开，黑点为备用端子

点来进行控制，其连接示意图如图 2-8b 所示。负载电源的规格应根据负载的需要和输出点的技术规格来选择。

2）指示部分。指示部分包括各 I/O 点的状态指示、PLC 电源（POWER）指示、PLC 运行（RUN）指示、用户程序存储器后备电池（BATT. V）状态指示、程序语法出错（PROG. E）指示、CPU 出错（CPU. E）指示等，用于反映 I/O 点及 PLC 的状态。

3）接口部分。接口部分主要包括编程器、扩展单元、扩展模块、特殊模块及存储卡盒等外部设备的接口，其作用是完成基本单元同上述外围设备的连接。在编程器接口旁边，还设置了一个 PLC 运行模式转换开关，它有 RUN 和 STOP 两个运行模式，RUN 模式表示 PLC 处于运行状态（RUN 指示灯亮）；STOP 模式表示 PLC 处于停止即编程状态（RUN 指示灯灭），此时，PLC 可进行用户程序写入、编辑和修改。

4）FX₃U 系列 PLC 型号。PLC 的种类和型号众多，本书以三菱公司的 FX₃U 系列为主要讲授对象，介绍 PLC 的相关知识。

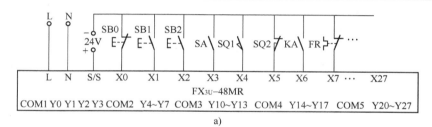

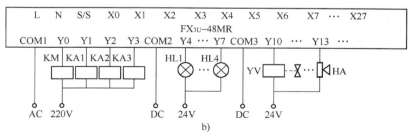

图 2-8　输入输出信号连接示意图

a）输入信号连接示意图　b）输出信号连接示意图

FX 系列 PLC 型号名称可按如下格式定义：

$$FX\ \underset{①}{\square\square}-\underset{②}{\square}\underset{③}{\square}\underset{④}{\square}\underset{⑤}{\square}/\square$$

① 子系列名称：如 1S、1N、2C、2N、3U 和 3G 等。

② 输入/输出（I/O）的总点数：10～256。

③ 单元类型：M 为基本单元，E 为输入/输出混合扩展单元或扩展模块，EX 为输入专用扩展模块，EY 为输出专用扩展模块。

④ 输出形式：R 为继电器输出，T 为晶体管输出，S 为双向晶闸管输出。

⑤ 电源的形式：D 表示 DC 电源、24 V 直流输入；UA1/UL 表示 AC 电源、220 V 交流输入；001 表示专为中国推出的产品；ES 表示 DC 24 V 输入，继电器或晶体管（漏型）输出；ESS 表示 DC 24 V 输入，晶体管（源型）输出。如果此项无符号，则表示为 AC 电源、24 V 直流输入以及横式排子端。

（2）PLC 的基本单元

1）内部硬件。PLC 基本单元内部主要有 3 块电路板，电源板、输入/输出接口板及 CPU 板，如图 2-9 所示。电源板主要为 PLC 各部件提供高质量的开关电源；输入/输出接口板主要完成输入、输出信号的处理；CPU 板主要完成 PLC 的运算和存储功能。

2）内部结构。PLC 基本单元主要由中央处理单元（CPU）、存储器及其接口、输入单元、输出单元、电源单元、扩展接口和编程器接口组成，其结构框图如图 2-10 所示。

① 中央处理单元。CPU 由控制器、运算器和寄存器组成，是整个 PLC 的运算和控制中心，在系统程序的控制下，通过运行用户程序完成各种控制、处理、通信及其他功能，控制整个系统并协调系统内部各部分的工作。其主要功能是：接收并存储用户程序和数据；诊断电源、PLC 工作状态及编程的语法错误；接收输入信号，送入数据寄存器并保存；运行时顺序读取、解释和执行用户程序，完成用户程序的各种操作；将用户程序的执行结果送至输出端。PLC 中所采用的 CPU 通常有通用处理器（8086、80286、80386）、单片机芯片（8031、8096）及位片式微处理器（AMD-2900）。

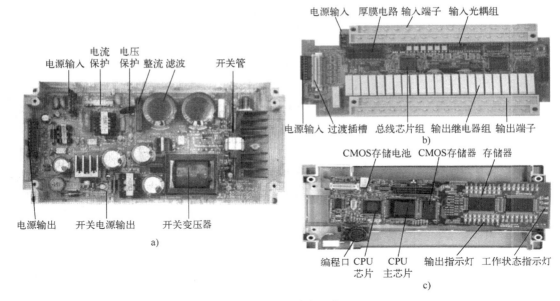

图 2-9　PLC 内部硬件

a) 电源板　b) 输入/输出接口板　c) CPU 板

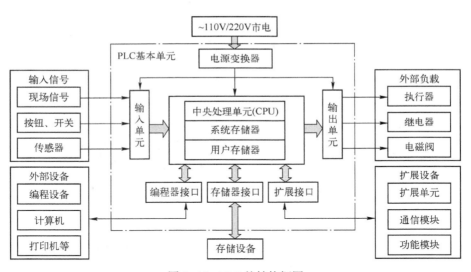

图 2-10　PLC 的结构框图

② 存储器及其接口。PLC 的存储器用于存放程序和数据，配有系统程序存储器、用户程序存储器和工作数据存储器。

系统程序存储器用来存放由可编程序控制器生产厂家编写的系统程序，并固化在 ROM 内，用户不能直接更改，其内容主要包括 3 部分：第一部分为系统管理程序，它主要控制 PLC 的运行，使其按部就班地工作；第二部分为用户指令解释程序，通过用户指令解释程序，将 PLC 的编程语言变为机器语言指令，再由 CPU 执行这些指令；第三部分为标准程序模块与系统调用程序，它包括许多不同功能的子程序及其调用管理程序，如完成输入、输出及特殊运算等的子程序，PLC 的具体工作都是由这部分程序来完成的，这部分程序的多少决定了 PLC 性能的强弱。

用户程序存储器用来存放用户针对具体控制任务，用规定的 PLC 编程语言编写的各种用户程序。目前较先进的 PLC 采用可随时读写的快闪存储器作为用户程序存储器。快闪存储器不需要后备电池，掉电时数据也不会丢失。

工作数据存储器用来存储工作数据，即用户程序中使用的 ON/OFF 状态、数值数据等。在工作数据区中开辟有元件映像寄存器和数据表，其中元件映像寄存器用来存储开关量、输出状态以及定时器、计数器、辅助继电器等内部器件的 ON/OFF 状态；数据表用来存放各种数据，它存储用户程序执行时的某些可变参数值及 A-D 转换得到的数字量和数学运算的结果等。

为了存储用户程序以及扩展用户程序存储区和数据参数存储区，PLC 还设有存储器扩展口，可以根据需要扩展存储器，其内部也是接到总线上的。

③ I/O 单元。I/O 单元是 PLC 与外部设备连接的接口。CPU 所能处理的信号只能是标准电平，因此现场的输入信号，如按钮、行程开关、限位开关以及传感器输出的开关信号，需要通过输入单元的转换和处理才可以传送给 CPU。CPU 的输出信号，也只有通过输出单元的转换和处理，才能够驱动电磁阀、接触器和继电器等执行机构。

输入接口电路（输入单元）——PLC 的输入接口电路基本相同，通常分为 3 种类型：直流输入方式、交流输入方式和交直流输入方式。外部输入元器件可以是无源触头（如按钮、行程开关等），也可以是有源器件（如传感器、接近开关、光电开关等）。图 2-11 所示为直流 24 V 输入方式的电路图，输入信号通过输入端子经光电隔离和 RC 滤波进入内部电路，并通过安装在 PLC 面板上的发光二极管（LED）来显示某一输入点是否有信号输入。其中，光电隔离可对两电路之间的直流电平起隔离作用；RC 滤波器可用于消除输入触头抖动和外部噪声等其他干扰。其中 LED 为相应输入端在面板上的指示灯，用于表示外部输入信号的 ON/OFF 状态（LED 亮表示 ON）。图中输入信号接于输入端子（如 X000、X001）和 0 V 之间，当有输入信号（即传感器接通或开关闭合）时，则输入信号通过光电隔离电路耦合到 PLC 内部电路，并使发光二极管（LED）亮，指示有输入信号。

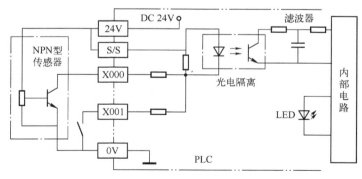

视频 2.10
PLC 的基本单元

图 2-11 PLC 的直流 24 V 输入接口电路

输出接口电路（输出单元）——PLC 的输出电路有 3 种形式：继电器输出、晶体管输出和晶闸管输出，如图 2-12 所示。继电器输出型最常用，适用于交、直流负载，CPU 控制继电器线圈的得电或失电，其触头相应闭合或断开，再利用触头去控制外部负载电路的接通或分断。显然，继电器输出型 PLC 利用继电器线圈和触头之间的电气隔离将内部电路与外部电路进行隔离，其特点是带负载能力强，但动作频率与响应速度慢，且触头寿命短。晶体管输出型适用于直流负载，通过使晶体管截止或导通来控制外部负载电路。晶体管输出型在 PLC 的内部电路与输出晶体管之间用光电耦合器进行隔离，其特点是动作频率高，响应速度快，寿命长，可靠性高，但带负载能力小。晶闸管输出型适用于交流负载，通过使晶闸管导通或关断来控制外部电路。晶闸管输出型在 PLC 的内部电路与输出元件（三端双向晶闸管开关器件）之间用光敏晶闸管进行隔离，其特点是响应速度快，寿命长，可靠性高，但带负载能力不大。

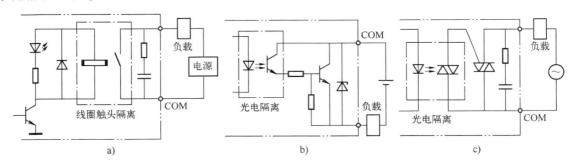

图 2-12　PLC 的输出接口电路

a）继电器输出型　b）晶体管输出型　c）晶闸管输出型

④ 电源单元。PLC 的供电电源一般是市电，有的也用 DC 24 V 电源供电。PLC 对电源稳定性要求不高，一般允许电源电压在 -15% ~ +10% 波动。PLC 内部含有一个稳压电源，用于对 CPU 和 I/O 单元供电。有时 PLC 还有 DC 24 V 输出，用于对外部传感器供电，但输出电流往往只是毫安级。

⑤ 扩展接口。扩展接口实际上为总线形式，可以连接输入/输出扩展单元或模块（使 PLC 的点数规模配置更为灵活），也可连接模拟量处理模块、位置控制模块以及通信模块等。

⑥ 编程器及其接口。目前，FX 系列 PLC 常用的编程工具有 3 种：便携式（即手持式）编程器、图形编程器和安装了编程软件的计算机。它们的作用都是通过编程语言，把用户程序送到 PLC 的用户程序存储器中，即写入程序。除此之外，还能对程序进行读出、插入、删除、修改和检查等，也能对 PLC 的运行状况进行监控。

PLC 基本单元通常不带编程器，为了能对 PLC 进行现场编程及监控，专门设置有编程器接口，通过这个接口可以接各种类型的编程装置，还可以做一些监控工作。

2. PLC 的软件结构

（1）PLC 的软件系统

PLC 的硬件和软件相辅相成，缺一不可。PLC 的软件系统是指 PLC 所使用的各种程序的集合，可分为系统监控程序和用户程序两大部分。

1）系统监控程序。系统监控程序是每一个 PLC 必须包括的部分，由生产厂家提供，固化在 EPROM 中，用于控制 PLC 本身的运行，其质量好坏很大程度上影响着 PLC 的性能。

系统监控程序可分为系统管理程序、用户指令解释程序和标准程序模块及系统调用程序 3 部分。系统管理程序是系统程序中最重要的部分，PLC 整个系统的运行都由它控制；用户指令解释程序用来把梯形图、指令表等编程语言翻译成 PLC 能够识别的机器语言；标准程序模块及系统调用程序是由许多独立的程序模块组成，每个程序模块完成一种单独的功能，如输入、输出及特殊运算等，PLC 根据不同的控制要求，选用这些模块完成相应的工作。

2）用户程序。又称为应用程序，是由用户根据控制要求，用 PLC 的编程软件、编程软元件和编程语言编制的程序，用户通过编程器或 PC 写入到 PLC 指定的 RAM 存储区内，其最大容量受系统监控程序限制。当 PLC 断电时可以由锂电池保持这些程序，在没有被其他程序覆盖之前，可以通过读取程序的方式对其进行修改或更新。

（2）PLC 的编程语言

PLC 是专为工业自动化控制而开发、研制的自动控制装置，它直接面向用户，面对生产一线的电气技术人员及操作维修人员，因此简单易懂、易于掌握。PLC 的编程语言标准（IEC 61131-3）中有 5 种编程语言，分别是梯形图、指令表（助记符）、顺序功能图、功能块图和结构文本语言。

1）梯形图语言。又称为梯形图（LD），是一种以图形符号及其在图中的相互关系来表示控制关系的编程语言，是在继电器-接触器控制原理图的基础上产生的一种直观、形象的图形逻辑编程语言，极易被接受，因此在 PLC 编程语言中应用最多。

继电器-接触器控制电路图与相应的梯形图的比较实例如图 2-13 所示，梯形图沿用了继电器的触头、线圈和串并联等术语。图 2-13b 中的动合触头 X000、动断触头 X001 和动合触头 Y000 代表逻辑输入条件，分别相当于图 2-13a 中的起动按钮 SB1、停止按钮 SB2 和自锁触头 KM；图 2-13b 中的线圈 Y000 代表逻辑输出结果，相当于图 2-13a 中的线圈 KM，用来控制外部的负载或内部的中间结果。

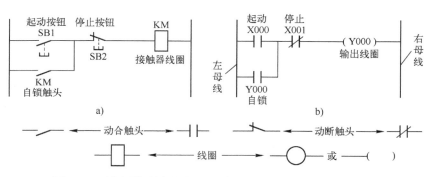

图 2-13　继电器-接触器控制电路图与梯形图语言的比较实例

a）继电器-接触器控制电路图　b）PLC 梯形图语言

梯形图与继电器-接触器控制电路所不同的是，继电器-接触器控制电路中各个元件、触头以及电流都是真实存在的，每一个线圈只能带几对触头。而梯形图中所有的触头、线圈等都是软元件，没有实物与之对应，电流也不是实际意义上的电流。因此，理论上梯形图中的线圈可以带无数个动合触头和动断触头。

2）指令表语言。又称为助记符语言（IL），与微型计算机的汇编语言类似，它常用一些助记符来表示 PLC 的某种操作。梯形图与指令表之间可以相互转换，图 2-14 所示即为图 2-13 梯形图对应的指令表语言。

3）顺序功能图语言。又称为流程图（SFC），常用来编制顺序控制类程序，它包含步、动作和转换 3 个要素。顺序功能图语言可将一个复杂的控制过程分解为一些小的顺序控制要求，再连接组合成整体的控制程序。图 2-15 所示为某控制系统的顺序功能图语言，可见，其编程语言非常直观，用户可以根据顺序控制步骤的执行条件变化，清楚地看到在程序执行过程中每一步的状态，从而便于程序的设计和调试，同时也避免了梯形图语言和指令表语言在编制复杂顺控程序时步数多的缺点。顺序功能图语言可以通过改变程序类型变换成梯形图语言。

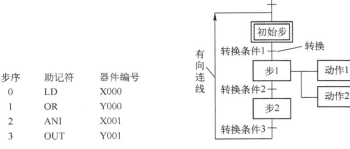

步序	助记符	器件编号
0	LD	X000
1	OR	Y000
2	ANI	X001
3	OUT	Y001

图 2-14　指令表语言

图 2-15　顺序功能图语言

4）功能块图语言。功能块图语言（FBD）实际上是用逻辑功能符号组成的功能块来表达命令的图形语言，与数字电路中逻辑图一样，它极易表现条件与结果之间的逻辑功能。图 2-16 所示为某控制系统的功能块图语言。这种编程方法是根据信息流将各种功能块加以组合，是一种逐步发展起来的新式编程语言，正在受到各种 PLC 生产厂家的重视。

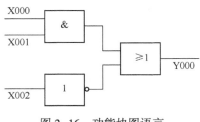

图 2-16　功能块图语言

5）结构文本语言。结构文本语言（ST）是为 IEC 61131-3 标准创建的一种专用的高级编程语言。随着 PLC 的飞速发展，一些高级功能如图表显示、报表打印等功能，如果还是用梯形图来表示，会很不方便，于是许多大中型 PLC 都配备了 PASCAL、BASIC 和 C 等高级编程语言，这种编程方式叫做结构文本语言。结构文本语言采用高级语言进行编程，可以完成较复杂的控制运算，但需要有一定的计算机高级语言的知识和编程技巧，对工程设计人员要求较高，同时直观性和操作性较差。

（3）PLC 编程器和编程软件

程序的输入、调试及监控可以采用便携式简易编程器实现，也可以在编程软件的支持下，在 PC 的 Windows 平台上进行，不同生产厂家、不同系列所使用的 PLC 编程器和编程软件也不尽相同。

三菱 FX 系列 PLC 常用的编程器是"FX-20P-E 手持式编程器"，其结构如图 2-17 所示，属于 PLC 外围设备，主要用于实现人机对话，进行程序的输入、编辑和功能开发，还可以用来监视 PLC 的工作状态，具有体积小、重量轻、价格低等特点，广泛用于小型 PLC 的用户程序编制、现场调试和监控。随着技术不断地发展，手持式编程器已经很少用了。

三菱 FX 系列 PLC 常用的编程软件有"SWOPC-FXGP/WIN-C""GX-Developer"和"GX Works2"。SWOPC-FXGP/WIN-C 是应用于 FX 系列 PLC 的中文编程软件，可在 Windows 3.1 或 Windows 9x 及以上版本操作系统运行。GX-Developer 和 GX Works2 又称为 GX 开发器，可以用于涵盖所有三菱电机公司的 PLC 设备，可以在 Windows 9x 及以上版本的操作系统运行，详细操作步骤参见 2.7 节中的视频介绍。

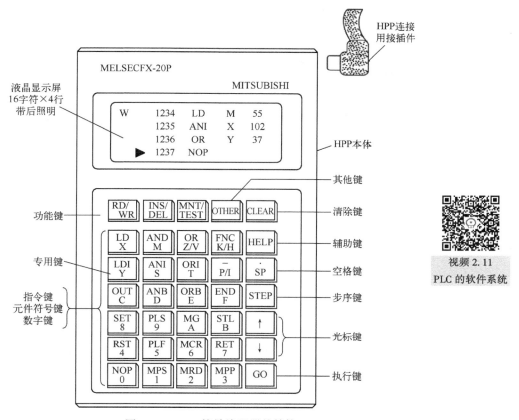

图 2-17　PLC 简易编程器的结构

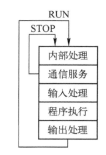

视频 2.11
PLC 的软件系统

2.4.4　PLC 工作原理及应用领域

1. PLC 的工作原理

（1）PLC 的工作方式

PLC 有运行（RUN）和停止（STOP）两种工作状态，通过拨动开关进行选择。当选择 STOP 状态时，PLC 只进行内部处理和通信服务等内容，一般用于程序的写入和修改；当选择 RUN 状态时，PLC 除了要进行内部处理、通信服务之外，还要执行反映控制要求的用户程序，即进行输入处理、程序执行和输出处理，如图 2-18 所示。PLC 开始运行时，在无跳转指令或中断的情况下，CPU 从第一条指令开始顺序逐条地执行用户程序，当执行到指令 END 后，又返回第一条指令开始新一轮扫描，直到停机或从 RUN 状态切换到 STOP 状态，才停止程序的运行。PLC 这种周而复始的工作方式称为循环扫描工作方式，在每次扫描过程中，还要完成对输入信号的采集和对输出状态的刷新等工作。

图 2-18　PLC 循环扫描过程

1）内部处理阶段。PLC 通电后，进行内部初始化处理、I/O 模块配置检查、自身硬件诊断及其他初始化处理等。

2）通信服务阶段。完成与一些带处理器的智能模块及各外设（如编程器、打印机等）的通信，完成数据的接收和发送任务，响应编程器键入的命令，更新编程器的显示内容等。

3）输入处理阶段。PLC 处于 RUN 状态下用户程序的扫描过程如图 2-19 所示。在 PLC 的存储器中，设置了一片区域用来存放输入信号的状态，这片区域被称为输入映像寄存器；PLC 的其他软元件也有对应的映像存储区，统称为元件映像寄存器。例如：当某外部输入信号接通时，对应的输入映像寄存器就为"1"状态，梯形图中对应的输入继电器动作（即动合触头闭合、动断触头断开）；当外部输入信号分断时，对应的输入映像寄存器就为"0"状态，梯形图中对应的输入继电器恢复初始状态（即动合触头恢复为断开状态、动断触头恢复为闭合状态）。

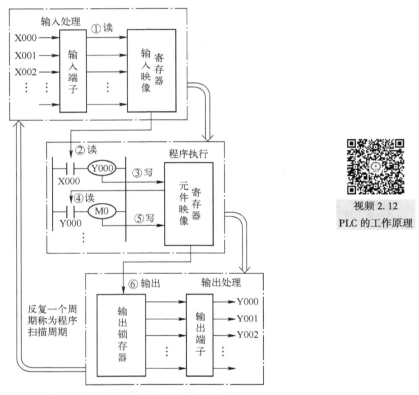

图 2-19　PLC 用户程序的扫描过程

视频 2.12
PLC 的工作原理

输入处理又叫输入采样，此阶段 PLC 顺序读取所有输入端子的状态，并将读取的信息存入输入映像寄存器中。当采样结束后，输入映像寄存器被刷新，其内容被锁存并与外界隔离，即使此时输入信号发生变化，其映像寄存器的内容也不会发生变化，只有在下一个扫描周期的输入处理阶段才能被重新读取。

4）程序执行阶段。PLC 完成输入处理后，根据 PLC 的工作方式，按先上后下、先左后右的步序，逐条扫描用户梯形图程序，从输入映像寄存器、元件映像寄存器（辅助继电器、定时器、计数器、数据寄存器等）中读取元件的状态或数据，按程序要求进行逻辑运算或算术运算，再将每步运算的结果写入元件映像寄存器。可见，程序执行阶段，元件映像寄存器中数据状态是在不断刷新的。当所有指令都扫描完成后，即进入输出处理阶段。

5）输出处理阶段。输出处理又叫输出刷新，在所有用户程序执行完后，PLC 将元件映像寄存器中所有输出继电器的状态信息转存到输出锁存器中，刷新其内容，再通过隔离电路、功率放大电路等，使输出端子向外界输出控制信号，从而驱动外部负载。

PLC 的工作方式与计算机控制系统和继电器-接触器控制系统的工作方式都不同，计算机控制系统一般采用等待命令的工作方式；继电器-接触器控制系统采用硬逻辑"并行"运行的方式，即如果某继电器的线圈得电或失电，该继电器所有的触头都会立即同时动作；PLC 的扫描工作方式以"串行"方式工作，即如果某输出线圈或逻辑线圈得电或失电，该线圈的所有触头不会立即动作，必须等扫描到该触头时才会动作，这样可以避免触头（逻辑）竞争和时序失配问题。但这种方式同时也带来控制响应滞后性，可以通过在硬件设计上选用快速响应模块、高速计数模块等新型模块；在软件设计上采用中断技术、改变信息刷新方式、调整输入滤波器等措施。

（2）扫描周期

一个扫描周期等于内部处理、通信服务、输入处理、程序执行和输出处理所有时间的总和。PLC 的自诊断时间与型号有关，可从手册中查取；通信时间的长短与连接的外围设备多少有关，如果没有连接外围设备，则通信时间为零；输入采样与输出刷新时间取决于 I/O 点数；扫描用户程序所用时间则与扫描速度及用户程序的长短有关。对于基本逻辑指令组成的用户程序，扫描速度与步数的乘积即为扫描时间。如果用户程序中包含特殊功能指令，还必须查手册确定执行这些指令的时间。

2. PLC 的特点、应用领域及发展趋势

（1）PLC 的特点

1）可靠性高，抗干扰能力强。传统的继电器-接触器控制系统中使用了大量的中间继电器、时间继电器，由于继电器的触头多、动作频繁，经常出现接触不良，因此故障率高。而 PLC 用软元件代替了大量的中间继电器和时间继电器，仅剩下与输入和输出有关的少量硬件，因此，因触头接触不良而造成的故障大为减少。另外，PLC 还使用了一系列硬件和软件保护措施，如输入/输出接口电路采用光电隔离，设计了良好的自诊断程序等。因此，PLC 具有很高的可靠性和很强的抗干扰能力，平均无故障的工作时间可达数万小时，已被广大用户公认为最可靠的工业控制设备之一。

2）功能强大，性价比高。PLC 除了具有开关量逻辑处理功能外，大多还具有完善的数据运算能力。近年来，随着 PLC 功能模块的大量涌现，PLC 的应用已渗透到位置控制、温度控制和计算机数控（CNC）等控制领域。随着其通信功能的不断完善，PLC 还可以组网通信。与相同功能的继电器-接触器控制系统相比，PLC 具有很高的性价比。

3）编程简易，可现场修改。PLC 作为通用的工业控制计算机，其编程语言易于为工程技术人员接受。其中的梯形图就是使用最多的编程语言，其图形符号和表现形式与继电器-接触器控制电路图相似，熟悉继电器-接触器控制电路图的工程技术人员可以很容易地掌握梯形图语言，而且可以根据现场情况，在生产现场边调试边修改，以适应生产现场设备的需要。

4）配套齐全，使用方便。PLC 发展到今天，其产品已经标准化、系列化和模块化，用户能灵活方便地进行系统配置，组成不同功能、不同规模的系统。此外，PLC 通常通过接线端子与外围设备连接，可以直接驱动一般的电磁阀和中小型交流接触器，使用起来极为方便。

5）寿命长，体积小，能耗低。PLC 不仅具有数万小时的平均无故障时间，且其使用寿命长达几十年。此外，小型 PLC 的体积仅相当于两个继电器的大小，能耗仅为数瓦。因此，它是机电一体化设备的理想控制装置。

6）系统的设计、安装、调试及维修工作量少，维护方便。PLC 用软件取代了继电器-接触器控制系统中大量的硬件，使控制系统的设计、安装和接线工作量大大减少。此外，PLC 具有完善的自诊断和显示功能，当 PLC 外部的输入装置和执行机构发生故障时，可以根据 PLC 上的发光二极管或编程器提供的信息方便地查明故障的原因和部位，从而迅速排除故障。

（2）PLC 的应用领域

PLC 已广泛应用于钢铁、石油、化工、电力、建材、机械制造、汽车、轻纺、交通运输和环保等各行各业。随着其性价比的不断提高，其应用领域正不断扩大，如开关量逻辑控制、运动控制、过程控制、数据处理和通信联网等。

1）开关量逻辑控制。这是 PLC 最基本、最广泛的应用领域。PLC 具有"与""或""非"等逻辑指令，可以实现触头和电路的串并联，代替继电器进行组合逻辑控制、定时控制与顺序控制。开关量逻辑控制可以用于单台设备，也可以用于自动生产线，其应用领域已遍及各行各业。

2）运动控制。PLC 使用专用的指令或运动控制模块，对直线运动或圆周运动进行控制，可实现单轴、双轴、三轴和多轴位置控制，使运动控制与顺序控制功能有机地结合在一起。PLC 的运动控制功能广泛地用于各种机械，如金属切削机床、金属成形机械、装配机械、机器人和电梯等场合。

3）过程控制。过程控制是指对温度、压力和流量等连续变化的模拟量的闭环控制。PLC 通过模拟量处理模块，实现模拟量和数字量之间的 A–D 与 D–A 转换，并以模拟量实现闭环 PID 控制。现代的 PLC 一般都有 PID 闭环控制功能，这一功能可以用 PID 功能指令或专用的 PID 模块来实现。其 PID 闭环控制功能已经广泛地应用于塑料挤压成型机、加热炉、热处理炉和锅炉等设备，以及轻工、化工、机械、冶金、电力和建材等行业。

4）数据处理。现代的 PLC 具有数学运算、数据传送、转换、排序和查表和位操作等功能，可以完成数据的采集、分析和处理。这些数据可以与储存在存储器中的参考值比较，也可以用通信功能传送到别的智能装置，或者将它们打印制表。

5）通信联网。PLC 的通信包括主机与远程 I/O 之间的通信、多台 PLC 之间的通信以及 PLC 与其他智能控制设备之间的通信。PLC 与其他智能控制设备一起，可以组成"分散控制、集中管理"的分布式控制系统，以满足工厂自动化系统发展的需要。

（3）PLC 的发展趋势

1）从技术上看，随着计算机技术的新成果更多地应用到 PLC 的设计和制造上，PLC 会向运算速度更快、存储容量更大、功能更广、性能更稳定和性价比更高的方向发展。

2）从配套性上看，随着 PLC 功能的不断扩大，PLC 产品会向品种更丰富、规格更齐备和配套更完善的方向发展。

3）从标准上看，随着 IEC1131 标准的诞生，各厂家 PLC 或同一厂家不同型号的 PLC 互不兼容的格局将会被打破，这将使 PLC 的通用信息、设备特性和编程语言等向 IEC1131 标准的方向发展。

4）从网络通信的角度看，随着 PLC 和其他工业控制计算机组网构成大型控制系统以及现场总线的发展，PLC 将向网络化和通信的简便化方向发展。

视频 2.13
PLC 的特点、
应用领域及
发展趋势

2.4.5 PLC 软元件之输入/输出继电器（X，Y）

在 PLC 的编程语言中，使用了许多具有不同功能的元件，但它们不是真实的物理继电器（即硬继电器），而是在软件中使用的编程单元，每一个编程单元与 PLC 的一个存储单元相对应。为了把它们与真实的硬元件区分开，通常把这些元件称为"软元件"。FX 系列 PLC 软元件的编号由字母和数字组成，常用的软元件有输入继电器（X）、输出继电器（Y）、定时器（T）、计数器（C）、辅助继电器（M）、状态继电器（S）、数据寄存器（D）、变址寄存器（V/Z）等。其中输入继电器和输出继电器用八进制数字编号，其他都采用十进制数字编号，本书将陆续对所有软元件进行介绍。

1. 输入继电器（X）

输入继电器（X）是 PLC 内部用来专门存储系统输入信号的用光电隔离的电子继电器，又被称为输入映像区，它们的编号与输入端子编号一致。PLC 的输入端子外接开关电器，将外部信号的状态读入并存储在输入映像寄存器中，其内部与输入继电器相连。输入继电器线圈的吸合或释放取决于外部开关的状态，内部可以提供无数个动合触头和动断触头供编程使用，且编程使用次数不限。FX_{3U} 系列 PLC 的输入继电器采用八进制编号，如 X000～X007、X010～X017（习惯写成 X0～X7、X10～X17）等，最多可达 248 点。

图 2-20 所示是 PLC 输入/输出继电器等效电路示意图，输入端子 X000 外接的输入电路接通时，它对应的输入映象寄存器即为"1"状态，其内部虚拟的输入继电器 X000 的线圈吸合，其内部程序中的动合触头闭合；相反，当外接的输入电路分断时为"0"状态，其动合触头恢复断开状态。输入继电器的状态唯一地取决于外部输入信号的状态，不受用户程序的控制，即只能用输入信号驱动，不能用程序驱动。因此，在 PLC 程序中绝对不能出现输入继电器的线圈。

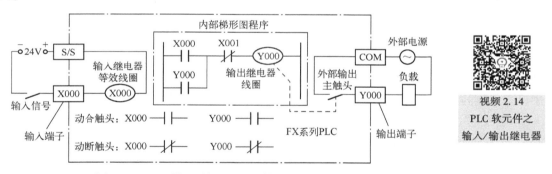

图 2-20　PLC 输入/输出继电器等效电路示意图

2. 输出继电器（Y）

输出继电器（Y）是 PLC 中专门用来将运算结果经输出接口电路及输出端子来控制外部负载的内部虚拟继电器，它们的编号与输出端子编号一致。PLC 的输出端子外接负载，内部通过外部输出主触头与输出继电器线圈相连，是 PLC 向外部负载发送信号的窗口。输出继电器线圈的吸合或释放由程序控制，内部可以提供无数个动合触头和动断触头供编程使用，且编程使用次数不限。FX_{3U} 系列 PLC 的输出继电器也采用八进制编号，如 Y000～Y007、Y010～Y017 等，最多可达 248 点，但输入、输出继电器的总点数不得超过 256 点。

图 2-20 所示的梯形图程序中，当内部虚拟的输出继电器 Y000 的线圈吸合时，外部输出动合主触头闭合，输出端子得电，驱动外部负载工作，其程序内部 Y000 的动合触头闭合，使 Y000 的线圈长期保持吸合状态，从而使负载连续运行；相反，当输出继电器 Y000 的线圈释放时，外部输出动合主触头恢复断开状态，输出端子失电，外部负载停止工作。输出继电器既可以是线圈，也可以是动合或动断触头。

2.4.6 梯形图语言基本规则和设计技巧

梯形图语言与继电器-接触器控制电路图在结构形式、元件符号及逻辑控制功能上类似，但梯形图有它自身的特点、编写的基本规则和设计技巧。

1. 梯形图的特点

1）梯形图两侧的平行竖线称为母线（右母线可以省略），如图 2-21 所示。两条母线之间是由许多触头和编程线圈或功能指令组成的一条条平行的逻辑行（或称梯级），原则上每个逻辑行必须以触头与左母线连接开始，以线圈或功能指令与右母线连接结束。

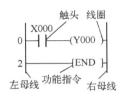

图 2-21　梯形图的
表示方法

2）继电器-接触器控制电路图中的左、右两条线为电源线，中间各支路都加有电压，当支路通电时，有电流流过支路上的触头与线圈。而梯形图的左、右母线并未加电压，梯形图的支路接通时，并没有真正的电流流过，只是为分析方便的一种假想"电流"。

3）梯形图中使用的各种元器件称为软元件，是按照继电器-接触器控制电路图中相应的元器件名称设计的，但并不是真实的物理元器件。梯形图中的每个触头和线圈均与 PLC 存储区中元件映像寄存器的一个存储单元相对应，若该存储单元为"1"，则表示触头动作（即动合触头闭合、动断触头断开）和线圈吸合（或释放）；若为"0"，则保持原初始状态不变。

4）梯形图中各软元件的触头既有动合触头，又有动断触头，其数量是无限的。

5）输入继电器的状态唯一地取决于对应的外部输入电路的信号状态，因此在梯形图中的该类继电器只有触头没有线圈。辅助继电器相当于继电器-接触器控制系统中的中间继电器，用来保存运算的中间结果，不对外驱动负载。负载只能由输出继电器来驱动。

6）根据梯形图中各触头的状态和逻辑关系，分析程序中各软元件的 ON/OFF（1/0）状态，称为梯形图的逻辑运算。梯形图的逻辑运算是按从上而下、自左到右的顺序进行，用户程序的运算结果可以立即为后续程序所利用。根据 PLC 的循环扫描工作方式可知，逻辑运算是根据存放到元件映像寄存器中的状态，而不是实时取外部输入信号的状态来进行的。

2. 梯形图编写的基本规则

（1）线圈右边无触头

梯形图每一行都是从左母线开始，于右母线结束，触头在左，线圈在右，触头不能放在线圈的右边，线圈也不能直接与左母线连接，如图 2-22 所示。

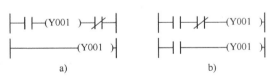

图 2-22　线圈右边无触头的梯形图示例
a）不正确　b）正确

（2）触头可串可并无限制

触头可用于串联电路，也可用于并联电路，且使用次数不限。但由于梯形图编程器和打印机的限制，建议串联触头一行不超过 10 个，并联连接的次数不超过 24 行。

（3）触头水平不垂直

触头应画在水平线上，不能画在垂直线上，否则会有双向电流经过，形成不能编程的梯形图，应进行重新编排，如图 2-23 所示，图 2-23a 可以分别转换为图 2-23b 或图 2-23c。

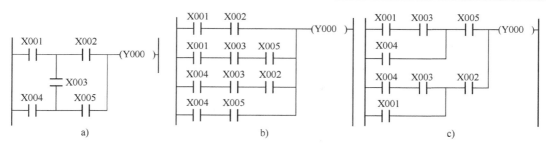

图 2-23　触头水平不垂直的梯形图示例

a）不正确　b）正确 1　c）正确 2

（4）多个线圈并联输出

梯形图中若有多个线圈输出，这些线圈可并联输出，但不能串联输出，如图 2-24 所示。

（5）输出线圈不能重复使用

同一程序中，同一编号的输出线圈使用两次及以上，称为双线圈输出，如图 2-25 所示。双线圈输出时，前面的线圈对外输出无效，只

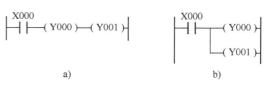

图 2-24　多个线圈可并联输出的梯形图示例

a）不正确　b）正确

有最后一次的输出线圈有效，也即双线圈输出容易引起误操作，因此禁止使用。

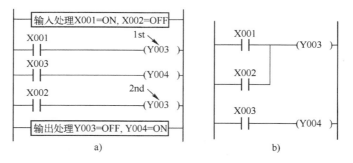

图 2-25　输出线圈不能重复使用的梯形图示例

a）不正确　b）正确

3. 梯形图的设计技巧

设计梯形图时，一方面要掌握梯形图程序设计的基本规则，另一方面为了减少指令的条数，节省内存和提高运行速度，还应该掌握设计的技巧。

1）串联多的电路应尽量放在上部，即"上重下轻"，如图 2-26 所示。

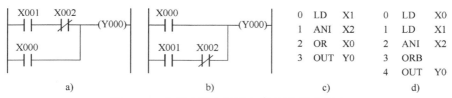

图 2-26　串联多的电路放上部的梯形图示例

a）好　b）不好　c）图 a 指令　d）图 b 指令

2）并联多的电路应靠近左母线，即"左重右轻"，如图 2-27 所示。

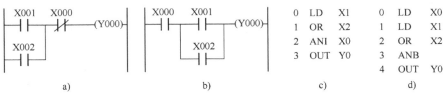

图 2-27　并联多的电路靠近左母线的梯形图示例

a）好　b）不好　c）图 a 指令　d）图 b 指令

3）PLC 的运行是按照从左到右、从上而下的顺序执行，因此，在 PLC 的编程中应注意程序顺序不同，其执行结果也不同，如图 2-28 所示。

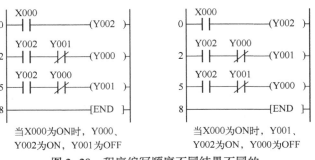

图 2-28　程序编写顺序不同结果不同的梯形图示例

视频 2.15　PLC 梯形图的设计技巧

2.4.7　PLC 逻辑取指令、驱动线圈指令和程序结束指令（LD/LDI，OUT，END）

1. 指令符号

PLC 逻辑取及驱动线圈和程序结束指令分别是 LD/LDI、OUT 和 END，见表 2-2。

表 2-2　PLC 逻辑取及驱动线圈和程序结束指令

符号	名称	功　能	梯形图示例	指令表	操作元件	程　序　步
LD	取	动合触头与左母线连接，逻辑运算起始	X000	LD X000	X，Y，M，S，T，C	1
LDI	取反	动断触头与左母线连接，逻辑运算起始	X001	LDI X001	X，Y，M，S，T，C	1
OUT	输出	驱动线圈的输出指令	(Y000)	OUT Y000	Y，M，S，T，C	Y、M：1；S、特 M：2；T：3；C：3~5
END	结束	程序结束，返回起始地址	END	END	—	1

说明：驱动线圈时，指令用"OUT"，梯形图中用"圆括号"与之对应；"END"在梯形图中放入"中括号"。

2. 指令用法

逻辑取及驱动线圈和程序结束指令用法示例如图 2-29 所示。

1）LD 与 LDI 指令对应的触头一般与左母线相连，若与 ANB、ORB 指令组合使用，则可用于串、并联电路块的起始触头。

2）输出指令（即驱动线圈）可并行多次输出，如图 2-29 中的"OUT M10"和"OUT T0

K50"。

3）输入继电器 X 不能使用 OUT 指令。

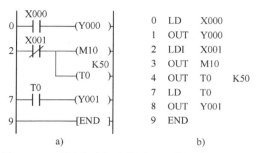

图 2-29　逻辑取及驱动线圈和程序结束指令用法

a）梯形图　b）指令表

视频 2.16　PLC 逻辑取及
驱动线圈和程序结束指令

2.5　知识点拓展

2.5.1　PLC 的发展过程

自美国数字设备公司（DEC）在 1969 年研制出了第一台可编程序控制器 PDP-14 以来，经过多年的发展，PLC 产品性能日臻完善，其发展过程及各阶段特点见表 2-3。

表 2-3　PLC 的发展过程及特点

发展时期	特　点	典型产品举例
初创时期 （1969—1977 年）	由数字集成电路构成，功能简单，仅具备逻辑运算和计时、计数功能。机种单一，没有形成系列	DEC 公司的 PDP-14、日本富士电机公司的 USC-4000 等
功能扩展时期 （1977—1982 年）	以微处理器为核心，功能不断完善，增加了传送、比较和模拟量运算等功能。初步形成系列，可靠性进一步提高，存储器采用 EPROM	德国西门子公司的 SYMATIC S3 系列和 S4 系列、日本富士电机公司的 SC 系列等
联机通信时期 （1982—1990 年）	能够与计算机联机通信，出现了分布式控制，增加了多种特殊功能，如浮点数运算、平方、三角函数、脉宽调制等	德国西门子公司的 SYMATIC S5 系列、日本三菱公司的 MELPLAC-50、日本富士电机公司的 MICREEX 等
网络化时期 （1990 年至今）	通信协议走向标准化，实现了和计算机网络互联，出现了工业控制网，可以用高级语言编程	德国西门子公司的 S7 系列、日本三菱公司的 A 系列等

在未来的工业生产中，PLC 技术、机器人技术、CAD/CAM 和数控技术将成为实现工业生产自动化的四大支柱技术。

2.5.2　PLC、继电器-接触器控制系统、计算机控制系统比较

PLC、继电器-接触器控制系统、计算机控制系统三者性能及特点的比较见表 2-4。

表 2-4　PLC、继电器-接触器控制系统、计算机控制系统性能及特点比较

项　目	PLC	继电器-接触器控制系统	计算机控制系统
功能	通过执行程序实现各种控制	通过许多硬件继电器实现顺序控制	通过执行程序实现各种复杂控制，功能最强
修改控制内容	修改程序较简单容易	改变硬件接线逻辑，工作量大	修改程序技术难度较大
可靠性	平均无故障工作时间长	受机械触头寿命限制	一般，比 PLC 差

（续）

项　　目	PLC	继电器-接触器控制系统	计算机控制系统
工作方式	顺序扫描	顺序控制	中断控制
连接方式	直接与生产设备连接	直接与生产设备连接	要设计专门的接口
环境适应性	适应一般工业生产现场环境	环境差会影响可靠性和寿命	环境要求高
抗干扰性	较好	能抗一般电磁干扰	需专门设计抗干扰措施
可维护性	较好	维修费时	技术难度较高
系统开发	设计容易、安装简单、调试周期短	工作量大、调试周期长	设计复杂、调试技术难度较大
响应速度	较快（10^{-3} s 数量级）	一般（10^{-2} s 数量级）	很快（10^{-6} s 数量级）

2.6　任务延展

1. 什么是可编程序控制器？它的组成部分有哪些？
2. PLC 的 CPU 有哪些功能？
3. 简述 PLC 的发展历程。
4. 简述 PLC 的应用领域。
5. PLC 的常见输入接口电路有哪几种方式？
6. PLC 的常见输出接口电路有哪几种形式？
7. PLC 采用哪种工作方式？简述 PLC 的扫描工作过程。
8. PLC 的常见编程语言有哪些？
9. PLC 控制系统与继电器-接触器控制系统在运行方式上有何不同？
10. FX_{3U}-48MR/ES 型 PLC 的输入端接入一个按钮和一个限位开关，输出端为一个 220 V 的交流接触器，请画出它的外部接线图。

2.7　实训 1　三菱 PLC 编程软件的基本操作

1. 实训目的

1）掌握 GX Works2 软件的安装。

2）熟悉 GX Works2 软件界面，掌握梯形图的基本输入操作。

3）掌握 GX Works2 软件的编辑、调试等基本操作。

4）掌握 GX Works2 梯形图与指令表的转换操作。

视频 2.17　三菱 PLC 编程
软件的基本操作

2. 实训设备

可编程控制器实训装置 1 台、通信电缆 1 根、计算机 1 台、GX Works2 软件、实训导线若干、万用表 1 只。

3. 实训内容

（1）软件的安装

（2）PLC 程序的编写

以图 2-30 所示梯形图为例，用 GX Works2 编程软件在计算机上编写程序并保存。

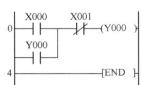

图 2-30　梯形图编写示例 1

（3）PLC 程序的模拟仿真

当程序编写完成后，在没有 PLC 硬件的情况下，可以采用模拟仿真的方式进行程序验证。对图 2-30 进行模拟仿真。

（4）PLC 程序的编辑

PLC 程序的编辑包含绘制与删除连线、程序的修改、插入与删除、复制与粘贴等。编辑图 2-31 和图 2-32 的程序。

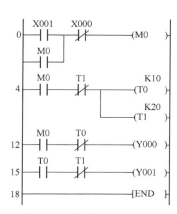

图 2-31 梯形图编写示例 2

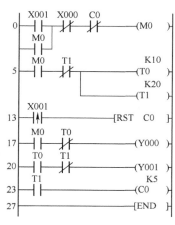

图 2-32 梯形图编写示例 3

（5）梯形图与指令表的转换

梯形图转换为指令表的方法是在"编辑"菜单下选择"写入至 CSV 文件"；指令表转换为梯形图的方法是在"编辑"菜单下选择"从 CSV 文件读取"。将图 2-32 的梯形图转换为指令表。

（6）整理器材

实训完成后，整理好所用器材、工具，按照要求放置到规定位置。

4. 实训思考

1）模拟仿真后如果程序有错误，需要修改，但是无法修改是什么原因？

2）图 2-31 和图 2-32 仿真的结果有什么不同？

5. 实训报告

撰写实训报告。

任务 3　三相异步电动机的连续运行控制

3.1　任务目标

- 会描述三相异步电动机连续运行的继电器-接触器控制和 PLC 控制的工作过程。
- 能记住热继电器的图形符号和文字符号并描述其工作原理。
- 掌握三菱 PLC 的软元件之辅助继电器及触头串、并联指令和置位复位指令。
- 会利用实训设备完成三相异步电动机连续运行两种控制电路的安装、调试和运行等，会判断并排除电路故障。
- 能辨别三相异步电动机连续运行的关键环节。
- 会利用所学指令编写 PLC 程序。
- 具有分析和解决问题的能力以及举一反三的能力；具有遵守规章制度、操作规范和生产安全的意识；有团队协作精神。

3.2　任务描述

三相异步电动机连续运行的要求：当按下起动按钮时，电动机起动运转；松开按钮后，电动机仍然保持运转；直到按下停止按钮或电动机过热时，电动机才停止运转。

3.3　任务实施

3.3.1　三相异步电动机连续运行的继电器-接触器控制

利用实训设备完成三相异步电动机连续运行继电器-接触器控制电路的安装、调试、运行及故障排除。

1. 三相异步电动机连续运行的继电器-接触器控制效果

2. 绘制工程电路原理图

三相异步电动机连续运行的继电器-接触器控制电路原理图如图 3-1 所示。

视频 3.1　展示控制效果

3. 选择元器件

1）编制器材明细表。该实训任务所需器材见表 3-1。

2）器材质量检查与清点。

4. 安装、敷设电路

1）绘制工程布局布线图。三相异步电动机连续运行继电器-接触器控制电路的工程布局布线图如图 3-2 所示。

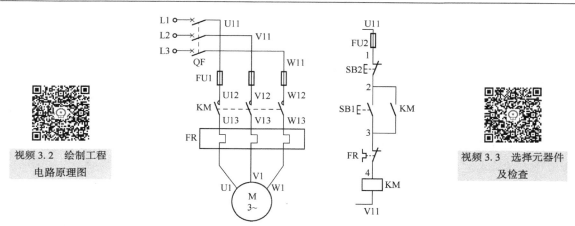

视频 3.2　绘制工程
电路原理图

视频 3.3　选择元器件
及检查

图 3-1　三相异步电动机连续运行的继电器-接触器控制电路原理图

表 3-1　三相异步电动机连续运行的继电器-接触器控制电路器材明细表

符号	名　称	型　号	规　格	数量	备　注
QF	低压断路器	DZ108-20/10-F	脱扣器整定电流 0.63~1 A	1 只	—
FU	螺旋式熔断器	RL1-15	配熔体 3 A	4 只	—
KM	交流接触器	CJX2-1810	线圈 AC 380V	1 只	—
SB1 SB2	按钮	LAY16	一动合一动断自动复位	2 个	SB1 起动按钮（绿色） SB2 停止按钮（红色）
FR	热继电器	JRS1D-25	整定电流 0.63~1.2 A	1 只	—
M	三相笼型异步电动机	DJ24/DJ26	U_N 380 V（丫/△）	1 台	—

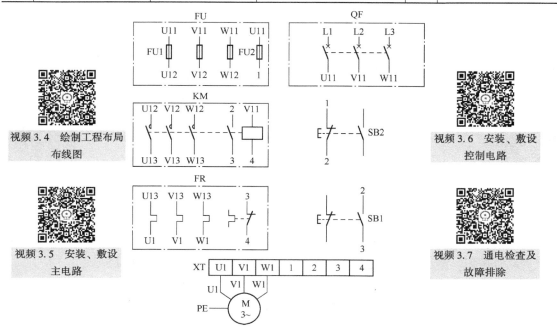

视频 3.4　绘制工程布局
布线图

视频 3.6　安装、敷设
控制电路

视频 3.5　安装、敷设
主电路

视频 3.7　通电检查及
故障排除

图 3-2　三相异步电动机连续运行继电器-接触器控制电路的工程布局布线图

2）安装、敷设电路。

3）通电检查及故障排除。

4）整理器材。

3.3.2 三相异步电动机连续运行的 PLC 控制

视频 3.8　展示控制效果

利用实训设备完成三相异步电动机连续运行 PLC 控制电路的安装、编程、调试、运行及故障排除。

1. 三相异步电动机连续运行的 PLC 控制效果

2. I/O 分配

视频 3.9　I/O 分配表

1）I/O 分配表。根据三相异步电动机连续运行的 PLC 控制要求，需要输入设备 3 个，即 2 个按钮和 1 个热继电器；需要输出设备 1 个，即用来控制电动机运行的交流接触器。其 I/O 分配见表 3-2。

表 3-2　三相异步电动机连续运行 PLC 控制的 I/O 分配表

输　入			输　出		
电气符号	输入端子	功　能	电气符号	输出端子	功　能
SB1	X000	起动按钮	KM	Y000	电动机连续运行的交流接触器
SB2	X001	停止按钮	—	—	—
FR	X002	过载保护	—	—	—

2）硬件接线图。三相异步电动机连续运行 PLC 控制的硬件接线图如图 3-3 所示。

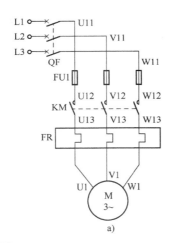

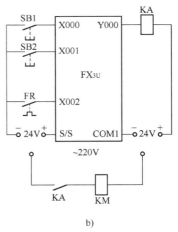

视频 3.11　布线控制电路

视频 3.10　布线主电路

图 3-3　三相异步电动机连续运行 PLC 控制的硬件接线图

a）主电路　b）PLC 的 I/O 接线图

特别说明：停止按钮 SB2 和热继电器 FR 的触头此时都接成动合触头，是为了配合实训操作台上的动合按钮，演示其动作过程，一般情况下实际电路中应接成动断触头。

3. 软件编程

1）基于"起保停"设计思想编程。基于"起保停"设计思想的三相异步电动机连续运行的 PLC 程序如图 3-4 所示。

2）基于"辅助继电器"设计思想编程。基于"辅助继电器"设计思想的三相异步电动机连续运行的 PLC 程序如图 3-5 所示。

3）基于"置位复位"设计思想编程。基于"置位复位"设计思想的三相异步电动机连续运行的 PLC 程序如图 3-6 所示。

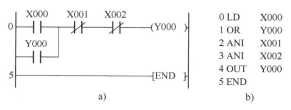

图 3-4　基于"起保停"设计思想的三相异步电动机连续运行的 PLC 程序

a）梯形图程序　b）指令表程序

视频 3.12　基于"起保停"设计
思想的 PLC 软件编程

视频 3.13　基于"辅助继电器"设计
思想的 PLC 软件编程

视频 3.14　基于"置位复位"设计
思想的 PLC 软件编程

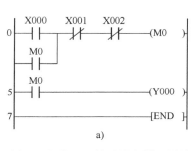

图 3-5　基于"辅助继电器"设计思想的三相异步
电动机连续运行的 PLC 程序

a）梯形图程序　b）指令表程序

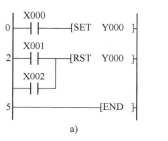

图 3-6　基于"置位复位"设计思想的三相异步
电动机连续运行的 PLC 程序

a）梯形图程序　b）指令表程序

4. 工程调试

在断电状态下连接好电缆，将 PLC 运行模式选择开关拨到"STOP"位置，使用编程软件编程并下载到 PLC 中。启动电源，并将 PLC 运行模式选择开关拨到"RUN"位置进行观察。如果出现故障，学生应独立检修，直到排除故障。调试完成后整理器材。

视频 3.15　调试程序

3.4　任务知识点

3.4.1　三相异步电动机连续运行的继电器-接触器控制电路的工作原理

三相异步电动机连续运行的继电器-接触器控制电路原理如图 3-1 所示，其工作过程是：当合上电源开关 QF，按下起动按钮 SB1 时，交流接触器 KM 的线圈得电，主电路中 KM 的主触头和控制电路中 KM 的动合辅助触头同时动作并闭合，电动机 M 接通起动运转。当松开按钮 SB1 时，由于并联在 SB1 两端的 KM 动合辅助触头处于闭合状态，因此 KM 的线圈维持得电，从而保证 KM 的主触头仍处在闭合状态，所以电动机连续运转。当按下停止按钮 SB2 时，KM 的线圈失电，其主触头和动合辅助触头均断开，电动机随即停转。

这种按下起动按钮并松开后，仍能保持线圈得电的控制电路叫作具有自锁（或自保）功能的接触器控制电路，简称自锁控制电路。与起动按钮并联的一对动合辅助触头 KM 叫作自锁

（或自保）触头。当电动机运转过热时，热继电器 FR 的动断触头断开，分断电路，保护电动机不会因过热而损坏。

视频 3.16　连续运行的继电器–接触器控制　　　　　动画 3.1　连续运行的继电器–接触器控制

3.4.2　热继电器（FR）

继电器是一种传递信号的电器，通过某种输入信号的变化接通或分断控制电路，以完成控制和保护任务。继电器的输入信号可以是电压、电流等电信号，也可以是温度、速度、时间和压力等非电信号，而输出通常是触头的闭合或断开。继电器一般不用来直接控制有较大电流的主电路，而是通过接触器或其他电器对主电路进行控制。因此，同接触器相比较，继电器的触头断流容量较小，一般不需要灭弧装置，但对继电器动作的准确性则要求较高。

1. 继电器的分类

继电器的种类很多，按其用途可分为控制继电器、保护继电器、中间继电器；按动作时间可分为瞬时继电器、延时继电器；按输入信号的性质可分为电压继电器、电流继电器、时间继电器、温度继电器、速度继电器和压力继电器等；按工作原理可分为电磁式继电器、感应式继电器、电动式继电器、热继电器和电子式继电器等；按输出形式可分为有触头继电器、无触头继电器。部分常用继电器的实物图参见本书配套资源。

2. 热继电器

热继电器利用电流的热效应来推动动作机构，使触头系统闭合或断开。主要用来对连续运行的电动机进行过载及断相保护，防止电动机过热而烧毁。

（1）结构

热继电器主要由热驱动元件（双金属片）、触头、传动机构、复位按钮及电流调整装置构成。其结构和符号如图 3-7 所示。

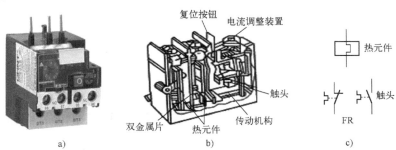

图 3-7　热继电器的结构和符号

a）外形　b）结构　c）图形符号和文字符号

热继电器的热元件串联在主电路中，与电动机的定子绕组连接。其动断触头串联在控制电路中；动合触头要么不连接，要么串联在故障报警铃或者报警灯的装置中。当电动机过载时，热继电器就会动作，其动断触头断开，控制电路就被分断，交流接触器的线圈就失电释放，从而保护电动机。同时，其动合触头持续闭合，相应的故障报警铃响或者报警灯亮，给出过流指示，直到按下复位按钮后才会解除保护。

（2）工作原理

热继电器的工作原理示意图如图 3-8 所示，图中热元件是一段电阻不大的电阻丝，接在电动机的主电路中。双金属片是由两种受热后有不同热膨胀系数的金属碾压而成，其中下层金属的热膨胀系数大，上层的小。当电动机过载时，流过热元件的电流增大，热元件产生的热量使双金属片中的下层金

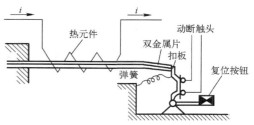

图 3-8 热继电器的工作原理示意图

属的膨胀变长速度大于上层金属，从而使双金属片向上弯曲。经过一定时间后，弯曲位移增大，使双金属片与扣扳分离（脱扣）。扣扳在弹簧的拉力作用下，将动断触头断开。由于动断触头一般串接在电动机的控制电路中，它的断开使接触器的线圈失电，从而分断电动机的主电路。若要使热继电器复位，则按下复位按钮即可。

视频 3.17 热继电器的结构、原理、选择及检测

由于热惯性，当电路短路时，热继电器不能立即动作使电路分断。因此，在控制系统中，热继电器只能用作电动机的过载保护，而不能起到短路保护的作用。在电动机起动过载或短时过载时，热继电器也不会动作，这样可以避免电动机不必要的停止运转。

3.4.3 三相异步电动机连续运行的 PLC 控制过程

比较图 3-1 和图 3-3 的主电路可知，三相异步电动机连续运行的 PLC 控制方式与继电器-接触器控制方式的主电路相同，不同的是控制电路部分。PLC 方式，控制电路部分只需要将输入、输出元器件分别接到可编程序控制器的输入、输出端口即可，中间的其他元器件不需要连接，而是通过编写程序来实现控制。三相异步电动机连续运行 PLC 控制的方法有多种，这里主要介绍 3 种，即基于"起保停"设计思想的 PLC 控制，基于"辅助继电器"设计思想的 PLC 控制和基于"置位复位"设计思想的 PLC 控制。3 种方法的硬件接线图相同，如图 3-3 所示，只是 PLC 编写程序不同。

1. 基于"起保停"设计思想的 PLC 控制

基于"起保停"设计思想的三相异步电动机连续运行的 PLC 控制程序如图 3-4 所示。PLC 控制过程是：图 3-3 中，当合上电源开关 QF，按下起动按钮 SB1 时，PLC 的输入端子 X000 得电，执行图 3-4 中的 PLC 内部程序，即程序中的软元件输入继电器 X000 的动合触头闭合，此时由于图 3-3 中按钮 SB2 和热继电器 FR 的动合触头未得电，与之相连的 PLC 输入端子未接通，故程序中软元件 X001 和 X002 保持初始状态，即闭合状态，使其后的软元件输出继电器 Y000 的线圈吸合。Y000 线圈的吸合，一方面使程序中的 Y000 动合触头闭合形成自锁；另一方面使图 3-3 中 PLC 的输出端子 Y000 得电，从而驱动中间继电器 KA 的线圈得电吸合，其动合触头闭合，使交流接触器 KM 的线圈得电吸合，主电路中 KM 的主触头闭合，电动机起动运转。当松开按钮 SB1 时，图 3-3 中 PLC 的输入端子 X000 虽然失电，但程序中与输入继电器 X000 并联的触头 Y000 处于闭合状态，继续保持输出继电器 Y000 的线圈吸合，所以电动机持续运转。

视频 3.18 基于"起保停"设计思想的连续运行 PLC 控制

动画 3.2 基于"起保停"设计思想的连续运行 PLC 控制

图 3-3 中，当按下停止按钮 SB2 或模拟过热状态按下 FR 时，PLC 的输入端子 X001 或 X002 得电，执行图 3-4 中 PLC 内部程序，

即程序中的软元件输入继电器 X001 或 X002 的动断触头断开，使其后的输出继电器 Y000 的线圈释放。Y000 线圈的释放，一方面使程序中的 Y000 动合触头恢复断开状态；另一方面使 PLC 的输出端子 Y000 失电，与之相连的中间继电器 KA 的线圈失电释放，其动合触头恢复断开状态，其后的 KM 线圈失电释放，使主电路中 KM 的主触头断开，分断电动机的电源，电动机随即停转。该控制中，X000 用于起动电路运行，动合触头 Y000 用于自锁保持电路运行，X001 和 X002 用于停止电路运行，所以又称该电路为"起保停"电路。

2. 基于"辅助继电器"设计思想的 PLC 控制

基于"辅助继电器"设计思想的三相异步电动机连续运行的 PLC 控制程序如图 3-5 所示。PLC 控制过程是：图 3-3 中，当合上电源开关 QF，按下起动按钮 SB1 时，PLC 的输入端子 X000 得电，图 3-5PLC 程序中输入继电器 X000 的动合触头闭合，而软元件 X001 和 X002 保持闭合状态，使其后的软元件辅助继电器 M0 的线圈吸合，其两个动合触头 M0 闭合。其中与输入继电器 X000 并联的触头 M0 闭合起自锁保持作用，从而使 M0 的线圈持续吸合；与输出继电器 Y000 的线圈串联的触头 M0 闭合，使 Y000 的线圈吸合，从而使图 3-3 中 PLC 的输出端子 Y000 得电，驱动中间继电器 KA 的线圈得电吸合，其动合触头闭合，使交流接触器 KM 的线圈通电吸合，主电路中 KM 的主触头闭合，电动机起动运转。当松开按钮 SB1 时，

视频 3.19　基于"辅助继电器"设计思想的连续运行 PLC 控制

动画 3.3　基于"辅助继电器"设计思想的连续运行 PLC 控制

图 3-3 中 PLC 的输入端子 X000 虽然失电，但由于图 3-5 程序中辅助继电器 M0 的自锁保持作用，使得电动机持续运转。

当按下停止按钮 SB2 或模拟过热状态按下 FR 时，图 3-3 中 PLC 的输入端子 X001 或 X002 得电，图 3-5 程序中的输入继电器 X001 或 X002 的动断触头断开，使其后的辅助继电器 M0 的线圈释放，其两个动合触头恢复断开状态，输出继电器 Y000 的线圈释放，从而使图 3-3 中 PLC 的输出端子 Y000 失电，使 KA 和 KM 的线圈失电释放，主电路中 KM 的主触头断开，电动机随即停转。该控制中，X000 用于起动电路运行，动合触头 M0 用于自锁保持电路运行，X001 和 X002 用于停止电路运行。编写 PLC 程序时，同一个输出继电器在一个程序段中只能出现一次，而辅助继电器则可以出现无数多次。因此，当如果有多种不同状态需要驱动同一个输出时，必须通过多个辅助继电器从中间进行转换。

3. 基于"置位复位"设计思想的 PLC 控制

基于"置位复位"设计思想的三相异步电动机连续运行的 PLC 控制程序如图 3-6 所示。PLC 控制过程是：图 3-3 中，当合上电源开关 QF，按下起动按钮 SB1 时，PLC 的输入端子 X000 得电，图 3-6 程序中输入继电器 X000 的动合触头闭合，执行其后的置位指令 SET，使输出继电器 Y000 的线圈吸合，从而使图 3-3 中 PLC 的输出端子 Y000 得电，驱动中间继电器 KA 和交流接触器 KM 的线圈得电吸合，主电路中 KM 的主触头闭合，电动机起动运转。当松开按钮 SB1 时，图 3-3 中 PLC 的输入端子 X000 虽然失电，但由于置位指令 SET 的功能就是让元件自保持为 ON，直到执行复位指令 RST 才会让元件自保持为 OFF，故电动机持续运转。

图 3-3 中，当按下停止按钮 SB2 或模拟过热状态按下 FR 时，

视频 3.20　基于"置位复位"设计思想的连续运行 PLC 控制

动画 3.4　基于"置位复位"设计思想的连续运行 PLC 控制

PLC 的输入端子 X001 或 X002 得电，图 3-6 程序中的输入继电器 X001 或 X002 的动合触头闭合，执行其后的复位指令，输出继电器 Y000 的线圈释放，从而使图 3-3 中 PLC 的输出端子 Y000 失电，使 KA 和 KM 的线圈失电释放，主电路中 KM 的主触头断开，电动机随即停转。该控制中，如果要让电路运行，就使用置位指令让对应元件的线圈吸合并自保持 ON；如果要让电路停止运行，就使用复位指令让对应元件的线圈释放并自保持 OFF。

3.4.4　PLC 触头串联和并联指令（AND/ANI，OR/ORI）

1. 指令符号

PLC 触头串联和并联指令分别是 AND/ANI、OR/ORI，见表 3-3。

表 3-3　PLC 触头串联和并联指令

符号	名称	功　能	梯形图示例	指　令　表	操作元件	程序步
AND	与	单个动合触头与左边触头串联连接	X000 X001 —(Y000)	LD　X000 AND　X001 OUT　Y000	X、Y、M、S、T、C	1
ANI	与非	单个动断触头与左边触头串联连接	X000 X001 —(Y000)	LD　X000 ANI　X001 OUT　Y000	X、Y、M、S、T、C	1
OR	或	单个动合触头与上一触头并联连接	X000 X001 —(Y000)	LD　X000 OR　X001 OUT　Y000	X、Y、M、S、T、C	1
ORI	或非	单个动断触头与上一触头并联连接	X000 X001 —(Y000)	LD　X000 ORI　X001 OUT　Y000	X、Y、M、S、T、C	1

2. 指令用法

触头串联和并联指令用法示例如图 3-9 所示。

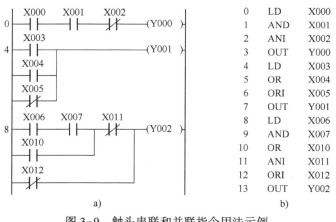

```
0   LD    X000
1   AND   X001
2   ANI   X002
3   OUT   Y000
4   LD    X003
5   OR    X004
6   ORI   X005
7   OUT   Y001
8   LD    X006
9   AND   X007
10  OR    X010
11  ANI   X011
12  ORI   X012
13  OUT   Y002
```

视频 3.21　PLC 触头串、并联指令

图 3-9　触头串联和并联指令用法示例

a）梯形图程序　b）指令表程序

1）串联和并联指令是指单个触头与其他的触头或触头组成电路的连接关系。

2）串联电路中，每个软元件的触头都必须处于闭合状态，与之连接的线圈才能吸合，即为 "ON" 状态。

3）并联电路中，只要有 1 个软元件的触头处于闭合状态，与之连接的线圈就吸合，即为

“ON”状态。

4）串联触头的个数一般是没有限制的，但是因为图形编程器和打印机的功能有限制，所以建议一行不超过 10 个触头。

5）并联触头的个数一般是没有限制的，但是因为图形编程器和打印机的功能有限制，所以建议并联连接的次数不超过 24 次。

3.4.5 PLC 软元件之辅助继电器（M）

PLC 内部有许多辅助继电器，每个辅助继电器有无数对动合、动断触头供编程使用。辅助继电器只能由程序驱动，其触头在 PLC 内部编程时可以任意使用，但它不能直接驱动负载，外部负载必须由输出继电器的输出触头来驱动。FX_{3U} 系列 PLC 辅助继电器的分类及功能见表 3-4。

辅助继电器的用法示例如图 3-10 所示，其中 M0 是通用辅助继电器，M8013 是特殊辅助继电器，其功能是 1s 的时钟脉冲。

表 3-4　FX_{3U} 系列 PLC 辅助继电器的分类及功能

分　类	功　能	存取的地址范围及点数		备　注
一般用辅助继电器	相当于继电器-接触器控制系统中的中间继电器，往往用做状态暂存、移位等运算。其中一般用辅助继电器通常没有停电保持功能，而停电保持用（电池保持）具有停电保持功能	500（M0~M499）		根据设定的参数，可以更改为停电保持区域
停电保持用（电池保持）辅助继电器		524（M500~M1023）		根据设定的参数，可以更改为非停电保持区域
		6656（M1024~M7679）		不能根据参数更改为非停电保持区域
特殊用辅助继电器	具有特殊功能，用来存储系统的状态变量、有关的控制参数和信息等，可分为触头利用型和线圈驱动型。触头利用型在用户程序中直接使用其触头，但是不能出现其线圈；线圈驱动型由用户程序驱动其线圈，但不使用其触头	512（M8000~M8511）	M8000	PLC 为 RUN 时为 ON
			M8002	初始脉冲，RUN 后 1 个扫描周期为 ON
			M8011~M8014	分别是 10ms、100ms、1s、1min 的时钟脉冲，可以组成振荡电路
			M8020	加运算结果为 0 时置位
			M8021	减运算结果小于最小负数值时置位
			M8022	加运算在进位或结果溢出时置位
			M8030	锂电池电压下降指示灯
			M8033	PLC 停止时输出保持
			M8034	禁止输出
			M8039	定时扫描

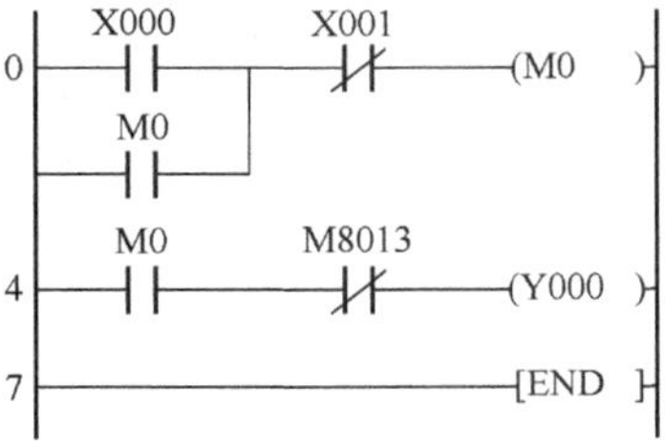

a)

```
0  LD   X000
1  OR   M0
2  ANI  X001
3  OUT  M0
4  LD   M0
5  ANI  M8013
6  OUT  Y000
7  END
```

b)

图 3-10　辅助继电器用法示例

a）梯形图程序　b）指令表程序

视频 3.22　PLC 软元件之辅助继电器

3.4.6　PLC 置位与复位指令（SET，RST）

1. 指令符号

PLC 置位与复位指令分别是 SET、RST，见表 3-5。

表 3-5　PLC 置位与复位指令

符号	名称	功　　能	梯形图示例	指令表	操作元件	程　序　步
SET	置位	令元件自保持 ON	X000 ──┤├──[SET Y000]	LD　X000 SET　Y000	Y、M、S	Y、M：1 S、特 M：2
RST	复位	令元件自保持 OFF 或清除寄存器的内容	X001 ──┤├──[RST Y000]	LD　X001 RST　Y000	Y、M、S、C、D、V、Z、积 T	Y、M：1 S、特 M、C、积 T：2 D、V、Z：3

2. 指令用法

（1）置位与复位指令用法示例一如图 3-11 所示。

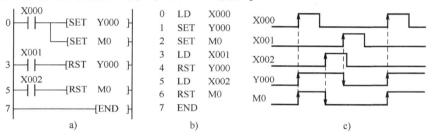

图 3-11　置位与复位指令用法示例一

a）梯形图程序　b）指令表程序　c）时序图

1）图 3-11 中，当 X000 动合触头闭合时，Y000 和 M0 的线圈立即吸合；即使当 X000 触头断开时，Y000 和 M0 仍然保持吸合状态。

2）当 X001 触头闭合时，Y000 的线圈立即释放；即使当 X001 触头断开后，Y000 的线圈仍然处于释放状态。

3）当 X002 触头闭合时，M0 的线圈立即释放；即使当 X002 触头断开后，M0 的线圈仍然处于释放状态。

4）用 SET 命令置位的操作元件，只能用 RST 命令复位，否则将在程序的运行中一直保持 ON。

（2）置位与复位指令用法示例二如图 3-12 所示，该梯形图程序是利用 SET 和 RST 指令实现电动机的自锁控制。

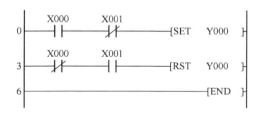

图 3-12　置位与复位指令用法示例二

视频 3.23　PLC 置位与
复位指令

3.5　知识点拓展

3.5.1　三相异步电动机单向点动与连续运行控制

前面分别介绍了三相异步电动机的点动运行控制和连续运行控制，如果在一个电路中要求分别实现点动控制和连续控制，应如何设计呢？

1. 继电器-接触器控制

三相异步电动机单向点动与连续运行的继电器-接触器控制电路原理图如图 3-13 所示。图中 SB1 是停止按钮；SB2 是复合按钮，用于控制点动运行；SB3 是控制连续运行的按钮。其工作原理请自行分析。

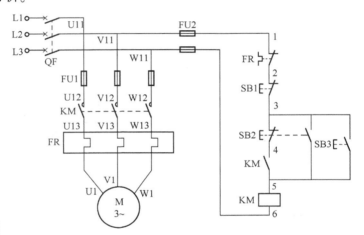

视频 3.24　单向点动与连续运行的继电器-接触器控制

图 3-13　三相异步电动机单向点动与连续运行的继电器-接触器控制电路原理图

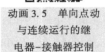

动画 3.5　单向点动与连续运行的继电器-接触器控制

2. PLC 控制

（1）I/O 分配

1）I/O 分配表。根据三相异步电动机单向点动与连续运行的 PLC 控制要求，需要输入设备 4 个，即 3 个按钮和 1 个热继电器；输出设备 1 个，即用来控制电动机运行的交流接触器。其 I/O 分配见表 3-6。

表 3-6　三相异步电动机单向点动与连续运行 PLC 控制的 I/O 分配表

输　　　入			输　　　出		
电气符号	输入端子	功　　能	电气符号	输出端子	功　　能
SB1	X000	停止按钮	KM	Y000	电动机运行的交流接触器
SB2	X001	点动复合按钮	—	—	—
SB3	X002	连续运行起动按钮	—	—	—
FR	X003	过载保护	—	—	—

2）硬件接线图。三相异步电动机单向点动与连续运行 PLC 控制的硬件接线图如图 3-14 所示。

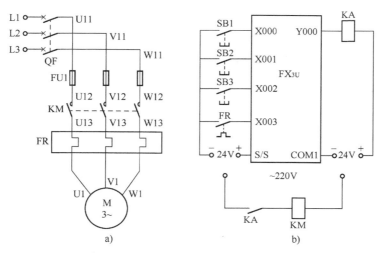

图 3-14　三相异步电动机单向点动与连续运行 PLC 控制的硬件接线图

a）主电路　b）PLC 的 I/O 接线图

（2）软件编程

本控制中，无论是点动运行还是连续运行，其控制对象都是同一个电动机，而电动机的运行又是由同一个交流接触器来输出控制的。前面讲过，同一个输出继电器在一个程序段中只能出现一次。那么如何使点动运行和连续运行控制不发生冲突呢？最好的办法就是利用辅助继电器分别进行控制，即将点动控制的对象设置为一个辅助继电器，将连续控制的对象设置为另一个不同的辅助继电器，最后将两个辅助继电器的触头并联来控制输出继电器，其 PLC 程序如图 3-15 所示。

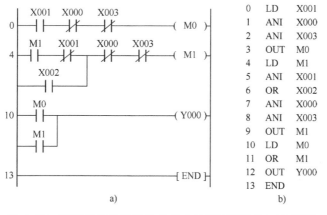

```
0   LD    X001
1   ANI   X000
2   ANI   X003
3   OUT   M0
4   LD    M1
5   ANI   X001
6   OR    X002
7   ANI   X000
8   ANI   X003
9   OUT   M1
10  LD    M0
11  OR    M1
12  OUT   Y000
13  END
```

b)

视频 3.25　单向点动与连续运行的 PLC 控制

图 3-15　三相异步电动机单向点动与连续运行的 PLC 程序

a）梯形图程序　b）指令程序

动画 3.6　单向点动与连续运行的 PLC 控制

3.5.2　"起保停"电路的停止优先和起动优先设计

"起保停"电路可以用输入、输出触头与线圈组合完成，也可以用 SET、RST 指令完成。如果起动按钮和停止按钮同时被按下，若电动机停止，则称为停止优先，如图 3-16 所示；若电动机起动，则称为起动优先，如图 3-17 所示。

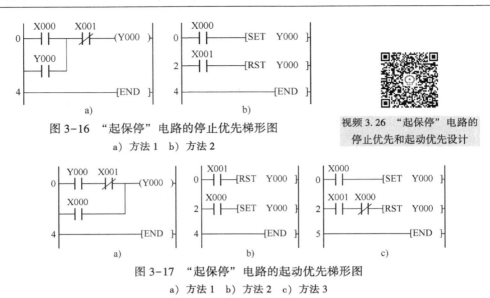

图 3-16 "起保停"电路的停止优先梯形图
a) 方法 1 b) 方法 2

图 3-17 "起保停"电路的起动优先梯形图
a) 方法 1 b) 方法 2 c) 方法 3

3.5.3 动断触头的输入信号处理

PLC 的输入端子可以外接动合触头或动断触头作为输入信号，但外接的信号不同，其程序的编写就不一样。如图 3-18 所示，假设 SB1 是起动按钮，SB2 是停止按钮，FR 是热继电器保护，其中输入端子 X001 分别连接的是 SB2 的动合触头和动断触头，显然梯形图程序中对应的触头编写是不相同的。

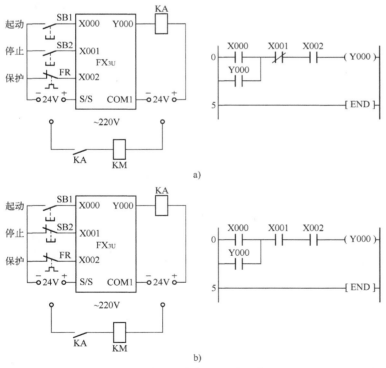

图 3-18 外接动合、动断触头的输入信号处理方法
a) 外接动合停止按钮 b) 外接动断停止按钮

说明:

1) 图 3-18a、b 中, 要求按下起动按钮 SB1 后程序才开始运行, 因此输入端子 X000 应接入动合触头, 程序中对应的输入继电器 X000 也应编写为动合触头。当按下起动按钮后, 程序中 X000 才闭合。

2) 图 3-18a、b 中, 热继电器 FR 接入的都是动断触头, 因此 PLC 上电后, 只要电动机不过载, FR 就处于通电状态, 也即与之相连的 PLC 输入端子 X002 得电, 程序中的输入继电器 X002 的动合触头就动作, 即闭合, 为程序的导通做准备。直到过热时, FR 的动断触头断开, PLC 输入端子 X002 失电, 程序中的 X002 就恢复断开状态, 从而分断电路。

3) 图 3-18a 中, 停止按钮 SB2 接入的是动合触头, 当程序起动运行而未停止时, 停止按钮是不会被按下的, 也即输入端子 X001 是不会得电的, 而对应程序却是需要运行, 故程序中对应的输入继电器 X001 应编写为动断触头。图 3-18b 中 SB2 接入的是动断触头, 其工作过程与 FR 相同, 即程序中对应的输入继电器 X001 应编写为动合触头。

4) 教学中 PLC 的输入触头通常使用动合触头, 便于进行工作过程分析。但在实际控制中, 停止按钮、限位开关及热继电器等要使用动断触头, 以提高安全保障。

5) 为了节省成本, 应尽量少占用 PLC 的 I/O 端子, 因此, 有时也将 FR 动断触头串接在其他动断输入或负载输出回路中。

3.6　任务延展

1. 分别写出图 3-16 和图 3-17 所示梯形图的指令表程序。
2. 根据以下指令表程序, 画出相应的梯形图。

0	LD	X001
1	OR	Y000
2	ANI	X000
3	ANI	Y001
4	OUT	Y000
5	LD	X002
6	OR	Y001
7	ANI	X000
8	ANI	Y000
9	OUT	Y001
10	END	

3. 分析图 3-13 所示三相异步电动机单向点动与连续运行的继电器-接触器控制电路的工作原理。

4. 热继电器的工作原理是什么? 为什么热继电器只能作过载保护, 而不能作短路保护?

5. 设计一个能在两地起停控制某电动机运行的 PLC 控制系统。其控制要求如下: 在甲地按下起动按钮 SB1, 电动机起动运行, 按下停止按钮 SB2, 则电动机停止运行; 在乙地按下起动按钮 SB3, 电动机也可以起动运行, 按下停止按钮 SB4, 则电动机也可以停止运行; 任何时候若热继电器动作, 则电动机停止运行。

任务 4 三相异步电动机的接触器联锁正、反转运行控制

4.1 任务目标

- 会描述三相异步电动机接触器联锁正、反转运行的继电器–接触器控制和 PLC 控制的工作过程。
- 掌握三菱 PLC 的电路块连接指令和多重输出指令。
- 会利用实训设备完成三相异步电动机接触器联锁正、反转运行两种控制电路的安装、调试和运行等，会判断并排除电路故障。
- 能辨别三相异步电动机接触器联锁正、反转运行的关键环节。
- 会利用所学指令编写 PLC 程序。
- 具有分析和解决问题的能力以及举一反三的能力；具有遵守规章制度、操作规范和生产安全的意识；有团队协作精神。

4.2 任务描述

三相异步电动机接触器联锁正、反转运行的要求：当按下正转起动按钮并松开时，电动机正转起动并保持连续运转，直到按下停止按钮或过载时，电动机才停止运转；当按下反转起动按钮并松开时，电动机反转起动并保持连续运转，直到按下停止按钮或过载时，电动机才停止运转。

4.3 任务实施

4.3.1 三相异步电动机接触器联锁正、反转运行的继电器–接触器控制

利用实训设备完成三相异步电动机接触器联锁正、反转运行的继电器–接触器控制电路的安装、调试、运行及故障排除。

1. 三相异步电动机接触器联锁正、反转运行的继电器–接触器控制效果

2. 绘制工程电路原理图

三相异步电动机接触器联锁正、反转运行的继电器–接触器控制电路原理图如图 4-1 所示。

3. 选择元器件

1）编制器材明细表。该实训任务所需器材见表 4-1。

2）器材质量检查与清点。

4. 安装、敷设电路

视频 4.1 展示控制效果

1）绘制工程布局布线图。三相异步电动机接触器联锁正、反转运行

继电器–接触器控制电路的工程布局布线图如图 4-2 所示。

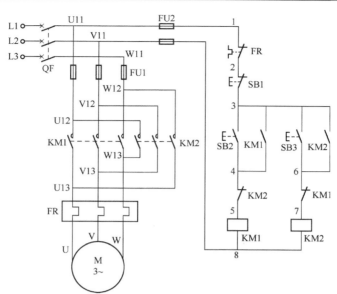

图 4-1　三相异步电动机接触器联锁正、反转运行的
继电器-接触器控制电路原理图

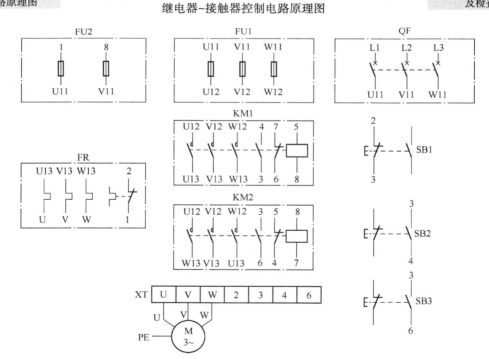

图 4-2　三相异步电动机接触器联锁正、反转运行继电器-接触器控制电路的工程布局布线图

表 4-1　三相异步电动机接触器联锁正、反转运行的继电器-接触器控制电路器材明细表

符号	名　称	型　号	规　格	数量	备　注
QF	低压断路器	DZ108-20/10-F	脱扣器整定电流 0.63~1 A	1 只	—
FU1	螺旋式熔断器	RL1-15	配熔体 3 A	3 只	—
FU2	瓷插式熔断器	R14-20	配熔体 3 A	2 只	—
KM1 KM2	交流接触器	CJX2-1810	线圈 AC 380V	2 只	—

（续）

符 号	名　称	型　号	规　格	数量	备　注
SB1 SB2 SB3	按钮	LAY16	一动合一动断自动复位	3 个	SB1 用红色 SB2、SB3 用绿色
FR	热继电器	JRS1D-25	整定电流 0.63~1.2 A	1 只	—
M	三相笼型异步电动机	DJ24/DJ26	U_N 380 V（丫/△）	1 台	—

2）安装、敷设电路。

3）通电检查及故障排除。

4）整理器材。

视频 4.4　绘制工程　　视频 4.5　安装、敷　　视频 4.6　安装、敷　　视频 4.7　通电检查
布局布线图　　　　设控制电路　　　　设主电路　　　　及故障排除

4.3.2　三相异步电动机接触器联锁正、反转运行的 PLC 控制

利用实训设备完成三相异步电动机接触器联锁正、反转运行的 PLC 控制电路的安装、编程、调试、运行及故障排除。

1. 三相异步电动机接触器联锁正、反转运行的 PLC 控制效果

2. I/O 分配

1）I/O 分配表。根据三相异步电动机接触器联锁正、反转运行的 PLC 控制要求，若不考虑热继电器的过载保护做输入的情况下，则需要输入设备 3 个，即按钮；输出设备 2 个，即分别用来控制电动机正、反转的交流接触器。其 I/O 分配见表 4-2。

视频 4.8　展示控制效果

2）硬件接线图。三相异步电动机接触器联锁正、反转运行 PLC 控制的硬件接线图如图 4-3 所示。

视频 4.9　I/O 分配表

表 4-2　三相异步电动机接触器联锁正、反转运行 PLC 控制的 I/O 分配表

输　　入			输　　出		
电气符号	输入端子	功　能	电气符号	输出端子	功　能
SB1	X000	停止按钮	KM1	Y001	电动机正转的交流接触器
SB2	X001	正转起动	KM2	Y002	电动机反转的交流接触器
SB3	X002	反转起动	—	—	—

3. 软件编程

1）基于"起保停"设计思想编程。基于"起保停"设计思想的三相异步电动机接触器联锁正、反转运行的 PLC 程序如图 4-4 所示。

2）基于"置位复位"设计思想编程。基于"置位复位"设计思想的三相异步电动机接触器联锁正、反转运行的 PLC 程序如图 4-5 所示。

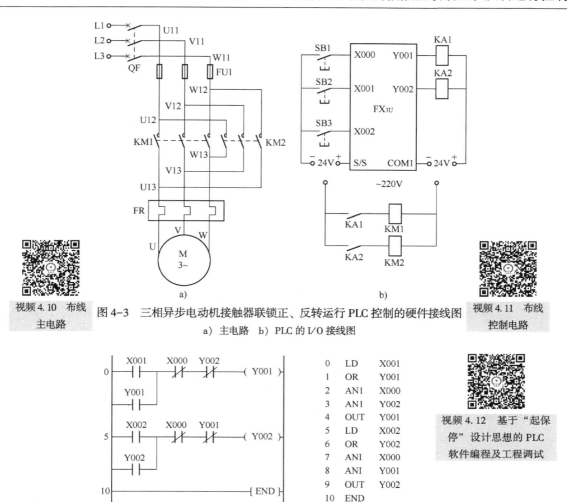

视频 4.10　布线主电路

视频 4.11　布线控制电路

图 4-3　三相异步电动机接触器联锁正、反转运行 PLC 控制的硬件接线图
a) 主电路　b) PLC 的 I/O 接线图

视频 4.12　基于"起保停"设计思想的 PLC 软件编程及工程调试

图 4-4　基于"起保停"设计思想的三相异步电动机接触器联锁正、反转运行的 PLC 程序
a) 梯形图程序　b) 指令表程序

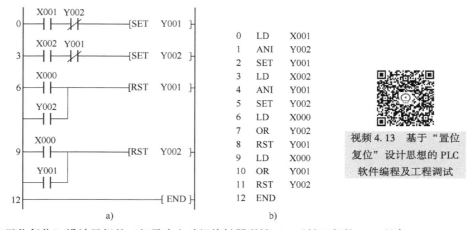

视频 4.13　基于"置位复位"设计思想的 PLC 软件编程及工程调试

图 4-5　基于"置位复位"设计思想的三相异步电动机接触器联锁正、反转运行的 PLC 程序
a) 梯形图程序　b) 指令表程序

3）基于"栈操作"设计思想编程。基于"栈操作"设计思想的三相异步电动机接触器联锁正、反转运行的 PLC 程序如图 4-6 所示。

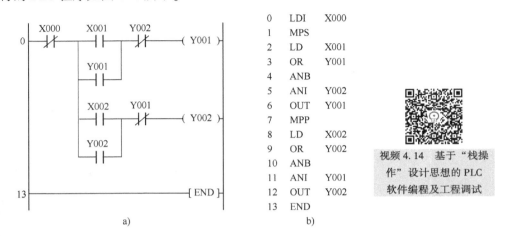

```
0    LDI    X000
1    MPS
2    LD     X001
3    OR     Y001
4    ANB
5    ANI    Y002
6    OUT    Y001
7    MPP
8    LD     X002
9    OR     Y002
10   ANB
11   ANI    Y001
12   OUT    Y002
13   END
```

视频 4.14　基于"栈操作"设计思想的 PLC 软件编程及工程调试

图 4-6　基于"栈操作"设计思想的三相异步电动机接触器联锁正、反转运行的 PLC 程序
a）梯形图程序　b）指令表程序

4. 工程调试

在断电状态下连接好电缆，将 PLC 运行模式选择开关拨到"STOP"位置，使用编程软件编程并下载到 PLC 中。启动电源，并将 PLC 运行模式选择开关拨到"RUN"位置进行观察。如果出现故障，学生应独立检修，直到排除故障。调试完成后整理器材。

4.4　任务知识点

4.4.1　三相异步电动机接触器联锁正、反转运行的继电器-接触器控制电路的工作原理

三相异步电动机接触器联锁正、反转运行的继电器-接触器控制电路原理图如图 4-1 所示，下面我们就正转控制和反转控制分别进行分析。

1. 正转控制

合上电源开关 QF，按下正转起动按钮 SB2，正转控制电路接通，其工作过程如下。

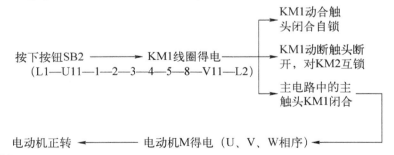

2. 反转控制

要使电动机改变转向（即由正转变为反转）时，应先按下停止按钮 SB1，使正转控制电路

分断，电动机停转，然后才能使电动机反转。这是因为反转控制回路中串联了正转接触器 KM1 的动断触头（又称互锁触头）。当 KM1 通电工作时，其动断触头是断开的，若这时直接按反转按钮 SB3，反转接触器 KM2 是无法通电的，故电动机仍然处于正转状态。互锁的作用可以让两种相反状态不会同时运行，从而确保电路的安全可靠。当先按下停止按钮 SB1 时，电动机停转后，再按下反转按钮 SB3，电动机才会反转。反转控制电路的工作过程如下。

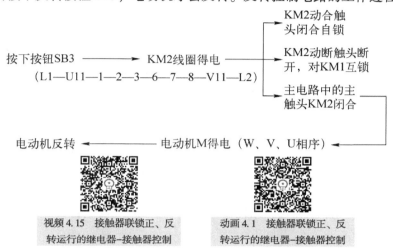

视频 4.15　接触器联锁正、反
转运行的继电器-接触器控制

动画 4.1　接触器联锁正、反
转运行的继电器-接触器控制

4.4.2　三相异步电动机接触器联锁正、反转运行的 PLC 控制过程

介绍 3 种三相异步电动机接触器联锁正、反转运行 PLC 控制的方法，即基于"起保停"设计思想的 PLC 控制，基于"置位复位"设计思想的 PLC 控制，基于"栈操作"设计思想的 PLC 控制。三种方法的硬件接线图相同，如图 4-3 所示，只是 PLC 编写程序不同。

1. 基于"起保停"设计思想的 PLC 控制

基于"起保停"设计思想的三相异步电动机接触器联锁正、反转运行的 PLC 控制程序如图 4-4 所示，其工作过程按正转控制和反转控制分别进行分析。

（1）正转控制

图 4-3 中，当合上电源开关 QF，按下正转起动按钮 SB2 时，PLC 的输入端子 X001 得电，图 4-4 程序中输入继电器 X001 的动合触头闭合，由于没有按下动合停止按钮 SB1 和反转动合起动按钮 SB3，故与之相连的 PLC 输入端子未得电，因此程序中软元件 X000 和 Y002 的动合触头保持闭合状态，使其后的输出继电器 Y001 线圈吸合。Y001 的线圈吸合，一方面使图 4-3 中 PLC 的输出端子 Y001 得电，驱动中间继电器 KA1 的线圈得电吸合，其动合触头闭合，使交流接触器 KM1 的线圈得电吸合，主电路中 KM1 的主触头闭合，电动机起动正向运转；另一方面，Y001 的动合触头闭合形成自锁，当松开按钮 SB2 时，图 4-3 中 PLC 的输入端子 X001 虽然失电，但 Y001 的自锁使其线圈保持吸合，所以电动机持续正向运转；第三，图 4-4 程序中串联在 Y002 线圈行中的 Y001 动断触头断开形成互锁，此时若按下反转起动按钮 SB3，Y002 的线圈也不会吸合，从而保证电动机不会同时出现正、反转的情况。

视频 4.16　基于"起保停"
设计思想的 PLC 控制

动画 4.2　基于"起保停"
设计思想的 PLC 控制

图 4-3 中，当按下停止按钮 SB1 时，PLC 的输入端子 X000 得电，图 4-4 程序中输入继电器 X000 的动断触头断开，使其后的输出继电器 Y001 线圈释放，从而使图 4-3 中 PLC 的输出端子 Y001 失电，使 KA1 和 KM1 的线圈失电释放，主电路中 KM1 的主触头断开，电动机随即停转。

（2）反转控制

反转控制与正转控制的工作过程完全类似，唯一不同的是主电路中交换了接入电动机的电源相序，从而实现了电动机的反向运转，故此处不再赘述。

2. 基于"置位复位"设计思想的 PLC 控制

基于"置位复位"设计思想的三相异步电动机接触器联锁正、反转运行的 PLC 控制程序如图 4-5 所示，其工作过程按正转控制和反转控制分别进行分析。

（1）正转控制

图 4-3 中，当合上电源开关 QF，按下正转起动按钮 SB2 时，PLC 的输入端子 X001 得电，图 4-5 程序中输入继电器 X001 的动合触头闭合，执行置位操作，使输出继电器 Y001 的线圈吸合。Y001 的线圈吸合，一方面使图 4-3 中 PLC 的输出端子 Y001 得电，从而驱动交流接触器 KM1 的线圈得电吸合，主电路中 KM1 的主触头闭合，电动机起动正向运转；另一方面，置位指令 SET 的功能就是让元件自保持为 ON，所以当松开按钮 SB2 时，图 4-3 中 PLC 的输入端子 X001 虽然失电，但图 4-5 程序中 Y001 的线圈保持吸合，故电动机持续正向运转；第三，图 4-5 程序中，串联在 Y002 线圈行中的 Y001 动断触头断开形成互锁，同时其动合触头闭合，执行 Y002 的复位操作，都确保电动机不会反转。

视频 4.17 基于"置位复位"
设计思想的 PLC 控制

动画 4.3 基于"置位复位"
设计思想的 PLC 控制

图 4-3 中，当按下停止按钮 SB1 时，PLC 的输入端子 X000 得电，图 4-5 程序中输入继电器 X000 的动合触头闭合，执行复位操作，输出继电器 Y001 的线圈释放，从而使图 4-3 中 PLC 的输出端子 Y001 失电，交流接触器 KM1 线圈失电释放，使主电路中 KM1 的主触头断开，电动机随即停转。

（2）反转控制

反转控制与正转控制的工作过程完全类似，唯一不同的是主电路中交换了接入电动机的电源相序，从而实现了电动机的反向，故此处不再赘述。

3. 基于"栈操作"设计思想的 PLC 控制

基于"栈操作"设计思想的三相异步电动机接触器联锁正、反转运行的 PLC 控制程序如图 4-6 所示。

比较图 4-6 与图 4-4 可以看出，"栈操作"与"起保停"的设计思想是类似的。所不同的是，基于"起保停"设计思想的 PLC 控制，其正、反转是两条独立的逻辑行。而基于"栈操作"设计思想的 PLC 控制，其正、反转逻辑行在程序中与输入继电器 X000 有关。为了确保正、反转逻辑行的独立性，要求保存通过 X000 运算后的逻辑值，就需要使用进栈指令 MPS 保存程序运行的当前值，以供两条支路分别使用。当正转逻辑行执行结束后，需要使用出栈指令 MPP，将之前保存的逻辑值弹出供反转逻辑行使用，确保相互不影响。除此之外，其正、反转的工作过程与"起保停"的思想完全一致。

视频4.18　基于"栈操作"设计思想的PLC控制　　　　动画4.4　基于"栈操作"设计思想的PLC控制

4.4.3　PLC电路块连接指令（ANB，ORB）

1. 指令符号

PLC电路块连接指令分别是ANB、ORB，见表4-3。

表4-3　PLC电路块连接指令

符号	名　称	功　能	梯形图示例	指令表	操作元件	程序步
ANB	电路块与	并联电路块的串联连接	X000 X001 X002 X003 (Y000)	LD　X000 OR　X002 LDI　X001 OR　X003 ANB OUT　Y000	无	1
ORB	电路块或	串联电路块的并联连接	X000 X001 X002 X003 (Y000)	LD　X000 AND　X001 LD　X002 ANI　X003 ORB OUT　Y000	无	1

2. 指令用法

电路块连接指令用法示例如图4-7所示。

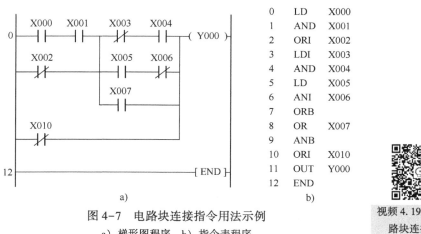

0	LD	X000
1	AND	X001
2	ORI	X002
3	LDI	X003
4	AND	X004
5	LD	X005
6	ANI	X006
7	ORB	
8	OR	X007
9	ANB	
10	ORI	X010
11	OUT	Y000
12	END	

图4-7　电路块连接指令用法示例

a）梯形图程序　b）指令表程序

视频4.19　PLC电路块连接指令

1）ANB、ORB指令都没有操作元件，可以多次重复使用，但在连续使用ORB时，应限制在8次以下。

2）ANB指令是将并联电路块与前面的电路串联，相当于两个电路之间的串联连接。电路块的起始触头要使用LD或LDI指令，完成了电路块的内部连接后，用ANB指令将它与前面的电路串联。

3）ORB 指令是将串联电路块与前面的电路并联，相当于两个电路之间的并联连接。电路块的起始触头要使用 LD 或 LDI 指令，完成了电路块的内部连接后，用 ORB 指令将它与前面的电路并联。

4.4.4 PLC 多重输出电路指令（MPS，MRD，MPP）

1. 指令符号

PLC 多重输出电路指令是 MPS、MRD、MPP，见表 4-4。

视频 4.20　PLC 多重输出电路指令

表 4-4　PLC 多重输出电路指令

符号	名称	功　能	梯形图示例	指　令　表	操作元件	程　序　步
MPS	进栈	保存程序运行的当前值		LD　　X000 MPS	无	1
MRD	读栈	读取进栈时保存的状态值		ANI　　X001 OUT　　Y000 MRD AND　　X002	无	1
MPP	出栈	弹出栈内存储器的运算结果		OUT　　Y001 MPP AND　　X003 OUT　　Y002	无	1

2. 指令用法

多重输出电路指令用法示例如图 4-8 所示。

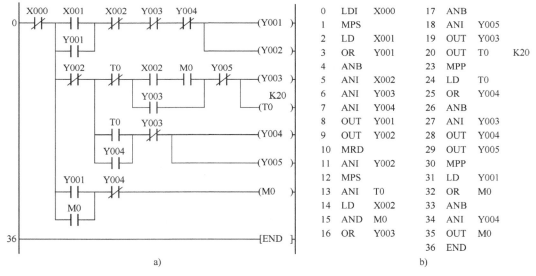

0 LDI X000	17 ANB
1 MPS	18 ANI Y005
2 LD X001	19 OUT Y003
3 OR Y001	20 OUT T0 K20
4 ANB	23 MPP
5 ANI X002	24 LD T0
6 ANI Y003	25 OR Y004
7 ANI Y004	26 ANB
8 OUT Y001	27 ANI Y003
9 OUT Y002	28 OUT Y004
10 MRD	29 OUT Y005
11 ANI Y002	30 MPP
12 MPS	31 LD Y001
13 ANI T0	32 OR M0
14 LD X002	33 ANB
15 AND M0	34 ANI Y004
16 OR Y003	35 OUT M0
	36 END

图 4-8　多重输出电路指令用法实例

a）梯形图程序　b）指令表程序

1）FX 系列 PLC 有 11 个存储中间运算结果的堆栈存储器，堆栈采用先进后出的数据存取方式。每使用 1 次 MPS 指令，当时的逻辑运算结果压入堆栈的第一层，堆栈中原来的数据依次向下一层推移。

2）MPS 指令可将多重电路的公共触头或电路块先存储起来，以便后面的多重输出支路使用。多重输出电路的第一个支路前使用 MPS 进栈指令，中间支路前使用 MRD 读栈指令，最后一个支路前使用 MPP 出栈指令。

3）MRD 指令读取存储在堆栈最上层（即电路分支处）的运算结果，将下一个触头强制性地连接到该点，读栈后堆栈内的数据不会上移或下移。

4）MPP 指令弹出堆栈存储器的运算结果，首先将下一触头连接到该电路分支处，然后从堆栈中去掉分支点的运算结果。使用 MPP 指令时，堆栈中各层的数据向上移动一层，最上层的数据在弹出后从栈内消失。

5）MPS 和 MPP 指令必须成对使用，也即以 MPS 开头，以 MPP 结尾。但 MPS 和 MPP 的使用不得多于 11 次。

3. 连续输出

输出指令之后通过其他的触头再去驱动线圈，称为连续输出，如图 4-9 所示的辅助继电器 M0 线圈和输出继电器 Y000 线圈。多数人会想到这是两个逻辑行，需要用栈操作指令，但实际上 M0 只是执行了输出操作，没有进行其他逻辑运算，因此其分支点的值是不会发生改变的，故不需要栈操作指令。同时还需注意的是，这两个逻辑行又不是并联的关系，不能使用并联指令（并联指令只针对触头操作），只能按照各自独立的输出来执行。

把图 4-9 所示的 M0 和 Y000 所在行调换，如图 4-10 所示，这是一个多重输出电路，则需要使用栈操作指令。再比较图 4-9 和图 4-10 的指令表程序，显然，图 4-10 所用指令较多，因此不推荐此电路。只要按正确的顺序设计电路，就可以多次使用连续输出，但是因为图形编程器和打印机的功能有限制，所以连续输出的次数不超过 24 次。

图 4-9　连续输出推荐电路

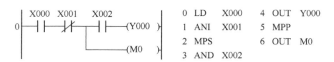

图 4-10　连续输出不推荐电路

4.5　知识点拓展

某工作台自动往返运行示意图如图 4-11 所示，其工作过程是：前进，到达 A 点时工作台的挡块压下行程开关 SQ1，工作台即停止前进自动转为后退；后退到达 B 点时，工作台的挡块压下行程开关 SQ2，工作台即停止后退自动转为前进，重复上述过程。设计其控制电路。

1. 继电器-接触器控制

根据工作台自动往返运行要求，其继电器-接触器控制电路原理图如图 4-12 所示。图中 SB1 是停止按钮，SB2 是正转前进起动按钮，SB3 是反转后退起动按钮，SQ1 和 SQ2 是复合行程开关。

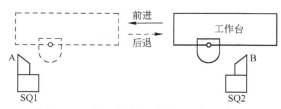

图 4-11　某工作台自动往返运行示意图

2. PLC 控制

（1）I/O 分配

1）I/O 分配表。根据工作台自动往返运行的 PLC 控制要求，需要输入设备 5 个，即 3 个按钮和 2 个行程开关；输出设备 2 个，即用来控制电动机正、反转运行的交流接触器。其 I/O 分配见表 4-5。

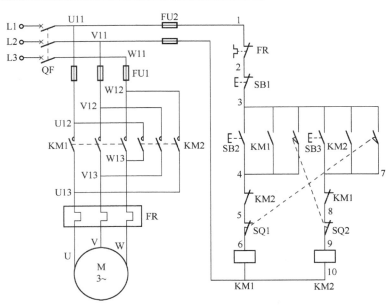

图 4-12 工作台自动往返运行的继电器-接触器控制电路原理图

表 4-5 工作台自动往返运行 PLC 控制的 I/O 分配表

输	入		输	出	
电气符号	输入端子	功　能	电气符号	输出端子	功　能
SB1	X000	停止按钮	KM1	Y000	电动机正转运行的交流接触器
SB2	X001	正转前进起动按钮	KM2	Y001	电动机反转转运行的交流接触器
SB3	X002	反转后退起动按钮	—	—	—
SQ1	X003	前进方向复合行程开关	—	—	—
SQ2	X004	后退方向复合行程开关	—	—	—

2）硬件接线图。工作台自动往返运行 PLC 控制硬件接线图的主电路与图 4-12 相同，PLC 的 I/O 接线图如图 4-13 所示。

（2）软件编程

工作台自动往返运行的 PLC 程序如图 4-14 所示。

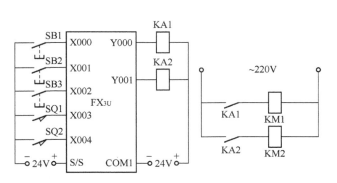

图 4-13 工作台自动往返运行 PLC 控制的 I/O 接线图

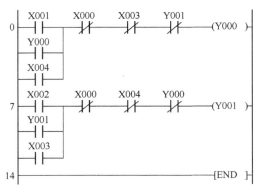

图 4-14 工作台自动往返运行的 PLC 程序

4.6　任务延展

1. 分别设计三相异步电动机按钮联锁正、反转运行的继电器-接触器控制电路和 PLC 控制电路。

2. 写出图 4-15 所示梯形图的指令表程序。

3. 写出图 4-16 所示梯形图的指令表程序。

4. 画出图 4-17 所示指令表程序的梯形图程序。

5. 画出图 4-18 所示指令表程序的梯形图程序。

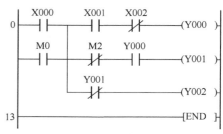

图 4-15　题 2 图

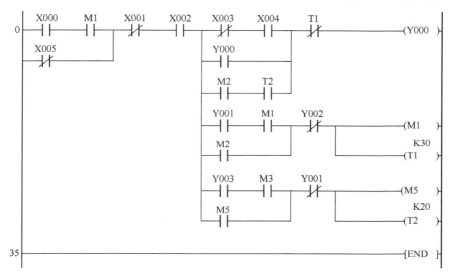

图 4-16　题 3 图

0	LD	X000	10	OUT	Y004
1	AND	X001	11	MRD	
2	MPS		12	AND	X005
3	AND	X002	13	OUT	Y005
4	OUT	Y002	14	MRD	
5	MPP		15	AND	X006
6	OUT	Y001	16	OUT	Y006
7	LD	X003	17	MPP	
8	MPS		18	AND	X007
9	AND	X004	19	OUT	Y007

图 4-17　题 4 图

0	LD	X000	11	ORB	
1	MPS		12	ANB	
2	LD	X001	13	OUT	Y001
3	OR	X002	14	MPP	
4	ANB		15	AND	X007
5	OUT	Y000	16	OUT	Y002
6	MRD		17	LD	X010
7	LD	X003	18	OR	X011
8	AND	X004	19	ANB	
9	LD	X005	20	ANI	X012
10	AND	X006	21	OUT	Y003

图 4-18　题 5 图

任务 5　三相异步电动机计数循环接触器联锁正、反转运行的 PLC 控制

5.1　任务目标

- 会描述三相异步电动机计数循环接触器联锁正、反转运行 PLC 控制的工作过程。
- 掌握三菱 PLC 的软元件之定时器和计数器以及脉冲相关指令。
- 会利用实训设备完成三相异步电动机计数循环接触器联锁正、反转运行 PLC 控制电路的安装、编程、调试和运行等，会判断并排除电路故障。
- 会利用定时器和计数器编写 PLC 程序。
- 具有分析和解决问题的能力以及逻辑思维能力；具有遵守规章制度、操作规范和生产安全的意识；有团队协作精神。

5.2　任务描述

三相异步电动机计数循环接触器联锁正、反转运行的要求：按下起动按钮，电动机自动进行正、反转运行，即电动机正转 5s，停 3s，再自动反转 5s，停 3s，如此循环 5 个周期后，整个系统自动停止。电路运行中，也可按停止按钮使系统随时停止。

5.3　任务实施

利用实训设备完成三相异步电动机计数循环接触器联锁正、反转运行 PLC 控制电路的安装、编程、调试、运行及故障排除。

1. 三相异步电动机计数循环接触器联锁正、反转运行的 PLC 控制效果

2. I/O 分配

1）I/O 分配表。根据三相异步电动机计数循环接触器联锁正、反转运行的 PLC 控制要求，若不考虑热继电器的过载保护做输入的情况下，则需要输入设备 2 个，即按钮；输出设备 2 个，即分别用来控制电动机正、反转的交流接触器。其 I/O 分配见表 5-1。

视频 5.1　展示控制效果

视频 5.2　I/O 分配表

2）硬件接线图。三相异步电动机计数循环接触器联锁正、反转运行 PLC 控制的硬件接线图如图 5-1 所示。

表 5-1　三相异步电动机计数循环接触器联锁正、反转运行 PLC 控制的 I/O 分配表

输　入			输　出		
电气符号	输入端子	功　　能	电气符号	输出端子	功　　能
SB1	X000	起动按钮	KM1	Y001	电动机正转的交流接触器
SB2	X001	停止按钮	KM2	Y002	电动机反转的交流接触器

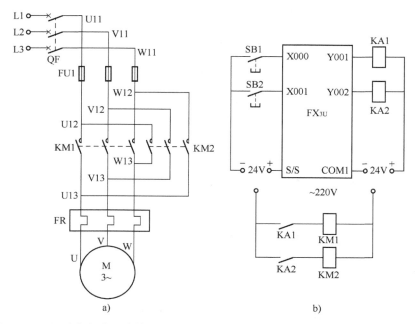

图 5-1　三相异步电动机计数循环接触器联锁正、反转运行 PLC 控制的硬件接线图

a）主电路　b）PLC 的 I/O 接线图

3. 软件编程

三相异步电动机计数循环接触器联锁正、反转运行的 PLC 程序如图 5-2 所示。

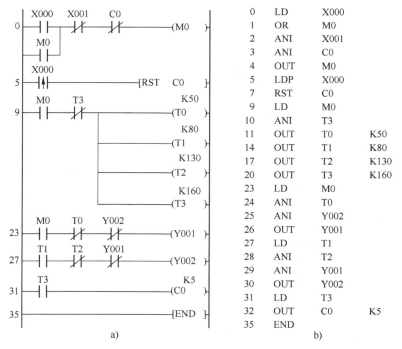

图 5-2　三相异步电动机计数循环接触器联锁正、反转运行的 PLC 程序

a）梯形图程序　b）指令表程序

4. 工程调试

在断电状态下连接好电缆，将 PLC 运行模式选择开关拨到"STOP"位置，使用编程软件编程并下载到 PLC 中。启动电源，并将 PLC 运行模式选择开关拨到"RUN"位置进行观察。如果出现故障，学生应独立检修，直到排除故障。调试完成后整理器材。

视频 5.3　PLC 软件编程
及工程调试

5.4　任务知识点

5.4.1　三相异步电动机计数循环接触器联锁正、反转运行的 PLC 控制过程

三相异步电动机计数循环接触器联锁正、反转运行的 PLC 控制硬件接线图如图 5-1 所示，PLC 程序如图 5-2 所示。PLC 控制过程是：图 5-1 中，当合上电源开关 QF，按下起动按钮 SB1 并松开时，PLC 的输入端子 X000 得电，图 5-2 梯形图程序中输入继电器 X000 的动合触头闭合，驱动辅助继电器 M0 的线圈吸合，其动合触头闭合；同时，X000 闭合瞬间，计数器复位清零。

M0 触头的闭合，使其线圈持续吸合形成自锁。一方面驱动定时器 T0、T1、T2、T3 的线圈同时吸合并开始计时；另一方面驱动输出继电器 Y001 的线圈吸合，从而使图 5-1 中 PLC 的输出端子 Y001 得电，驱动中间继电器 KA1 和交流接触器 KM1 的线圈得电吸合，主电路中 KM1 的主触头闭合，电动机起动正向运转。

图 5-2 中，当 T0 计时达到 5s 时，串联在 Y001 逻辑行的动断触头 T0 断开并保持，Y001 的线圈释放，图 5-1 中输出端子 Y001 失电，电动机停止正向运转。图 5-2 中，当 T1 计时达到 8s 时，串联在 Y002 逻辑行的动合触头 T1 闭合并保持，驱动输出继电器 Y002 的线圈吸合，从而使图 5-1 中 PLC 的输出端子 Y002 得电，驱动中间继电器 KA2 和交流接触器 KM2 的线圈得电吸合，主电路中 KM2 的主触头闭合，电动机起动反向运转。当图 5-2 中 T2 计时达到 13s 时，串联在 Y002 逻辑行的动断触头 T2 断开并保持，Y002 的线圈释放，图 5-1 中输出端子 Y002 失电，电动机停止反向运转。当图 5-2 中 T3 计时达到 16 s 时，其动合触头闭合，计数器 C0 的值加 1；同时，其动断触头断开，所有的定时器线圈释放，相应定时器的触头恢复初始状态，到下一个循环周期到来后，重新开始计时运行。即每次循环，电动机正转 5 s，停止 3 s，再反转 5 s，又停止 3 s，实现了电动机正、反转的自动运行。

图 5-2 中，每循环执行一次，计数器 C0 的值加 1，当其值为 5 时，串联在辅助继电器 M0 线圈逻辑行的计数器的动断触头 C0 断开，M0 线圈释放，其所有动合触头恢复断开状态，所有的定时器和输出继电器的线圈释放，系统停止运行。系统运行中，任何时候按下停止按钮 SB2，M0 的线圈都会释放，系统停止运行。

视频 5.4　计数循环接触器联锁
正、反转运行 PLC 控制

动画 5.1　计数循环接触器联锁
正、反转运行 PLC 控制

5.4.2　PLC 软元件之定时器（T）

1. 定时器的分类及功能

定时器在 PLC 中的作用相当于 1 个时间继电器，它有 1 个设定值寄存器（1 个字长）、1

个当前值寄存器（1 个字长）和无数个触头（1 个位），其含义如图 5-3 所示。

FX$_{3U}$系列 PLC 定时器的分类及功能见表 5-2。设定值可以用常数 K（或 H）来表示，其表示方法及范围是 K0~K32767（或 H0~H0FFFF）（16 位定时器最高位为符号位）；也可以用数据寄存器 D 的内容作为设定值。当前值寄存器分别用 T0~T511 表示。触头可以是动合触头也可以是动断触头，当前计数值与设定值相等时，触头就动作，即动合触头闭合、动断触头断开。

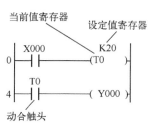

图 5-3 定时器的含义

表 5-2 FX$_{3U}$系列 PLC 定时器的分类及功能

分　类		功　能	存取的地址范围及点数	设定值范围	应 用 实 例
一般用定时器	100 ms 定时器	当连接定时器的继电器触头闭合时，时钟脉冲从 0 开始进行计数，当计数值与设定值相等时，定时器的触头动作；当继电器触头断开或发生断电时，当前值计数器就复位。简言之，具有无断电保持功能	200（T0~T199，子程序用 T192~T199）	0.1~3276.7 s	延迟时间的计算：0.01 s×123＝1.23 s
	10 ms 定时器		46（T200~T245）	0.01~327.67 s	
	1 ms 定时器		256（T256~T511）	0.001~32.767 s	
积算型定时器	1 ms 定时器	当连接定时器的继电器触头闭合时，时钟脉冲从当前值开始进行计数，当计数值与设定值相等时，定时器的触头动作；当计数值未到设定值时，继电器触头断开或发生断电，则当前值保持，直到继电器触头再闭合或恢复供电时，计数继续进行。计数要复位必须使用复位指令。简言之，具有断电保持功能	4（T246~T249，执行中断保持用）	0.001~32.767 s	延迟时间的计算：0.1 s×123＝12.3 s
	100 ms 定时器		6（T250~T255）	0.1~3276.7 s	

2. 定时器的应用

（1）得电延时闭合

得电延时闭合的示例如图 5-4 所示。当输入端子 X000 得电时，输入继电器 X000 闭合，辅助继电器 M0 的线圈吸合并形成自锁，同时定时器 T0 的线圈吸合开始计脉冲数，当计数 20 次即 2s 后，T0 的动合触头闭合，驱动 Y000 的线圈吸合。当输入端子 X002 得电后，输入继电器 X002 断开，M0、T0 和 Y000 的线圈全部释放。

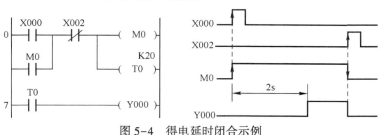

图 5-4 得电延时闭合示例

（2）失电延时断开

失电延时断开的示例如图 5-5 所示。当输入继电器 X000 闭合时，辅助继电器 M0 的线圈吸合。一方面，M0 的动合触头闭合形成自锁使 M0 保持吸合，同时也驱动输出继电器 Y000 的线圈吸合并形成自锁；另一方面，M0 的动断触头断开，定时器 T1 的线圈处于释放状态，即此时不计脉冲数。当输入继电器 X001 断开时，M0 的线圈释放，其触头恢复初始状态，即动合触头断开、动断触头闭合。由于 Y000 的自锁，使 Y000 的线圈继续保持吸合，同时定时器 T1 的线圈吸合并开始计脉冲数，当计数 100 次即 10 s 后，T1 的动断触头才断开，从而使 Y000 和 T1 的线圈释放。

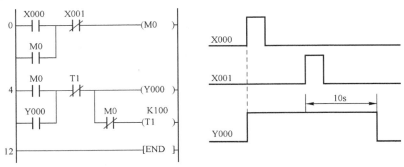

图 5-5 失电延时断开示例

（3）定时器分段计时和累计计时

在顺序控制电路中，一般多个继电器线圈的吸合是有先后时间顺序的，可以采用分段延时和累计延时两种方法来实现。如 3 盏灯 Y001、Y002 和 Y003 每隔 2 s 依次点亮，其 PLC 程序如图 5-6 所示。

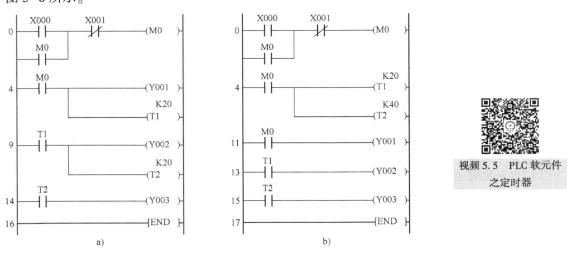

视频 5.5　PLC 软元件
之定时器

图 5-6　定时器分段计时和累计计时
a）定时器分段计时　b）定时器累计计时

5.4.3　PLC 软元件之计数器（C）

1. 计数器的分类及功能

计数器有 1 个设定值寄存器、1 个当前值寄存器和无数个触头，其含义如图 5-7 所示。

FX$_{3U}$ 系列 PLC 计数器的分类及功能见表 5-3。设定值寄存器可以用常数 K（或 H）来表示，也可以用数据寄存器 D 的内容作为设定值。当前值寄存器分别用 C0~C255 表示。触头可以是动合触头也可以是动断触头，当前计数值与设定值相等时，触头就动作。

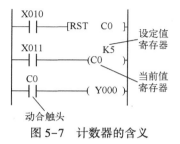

图 5-7　计数器的含义

计数器分为内部信号计数器（简称内部计数器）和外部高速计数器（简称高速计数器）。内部计数器是用来对 PLC 的内部元件（X、Y、M、S、T 和 C）提供的信号进行计数，计数脉冲为 ON 或 OFF 的持续时间应大于 PLC 的扫描周期，其响应频率通常小于几十赫兹。高速计数器适用于高速记录 PLC 输入端的外部输入信号，它的运行建立在中断的基础上，意味着事件的触发与扫描时间无关。

表 5-3　FX$_{3U}$ 系列 PLC 计数器的分类及功能

分　类		功　能	存取的地址范围及点数	设定值范围	应用实例
内部计数器	16 位一般用增计数器	当连接计数器的继电器触头闭合时，计数器的当前值加 1，达到设定计数值时，其触头动作，且计数值保持不变，直到计数器的当前值被复位。具有无断电保持功能	100（C0~C99）	1~32767	
	16 位停电保持用（电池保持）增计数器	功能同上，区别在于具有停电保持功能	100（C100~C199）		
	32 位一般用增/减计数器	增/减计数方式由特殊辅助继电器 M8200~M8234 设定，当对应的特殊辅助继电器为 ON 时，为减计数，反之则为增计数。具有无断电保持功能	20（C200~C219）	−2147483648~+2147483647	
	32 位停电保持用（电池保持）增/减计数器	功能同上，区别在于具有停电保持功能	15（C220~C234）	−2147483648~+2147483647	
高速计数器	单相单计数的输入	均为 32 位增/减计数器。PLC 只有 X000~X005 可以用做高速计数的输入端，且其中任何一个被某个高速计数器占用，它就不能再用于其他高速计数器	11（C235~C245）	−2147483648~+2147483647	—
	单相双计数的输入		5（C246~C250）		
	双相双计数的输入		5（C251~C255）		

2. 计数器的应用

通常计数器使用时有 3 个要素，如图 5-8 所示。一是对计数器的初值清零，二是给计数器赋脉冲值，三是确定到计数脉冲值后需要执行的动作。

计数器应用示例如图 5-9 所示。当输入继电器 X003 的闭合脉冲到来时，执行复位操作，即计数器 C0 清零，为准确计数做准备。输入继电器 X004 是脉冲信号，每来一个脉冲，C0 的值就加 1，直到脉冲数达到 6 个，计数值与设定值相等时，则计数器 C0 的动合触头闭合，驱

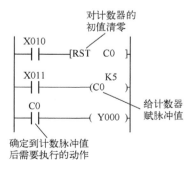

图 5-8　计数器使用三要素

动输出继电器 Y000 的线圈吸合并一直保持。当 X003 的闭合脉冲再次到来时，C0 被重新复位，Y000 的线圈释放。

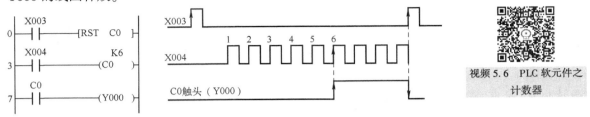

视频 5.6　PLC 软元件之计数器

图 5-9　计数器的应用示例

3. 计数频率

计数器最高计数频率受两个因素限制，一是各个输入端的响应速度，主要是受硬件的限制；二是全部高速计数器的处理时间，这是高速计数器计数频率受限制的主要因素。因为高速计数器操作是采用中断方式，故计数器用得越少，则可计数频率就越高。如果某些计数器用比较低的频率计数，则其他计数器可用较高的频率计数。

5.4.4　PLC 的脉冲相关指令（LDP/LDF，ANDP/ANDF，ORP/ORF，PLS/PLF）

1. 脉冲式触头指令

（1）指令符号

PLC 脉冲式触头指令分别是 LDP、LDF、ANDP、ANDF、ORP 和 ORF，见表 5-4，所有脉冲式触头指令均为动合触头，只有在脉冲到来的一个扫描周期内才闭合。

表 5-4　PLC 脉冲式触头指令

符号	名　称	功　能	梯形图示例	指令表	操作元件	程　序　步
LDP	取上升沿脉冲	上升沿脉冲逻辑运算开始	X000 X001 —(M0)	LDP X000 AND X001 OUT M0	X，Y，M，S，T，C	2
LDF	取下降沿脉冲	下降沿脉冲逻辑运算开始	X002 X003 —(M1)	LDF X002 AND X003 OUT M1	X，Y，M，S，T，C	2
ANDP	与上升沿脉冲	上升沿脉冲串联连接	X004 X005 —(M2)	LD X004 ANDP X005 OUT M2	X，Y，M，S，T，C	2
ANDF	与下降沿脉冲	下降沿脉冲串联连接	X006 X007 —(M3)	LD X006 ANDF X007 OUT M3	X，Y，M，S，T，C	2
ORP	或上升沿脉冲	上升沿脉冲并联连接	X010 X011 —(M4) X012	LD X010 ORP X012 AND X011 OUT M4	X，Y，M，S，T，C	2
ORF	或下降沿脉冲	下降沿脉冲并联连接	X013 X014 —(M5) X016	LD X013 ORF X016 AND X014 OUT M5	X，Y，M，S，T，C	2

（2）指令用法

脉冲式触头指令用法示例如图 5-10 所示。

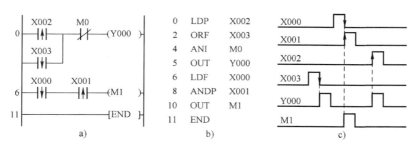

图 5-10　脉冲式触头指令用法示例

a）梯形图程序　b）指令表程序　c）时序图

1）LDP、ANDP、ORP 指令是用来做上升沿检测的触头指令，触头的中间有一个向上的箭头，对应的触头仅在指定软元件的上升沿时接通一个扫描周期。LDF、ANDF、ORF 指令是用来做下降沿检测的触头指令，触头的中间有一个向下的箭头，对应的触头仅在指定软元件的下降沿时接通一个扫描周期。

2）当输入继电器 X002 的上升沿或 X003 的下降沿到来一个扫描周期内，输出继电器 Y000 的线圈才吸合。当输入继电器 X000 的下降沿和 X001 的上升沿同时到来一个扫描周期内，辅助继电器 M1 的线圈才吸合。

2. 脉冲输出指令

（1）指令符号

PLC 脉冲输出指令是 PLS 和 PLF，见表 5-5。

表 5-5　PLC 脉冲输出指令

符号	名　称	功　能	梯形图示例	指　令　表	操作元件	程　序　步
PLS	上升沿脉冲	输入为上升沿时微分输出	X000 ┤├──[PLS M0]	LD　X000 PLS　M0	Y, M	2
PLF	下降沿脉冲	输入为下降沿时微分输出	X001 ┤├──[PLF M1]	LD　X001 PLF　M1	Y, M	2

（2）指令用法

脉冲输出指令用法示例如图 5-11 所示。

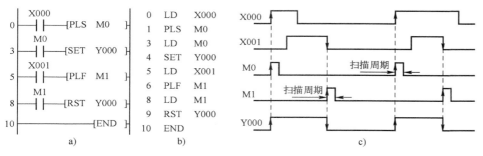

图 5-11　脉冲输出指令用法示例

a）梯形图程序　b）指令表程序　c）时序图

视频 5.7　PLC 的脉冲相关指令

1）当输入继电器 X000 的动合触头由断开变为闭合的一个扫描周期内，即 X000 的上升沿到来时，辅助继电器 M0 的线圈吸合，其动合触头闭合，执行置位操作，即输出继电器 Y000 的线圈吸合并自保持；当下一个扫描周期到来时，M0 的线圈立即释放。

2）当输入继电器 X001 的动合触头由闭合变为断开的一个扫描周期内，即 X001 的下降沿到来时，辅助继电器 M1 的线圈吸合，其动合触头闭合，执行复位操作，即输出继电器 Y000 的线圈释放并自保持；当下一个扫描周期到来时，M1 的线圈立即释放。

5.5　知识点拓展

5.5.1　定时器的延时扩展

FX 系列 PLC 定时器的延时都有一个最大值，如 100 ms 的定时器最大延时为 3276.7 s。若工程中所需要的延时大于选定的定时器的最大值，则可采用多个定时器接力延时，或用计数器配合定时器来获得较长时间的延时，如图 5-12 所示。

视频 5.8　定时器的延时扩展

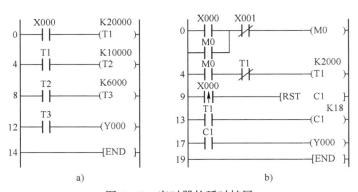

图 5-12　定时器的延时扩展
a）定时器接力延时　b）计数器配合定时器延时

5.5.2　计数器接力计数

FX 系列 PLC 的 16 位计数器的最大值计数次数是 32767。若工程中所需要的计数次数大于计数器的最大值，则可以采用 32 位计数器，也可以采用计数器的设定值之和接力计数，还可以采用计数器的设定值相乘计数，从而获得较大的计数次数，如图 5-13 所示。

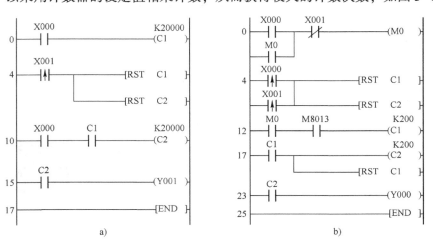

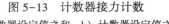

视频 5.9　两计数器接力计数

图 5-13　计数器接力计数
a）计数器设定值之和　b）计数器设定值之积

5.5.3　振荡电路及应用

振荡电路可以产生特定的通断时序脉冲，一般应用在脉冲信号源或闪光报警电路中。

1. 定时器振荡电路

定时器组成的振荡电路通常有 3 种形式，分别如图 5-14～图 5-16 所示，若改变定时器的设定值，可以调整输出脉冲的宽度。

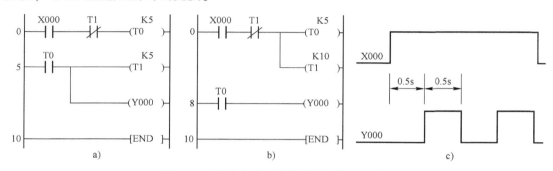

图 5-14　振荡电路一的梯形图及输出时序图

a）方法 1：定时器分段计时　b）方法 2：定时器累计计时　c）时序图

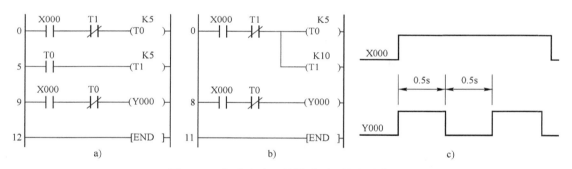

图 5-15　振荡电路二的梯形图及输出时序图

a）方法 1：定时器分段计时　b）定时器累计计时　c）时序图

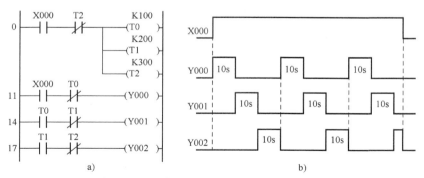

图 5-16　振荡电路三的梯形图及输出时序图

a）梯形图程序　b）时序图

2. 二分频程序

要将 1 个频率为 f 的方波转换为频率为 $f/2$ 的方波，其梯形图程序及时序图如图 5-17 所示。

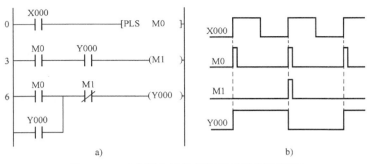

图 5-17　二分频电路的梯形图及输出时序图

a）梯形图程序　b）时序图

视频 5.10　振荡电路及应用

5.6　任务延展

1. 写出图 5-18 所示梯形图的指令表程序。

2. 设计 PLC 控制方案实现以下功能：3 盏灯每隔 3 s 逐一点亮，全部点亮 5 s 后又从第一盏灯开始循环逐一点亮，按下停止按钮时全部熄灭。要求：画出 I/O 分配表和 PLC 的 I/O 接线图，编写梯形图程序或指令表程序。

3. 设计 PLC 控制方案实现以下功能：3 盏灯每隔 5 s 轮流（每次只亮一盏灯）循环点亮，如此循环 5 次后全部熄灭，任何时候按下停止按钮系统停止运行。要求：画出 I/O 分配表和 PLC 的 I/O 接线图，编写梯形图程序或指令表程序。

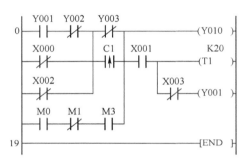

图 5-18　题 1 图

4. 设计 PLC 控制方案实现以下功能：洗手间小便池在有人使用时，光电开关 X000 为 ON，此时冲水控制系统使电磁阀 Y000 为 ON，冲水 2 s，4 s 后电磁阀又为 ON，又冲水 2 s，使用者离开时再冲水 3 s。

5. 设计 PLC 控制方案实现以下功能：某生产线用光电感应开关 X001 检测传送带上通过的产品，有产品通过时 X001 为 ON，如果连续 10 s 内没有产品通过，则发出灯光报警信号；如果连续 20 s 内没有产品通过，则灯光报警的同时发出声音报警信号；用 X000 输入端的开关解除报警信号。

任务 6　三相异步电动机的丫/△减压起动运行控制

6.1　任务目标

- 会描述三相异步电动机手动和自动丫/△减压起动运行的继电器-接触器控制和 PLC 控制的工作过程。
- 能记住时间继电器的图形符号和文字符号并描述其工作原理。
- 掌握三菱 PLC 的主控触头指令。
- 会利用实训设备完成多种控制电路的安装、调试、编程和仿真等，会判断并排除电路故障。
- 会综合所学 PLC 相关知识编写简单程序。
- 具有分析和解决问题的能力以及逻辑思维能力；具有遵守规章制度、操作规范和生产安全的意识；有团队协作精神以及较强的交流表达能力。

6.2　任务描述

三相异步电动机丫/△减压起动运行的要求：对于△联结的笼型异步电动机，起动时定子绕组接成丫减压起动，当转速上升到接近额定值时，定子绕组改接为△全压运行。丫/△减压起动运行可分为手动和自动控制。任何时候按下停止按钮系统停止运行。

6.3　任务实施

6.3.1　三相异步电动机手动丫/△减压起动运行的继电器-接触器控制

利用实训设备完成三相异步电动机手动丫/△减压起动运行继电器-接触器控制电路的安装、调试、运行及故障排除。电动机丫联结起动到△联结全压运行由按钮实现切换。

1. 三相异步电动机手动丫/△减压起动运行的继电器-接触器控制效果

2. 绘制工程电路原理图

三相异步电动机手动丫/△减压起动运行的继电器-接触器控制电路原理图如图 6-1 所示。

3. 选择元器件

1）编制器材明细表。该实训任务所需器材见表 6-1。

2）器材质量检查与清点。

视频 6.1　展示控制效果

视频 6.2　绘制工程电路
原理图

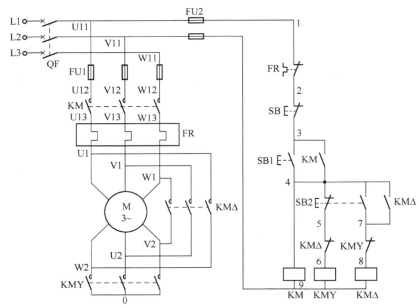

图 6-1　三相异步电动机手动 Y/△ 减压起动运行的
继电器-接触器控制电路原理图

视频 6.3　选择元器件
及检查

表 6-1　三相异步电动机手动 Y/△ 减压起动运行的继电接触控制电路器材明细表

符号	名　称	型　号	规　格	数量	备　注
QF	低压断路器	DZ108-20/10-F	脱扣器整定电流 0.63~1 A	1 只	—
FU1	螺旋式熔断器	RL1-15	配熔体 3 A	3 只	—
FU2	瓷插式熔断器	RT14-20	配熔体 3 A	2 只	—
KM KM△ KMY	交流接触器	CJX2-1810	线圈 AC 380 V	3 只	—
SB SB1 SB2	按钮	LAY16	一动合一动断自动复位	3 个	SB 用红色 SB1、SB2 用绿色或黑色
FR	热继电器	JRS1D-25	整定电流 0.63~1.2 A	1 只	—
M	三相笼型异步电动机（△联结）	DJ26	U_N 380 V（△）	1 台	—

4. 安装、敷设电路

1）绘制工程布局布线图。三相异步电动机手动 Y/△ 减压起动运行
继电器-接触器控制电路的工程布局布线图如图 6-2 所示。

2）安装、敷设电路。

3）通电检查及故障排除。

4）整理器材。

视频 6.4　绘制工程
布局布线图

视频 6.5　安装、敷设主电路　　　视频 6.6　安装、敷设控制电路　　　视频 6.7　通电检查及故障排除

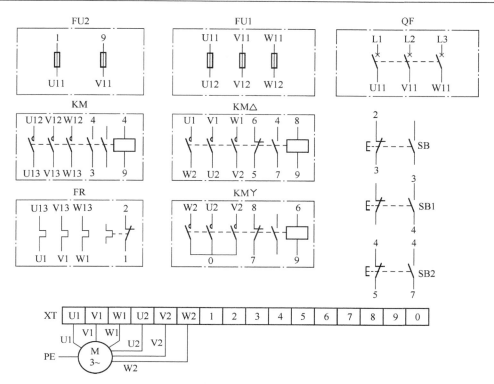

图6-2 三相异步电动机手动丫/△减压起动运行继电器-接触器控制电路的工程布局布线图

6.3.2 三相异步电动机自动丫/△减压起动运行的继电器-接触器控制

利用实训设备完成三相异步电动机自动丫/△减压起动运行继电器-接触器控制电路的安装、调试、运行及故障排除。电动机丫联结起动到△联结全压运行的时间为5 s。

1. 三相异步电动机自动丫/△减压起动运行的继电器-接触器控制效果

2. 绘制工程电路原理图

三相异步电动机自动丫/△减压起动运行的继电器-接触器控制电路原理图如图6-3所示。

3. 选择元器件

1）编制器材明细表。该实训任务所需器材与手动控制相比，少1个按钮SB2，增加1只时间继电器KT。时间继电器的型号是ST3PA-B，规格是AC 380 V、3 A。其余器材明细参见表6-1。

2）器材质量检查与清点。

4. 安装、敷设电路

1）绘制工程布局布线图。三相异步电动机自动丫/△减压起动运行继电器-接触器控制电路的工程布局布线图如图6-4所示。

2）安装、敷设电路。主电路的敷设与手动控制电路是相同的，不同的是控制电路的敷设。

3）通电检查及故障排除。

4）整理器材。

视频6.8 展示控制效果

视频6.9 绘制工程电路
原理图

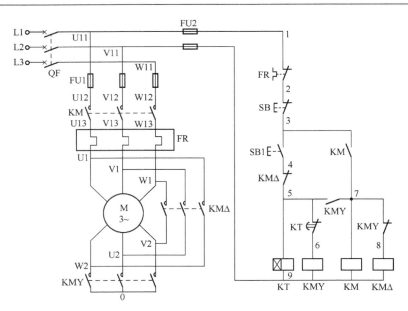

图 6-3　三相异步电动机自动丫/△减压起动运行的继电器-接触器控制电路原理图

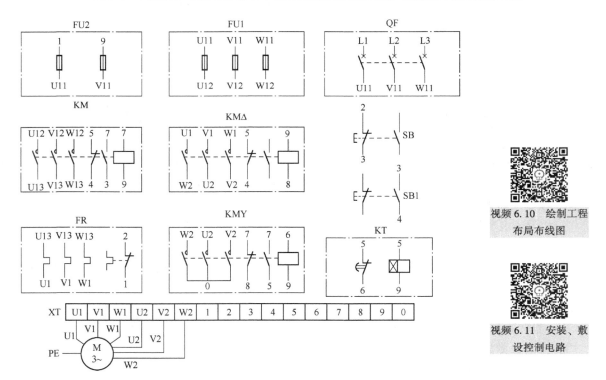

视频 6.10　绘制工程
布局布线图

视频 6.11　安装、敷
设控制电路

图 6-4　三相异步电动机自动丫/△减压起动运行继电器-接触器控制电路的
工程布局布线图

6.3.3　三相异步电动机手动丫/△减压起动运行的 PLC 控制

利用实训设备完成三相异步电动机手动丫/△减压起动运行 PLC 控制电路的安装、编程、调试、运行及故障排除。电动机丫联结起动到△联结全压运行由按钮实现切换。

1. 三相异步电动机手动丫/△减压起动运行的 PLC 控制效果

2. I/O 分配

1）I/O 分配表。根据三相异步电动机手动丫/△减压起动运行的 PLC 控制要求，若不考虑热继电器的过载保护做输入的情况下，则需要输入设备 3 个，即按钮；输出设备 3 个，即用来控制电动机丫起动和△运行的交流接触器。其 I/O 分配见表 6-2。

视频 6.12　展示控制效果

2）硬件接线图。三相异步电动机手动丫/△减压起动运行 PLC 控制的硬件接线图如图 6-5 所示。

3. 软件编程

三相异步电动机手动丫/△减压起动运行的 PLC 程序如图 6-6 所示。

视频 6.13　I/O 分配表

表 6-2　三相异步电动机手动丫/△减压起动运行 PLC 控制的 I/O 分配表

输　入			输　出		
电气符号	输入端子	功　能	电气符号	输出端子	功　能
SB	X000	停止按钮	KM	Y000	电路总电源的交流接触器
SB1	X001	丫起动按钮	KMY	Y001	电动机丫起动的交流接触器
SB2	X002	△运行按钮	KM△	Y002	电动机△运行的交流接触器

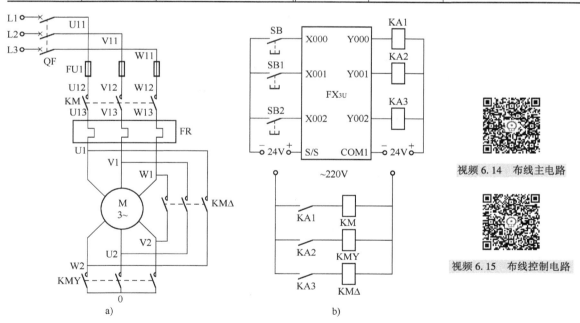

视频 6.14　布线主电路

视频 6.15　布线控制电路

图 6-5　三相异步电动机手动丫/△减压起动运行 PLC 控制的硬件接线图

a）主电路　b）PLC 的 I/O 接线图

4. 工程调试

在断电状态下连接好电缆，将 PLC 运行模式选择开关拨到"STOP"位置，使用编程软件编程并下载到 PLC 中。启动电源，并将 PLC 运行模式选择开关拨到"RUN"位置进行观察。如果出现故障，学生应独立检修，直到排除故障。调试完成后整理器材。

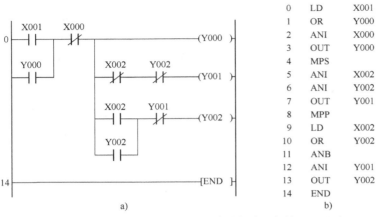

```
0    LD    X001
1    OR    Y000
2    ANI   X000
3    OUT   Y000
4    MPS
5    ANI   X002
6    ANI   Y002
7    OUT   Y001
8    MPP
9    LD    X002
10   OR    Y002
11   ANB
12   ANI   Y001
13   OUT   Y002
14   END
```

a)　　　　　　　　　　　　b)

图 6-6　三相异步电动机手动丫/△减压起动运行的 PLC 程序

a）梯形图程序　b）指令表程序

视频 6.16　PLC 软件编程
及工程调试

6.3.4　三相异步电动机自动丫/△减压起动运行的 PLC 控制

利用实训设备完成三相异步电动机自动丫/△减压起动运行 PLC 控制电路的安装、编程、调试、运行及故障排除。电动机丫联结起动到△联结全压运行的时间为 5 s。

1. 三相异步电动机自动丫/△减压起动运行的 PLC 控制效果

2. I/O 分配

1）I/O 分配表。该实训的 I/O 分配与手动控制相比，输入设备只需要 2 个，即丫起动按钮和停止按钮，△运行的切换是通过定时器编程实现；输出设备相同。其 I/O 分配参见表 6-2。

2）硬件接线图。三相异步电动机自动丫/△减压起动运行 PLC 控制的硬件接线图与图 6-5 相似，只是少使用 1 个输入端子 X002，少接入 1 个按钮 SB2。

3. 软件编程

三相异步电动机自动丫/△减压起动运行的 PLC 程序如图 6-7 所示。

视频 6.17　展示控制效果

视频 6.18　I/O 分配表

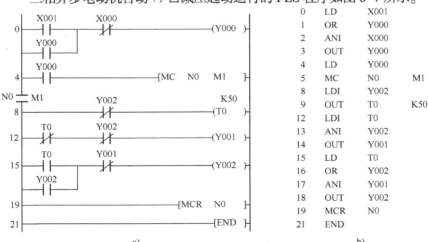

```
0    LD    X001
1    OR    Y000
2    ANI   X000
3    OUT   Y000
4    LD    Y000
5    MC    N0    M1
8    LDI   Y002
9    OUT   T0    K50
12   LDI   T0
13   ANI   Y002
14   OUT   Y001
15   LD    T0
16   OR    Y002
17   ANI   Y001
18   OUT   Y002
19   MCR   N0
21   END
```

a)　　　　　　　　　　b)

图 6-7　三相异步电动机自动丫/△减压起动运行的 PLC 程序

a）梯形图程序　b）指令表程序

视频 6.19　PLC 软件
编程及工程调试

4. 工程调试

在断电状态下连接好电缆，将 PLC 运行模式选择开关拨到"STOP"位置，使用编程软件编程并下载到 PLC 中。启动电源，并将 PLC 运行模式选择开关拨到"RUN"位置进行观察。如果出现故障，学生应独立检修，直到排除故障。调试完成后整理器材。

6.4　任务知识点

6.4.1　三相异步电动机手动丫/△减压起动运行的继电器-接触器控制电路的工作原理

容量小的电动机才允许直接起动，容量较大的笼型异步电动机（一般大于 4 kW）因起动电流较大，直接起动时起动电流为其额定电流的 4～8 倍，所以一般都采用减压起动方式，即起动时降低加在电动机定子绕组上的电压，起动后恢复到额定电压下运行。由于电枢电流和电压成正比，所以降低电压可以减小起动电流，不至于在起动瞬间由于起动电流大而产生过大的电压降，从而造成对电网电压的影响。

减压起动的方法有多种，对于笼型异步电动机一般使用定子绕组串电阻（或电抗）、星形-三角形（丫/△）、定子绕组串自耦变压器和使用软起动器等；对于绕线转子异步电动机一般使用转子绕组串电阻、转子绕组串频敏变阻器等。常用的方法是丫/△减压起动和使用软起动器。

丫/△减压起动时，定子绕组首先接成丫减压起动，待转速上升到接近额定转速时，定子绕组的接线由丫换接成△，电动机便进入全电压正常运行状态。此方法运行时，定子绕组丫联结状态下起动电压为△联结直接起动电压的 $1/\sqrt{3}$，起动转矩为△联结直接起动转矩的 1/3，起动电流也为△联结直接起动电流的 1/3。与其他减压起动相比，丫/△减压起动投资少，线路简单，但起动转矩小。这种起动方法，适用于空载或轻载状态下起动，同时，只能用于正常运转时定子绕组接成三角形的异步电动机。因功率在 4kW 以上的三相笼型异步电动机均为三角形联结，故都可以采用星形-三角形起动方法。

三相异步电动机手动丫/△减压起动运行继电器-接触器控制电路的工作原理图如图 6-1 所示，其工作过程如下。

电动机丫联结起动：合上电源开关 QF，在控制电路中按下丫起动按钮 SB1 并松开，交流接触器 KM 的线圈得电吸合并自锁，同时，KMY 的线圈也得电吸合；主电路中 KM 和 KMY 的主触头闭合，电动机按丫联结起动运转。

电动机△联结运行：当电动机转速上升到接近额定转速时，在控制电路中按下△运行复合按钮 SB2，其接在（4，5）点间的动断触头先断开，使得 KMY 线圈失电释放，其主触头断开，电动机短暂失电；而 KMY 的动断触头恢复闭合，同时复合按钮 SB2 接在（4，7）点间的动合触头闭合，使得 KM△ 的线圈得电吸合并自锁，主电路中 KM△ 的主触头闭合，电动机迅速切换为按△联结全压运行。当松开 SB2 时，由于 KM△ 触头的自锁，电动机连续运转。KMY 和 KM△ 的动断触头是为电气互锁而设计，以确保电动机不同时进行丫和△运行。

停止运行：任何时候按下停止按钮 SB 或电动机过热时，电动机将停止运转。此外，当电路出现过载或短路故障时，熔断器烧毁并分断电路，从而保护其他元器件不被烧坏。

视频 6.20　手动丫/△减压起动运行的
继电器−接触器控制

动画 6.1　手动丫/△减压起动运行的
继电器−接触器控制

6.4.2　三相异步电动机自动丫/△减压起动运行的继电器−接触器控制电路的工作原理

三相异步电动机手动丫/△减压起动运行继电器−接触器控制电路由起动到全压运行，需要两次按动按钮不太方便，并且切换时间也不易掌握。为了克服上述缺点，也可采用时间继电器自动切换控制电路。

三相异步电动机自动丫/△减压起动运行继电器−接触器控制电路的工作原理图如图 6−3 所示，其工作过程如下。

电动机丫联结起动：合上电源开关 QF，按下起动按钮 SB1，时间继电器 KT 的线圈得电吸合并开始计时，交流接触器 KMY 的线圈得电吸合，控制电路中接在（5，7）点间的动合辅助触头闭合，使交流接触器 KM 的线圈得电吸合并自锁；主电路中 KM 和 KMY 的主触头闭合，电动机按丫联结起动运转。松开 SB1 时，由于 KM 触头的自锁，电动机连续运转。

电动机△联结运行：当设定的时间达到后，KT 延时断开动断触头断开，使 KMY 的线圈失电释放，其主触头断开，电动机短暂失电；而接在（7，8）点间的动断触头恢复闭合状态，从而使 KM△ 的线圈得电吸合，主电路中 KM△ 的主触头闭合，电动机迅速切换为按△联结全压连续运行。同时，接在（4，5）点间的 KM△ 动断触头断开，分断了 KT 和 KMY 线圈电路。KMY 和 KM△ 的动断触头是为电气互锁而设计，以确保电动机不同时进行丫和△运行。

停止运行与手动控制一致，不再赘述。

视频 6.21　自动丫/△减压起动运行的
继电器−接触器控制

动画 6.2　自动丫/△减压起动运行的
继电器−接触器控制

6.4.3　时间继电器

时间继电器是一种按时间原则进行控制的继电器，它利用电磁原理，配合机械动作机构能实现在得到信号输入（线圈得电或失电）后的预定时间内，信号的延时输出（触头的闭合或断开）。

时间继电器的种类很多，按构成原理分为电磁式、电动式、空气阻尼式、晶体管式和数字式等；按延时方式分为通电延时型和断电延时型。电动式时间继电器精确度高，且延时时间可以调整得很长，但价格较贵、结构复杂、寿命短；电磁式时间继电器结构简单，价格便宜，但延时时间较短，且体积和重量较大；晶体管式时间继电器精度高、延时长、体积小、调节方便，可集成化、模块化，广泛用于各种场合；数字式以时钟脉冲为基准，其精度高、设定方便、体积小、读数直观；空气阻尼式时间继电器具有结构简单、延时范围较大、寿命长和价格低等优点，但准确度低、延时误差大。

1. 空气阻尼式时间继电器

空气阻尼式时间继电器是利用气囊中的空气通过小孔节流的原理来获得延迟动作，其结构示意图如图6-8所示。

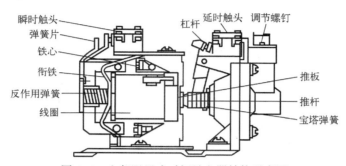

图6-8　空气阻尼式时间继电器结构示意图

时间继电器有通电延时和断电延时两种类型，其动作原理如图6-9所示。通电延时型时间继电器的动作原理是：线圈得电时使触头延时动作，线圈失电时使触头瞬时复位。断电延时型时间继电器的动作原理是：线圈得电时使触头瞬时动作，线圈失电时使触头延时复位。

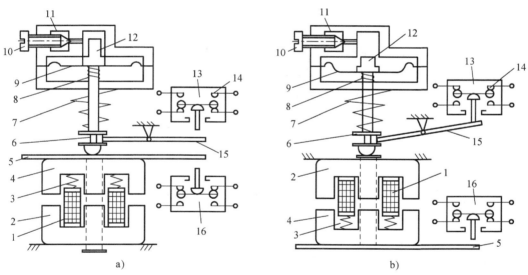

a)　　　　　　b)

图6-9　空气阻尼式时间继电器动作原理图

a) 通电延时型　b) 断电延时型

1—线圈　2—静铁心　3、7、8—弹簧　4—衔铁　5—推板　6—顶杆　9—橡皮膜　10—螺钉　11—进气孔
12—活塞　13、16—微动开关　14—延时触头　15—杠杆

时间继电器的触头系统包括瞬时触头和延时触头，都有动合触头、动断触头各一对。文字符号为KT，其图形符号如图6-10所示。

2. 电子式时间继电器

电子式时间继电器的种类很多，最基本的有延时吸合和延时释放两种，它们大多利用电容充放电原理来达到延时目的。JS20系列电子式时间继电器具有延时长、线路简单、延时调节方便、性能稳定、延时误差小及触头容量较大等优点，如图6-11所示。

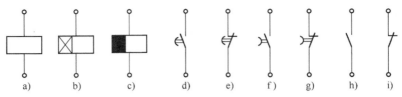

图 6-10　时间继电器的图形符号

a）线圈一般符号　b）通电延时线圈　c）断电延时线圈　d）延时闭合瞬时断开动合触头　e）延时断开瞬时闭合动断触头

f）瞬时闭合延时断开动合触头　g）瞬时断开延时闭合动断触头　h）瞬时动合触头　i）瞬时动断触头

图 6-12 为 JS20 系列电子式时间继电器原理图。刚接通电源时，电容器 C2 尚未充电，此时 $U_G = 0$，场效应晶体管 VT1 的栅极与源极之间电压 $U_{GS} = -U_S$。此后，直流电源经电阻 R10、RP1、R2 向 C2 充电，电容 C2 上电压逐渐上升，直至 U_G 上升至 $|U_G - U_S| < |U_P|$（U_P 为场效应晶体管的夹断电压）时，VT1 开始导通。由于 I_D 在 R3 上产生压降，D 点电位开始下降，一旦 D 点电压降到 VT2 的发射极电位以下时，VT2 开始导通，VT2 的集电极电流 I_C 在 R4 上产生压降，使场效应晶体管的 U_S 降低。R4

图 6-11　电子式时间继电器

a）JS23 时间继电器　b）NTE8 时间继电器

起正反馈作用，VT2 迅速地由截止变为导通，并触发晶闸管 VT 导通，继电器 KA 动作。由上可知，从时间继电器接通电源开始至 C2 被充电到 KA 动作为止的这段时间为通电延时动作时间。KA 动作后，C2 经 KA 动合触头对电阻 R9 放电，同时氖泡 Ne 起辉，并使场效应晶体管 VT1 和晶体管 VT2 都截止，为下次工作做准备。此时晶闸管 VT 仍保持导通，除非切断电源，使电路恢复到初始状态，继电器 KA 才释放。

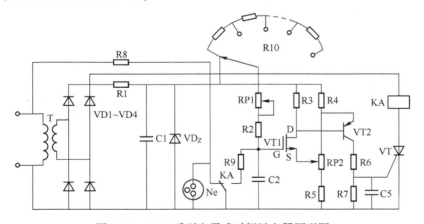

图 6-12　JS20 系列电子式时间继电器原理图

视频 6.22　时间继电器

6.4.4　三相异步电动机手动Y/△减压起动运行的 PLC 控制过程

三相异步电动机手动Y/△减压起动运行的 PLC 控制的硬件接线图如图 6-5 所示，PLC 程序（梯形图程序和指令表程序）如图 6-6 所示，其控制过程如下。

电动机Y联结起动：合上电源开关 QF，按下Y起动按钮 SB1，PLC 的输入端子 X001 得电，梯形图中的输入继电器 X001 的动合触头闭合，由于停止按钮 SB 和△运行按钮 SB2 未得电，与之相连的 PLC 输入端子未接通，故软元件 X000、X002 和 Y002 保持闭合状态，使其后的输出继电器 Y000 和 Y001 的线圈吸合并自锁，从而使 PLC 的输出端子 Y000 和 Y001 得电，驱动中间继电器 KA1 和 KA2 的线圈得电吸合，其动合触头闭合，分别使交流接触器 KM 和 KMY 的线圈得电吸合，主电路中 KM 和 KMY 的主触头闭合，电动机按丫联结起动运转。当松开按钮 SB1 时，由于 Y000 的自锁，使电动机持续运转。

电动机△联结运行：当电动机转速上升到接近额定转速时，按下△运行按钮 SB2，PLC 的输入端子 X002 得电，梯形图中输入继电器 X002 的动断触头先断开，从而使输出继电器 Y001 的线圈释放，主电路中 KMY 的主触头断开，电动机短暂失电，与此同时，梯形图中 Y001 的动断触头恢复闭合状态。当 X002 的动合触头闭合时，输出继电器 Y002 的线圈得电吸合并自锁，从而使 PLC 的输出端子 Y002 得电，驱动中间继电器 KA3 的线圈得电吸合，其动合触头闭合，使交流接触器 KM△ 的线圈得电吸合，主电路中 KM△ 的主触头闭合，电动机迅速切换为按△联结全压运行。当松开按钮 SB2 时，由于 Y002 的自锁，使电动机持续运转。梯形图中 Y001 和 Y002 的动断触头是为电气互锁而设计，以确保电动机不同时进行丫和△运行。

停止运行：任何时候按下停止按钮 SB，PLC 的输入端子 X000 得电，梯形图中的输入继电器 X000 的动断触头断开，使其后的所有输出继电器的线圈释放，从而使 PLC 的所有输出端子失电，主电路中所有交流接触器的主触头断开，电动机随即停转。

视频 6.23 手动丫/△减压起动
运行的 PLC 控制

动画 6.3 手动丫/△减压起动
运行的 PLC 控制

6.4.5 三相异步电动机自动丫/△减压起动运行的 PLC 控制过程

三相异步电动机自动丫/△减压起动运行的 PLC 控制的硬件接线图如图 6-5 所示，PLC 程序（梯形图程序和指令表程序）如图 6-7 所示，其控制过程如下。

电动机丫联结起动：合上电源开关 QF，按下起动按钮 SB1，PLC 的输入端子 X001 得电，梯形图中的输入继电器 X001 的动合触头闭合，使其后的输出继电器 Y000 的线圈得电并自锁，同时，Y000 的动合触头闭合，开始执行主控触头 MC 和 MCR 之间 N0 层内所有指令，定时器 T0 的线圈得电并开始计时，在定时时间 5 s 未到时，其动断触头保持闭合状态，使其后的输出继电器 Y001 的线圈吸合。Y000 和 Y001 线圈的吸合使 PLC 的输出端子 Y000 和 Y001 得电，驱动中间继电器 KA1 和 KA2 的线圈得电吸合，其动合触头闭合，分别使交流接触器 KM 和 KMY 的线圈得电吸合，主电路中 KM 和 KMY 的主触头闭合，电动机按丫联结起动运转。当松开按钮 SB1 时，由于 Y000 的自锁，使电动机持续运转。

电动机△联结运行：当设定的时间 5 s 到达时，定时器 T0 的动断触头断开，使输出继电器 Y001 的线圈释放，主电路中 KMY 的主触头断开，电动机短暂失电，与此同时，梯形图中 Y001 的动断触头恢复闭合状态，当定时器 T0 的动合触头闭合时，输出继电器 Y002 的线圈得电吸合并自锁，从而使 PLC 的输出端子 Y002 得电，驱动中间继电器 KA3 的线圈得电吸合，其动合触头闭合，使交流接触器 KM△ 的线圈得电吸合，主电路中 KM△ 的主触头闭合，电动机迅速切换为按△联结持续全压运行。梯形图中 Y001 和 Y002 的动断触头是为电气互锁而设计，以确保电动机不同时进行丫和△运行，同时，Y002 还可以切断定时器线圈电路。

停止运行：任何时候按下停止按钮 SB，PLC 的输入端子 X000 得电，梯形图中的输入继电器 X000 的动断触头断开，使其后的输出继电器 Y000 的线圈释放，其动合触头恢复断开状态，停止执行主控触头 MC 和 MCR 之间 N0 层内所有指令，即所有输出继电器的线圈释放，从而使 PLC 的所有输出端子失电，主电路中所有交流接触器的主触头断开，电动机随即停转。

视频 6.24　自动丫/△减压起动
运行的 PLC 控制

动画 6.4　自动丫/△减压起动
运行的 PLC 控制

6.4.6　PLC 主控触头指令（MC/MCR）

在编程时，经常会遇到许多线圈同时受 1 个或 1 组触头控制的情况，如果在每个线圈的控制电路中都串入同样的触头，将占用很多存储单元，这时主控指令可以解决这一问题。使用主控指令的触头称为主控触头，它在梯形图中与一般的触头垂直，如图 6-7 所示的 M1，主控触头是控制 1 组电路的总开关。

1. 指令符号

PLC 主控触头指令是 MC、MCR，见表 6-3。

表 6-3　PLC 主控触头指令

符号	名　称	功　能	梯形图示例	指　令　表	操作元件	程　序　步
MC	主控起点	主控电路块起点	X000 0—┤├—[MC N0 M0] N0—┤M0├	LD　X000 MC　N0　M0 …	操作数 N（0~7层） Y、M（不含特殊 M）	3
MCR	主控复位	主控电路块终点	4———[MCR N0]	MCR　N0	操作数 N（0~7层）	2

2. 指令用法

主控触头指令用法示例如图 6-13 所示。

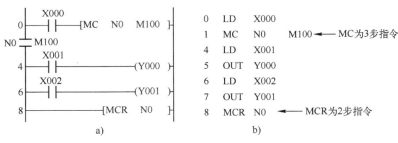

```
0  LD   X000
1  MC   N0    M100 ◄── MC为3步指令
4  LD   X001
5  OUT  Y000
6  LD   X002
7  OUT  Y001
8  MCR  N0   ◄── MCR为2步指令
```

a)　　　　　　　　　　　　b)

图 6-13　主控触头指令用法示例

a）梯形图程序　b）指令程序

视频 6.25　PLC 主控
触头指令

1）MC 与 MCR 必须成对使用，MC 是主控起点，MCR 是主控结束，操作数 N（0~7 层）为嵌套层数。图 6-13 中，X0 的动合触头闭合时，执行从 MC 到 MCR 之间的所有指令；X0 断开时，不执行该区间的任何指令。

2）与主控触头相连的触头必须用 LD 或 LDI 指令，即执行 MC 指令后，母线移到主控触头的后面，执行 MCR 后又使母线回到原来的位置，如图 6-14 所示。

3）在 MC 指令内再使用 MC 指令时，称为嵌套，最多可以嵌套 8 层，其层数 N 的编号顺次增大；用 MCR 指令返回时，层数 N 的编号顺次减小。嵌套示例如图 6-15 所示。

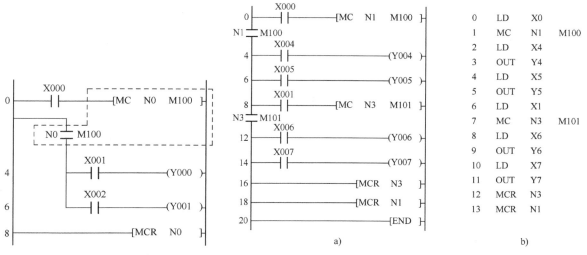

图 6-14　主控触头指令虚拟位置示意

图 6-15　主控触头指令嵌套用法示例
a）梯形图程序　b）指令程序

6.4.7　PLC 逻辑运算结果取反指令（INV）及空操作指令（NOP）

1. PLC 逻辑运算结果取反指令

（1）指令符号

PLC 逻辑运算结果取反指令是 INV，见表 6-4。

表 6-4　PLC 逻辑运算结果取反和空操作指令

符号	名称	功　能	梯形图示例	指　令　表	操作元件	程　序　步
INV	取反	逻辑运算结果取反	0 ├─┤ X000 ├─/─(Y000)	LD　　X000 INV OUT　Y000	无	1
NOP	空操作	无任何动作	无	无	无	1

（2）指令用法

逻辑运算结果取反指令用法示例如图 6-16 所示。INV 指令在梯形图中用 1 条 45°的短斜线来表示，它将使无该指令时的运算结果取反。图 6-16 中，当 X000 为 ON 时，运算结果 Y000 为 OFF；反之则 Y000 为 ON。

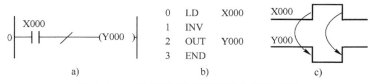

图 6-16　逻辑运算结果取反指令用法示例
a）梯形图程序　b）指令程序　c）波形图

2. PLC 空操作指令

（1）指令符号

PLC 空操作指令是 NOP，见表 6-4。

（2）指令用法

空操作指令用法示例如图 6-17 所示。

1）若在程序中加入 NOP 指令，则改动或追加程序时，可以减少步序号的改变。

2）图 6-17 中，若将 AND、ANI 等指令换成 NOP 指令，则触头短路。若是并联电路中将 OR、ORI 等指令换成 NOP 指令，则并联电路断路。

3）执行程序全清除操作后，全部指令都变成 NOP。

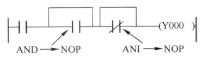

图 6-17　空操作指令用法示例（用 NOP 指令短路触头）

视频 6.26　PLC 逻辑运算结果
取反指令及空操作指令

6.4.8　PLC 程序设计方法

PLC 程序设计有许多种方法，常用的有经验法、转换法、逻辑法及步进顺控法等。

1. 经验法

经验法也叫试凑法，这种方法没有普遍的规律可以遵循，具有很大的试探性和随意性，最后的结果也不是唯一的，设计所用的时间、设计的质量与设计者的经验有很大的关系，一般用于较简单的梯形图的设计。

（1）基本方法

经验法是设计者在掌握了大量典型电路的基础上，充分理解实际控制要求，将要解决的问题分解成若干典型控制电路，再在典型控制电路的基础上不断修改拼凑成合适的 PLC 梯形图，需要多次反复地调试、修改和完善，最后才能得到一个较为满意的结果。用经验法设计时，可以参考一些基本电路的梯形图或以往的一些编程经验。

（2）设计步骤

1）在准确了解控制要求后，合理地为控制系统中的信号分配 I/O 接口，并画出 I/O 分配图。

2）对于一些控制要求比较简单的输出信号，可直接写出它们的控制条件，然后依"起保停"电路的编程方法完成相应输出信号的编程；对于控制条件较复杂的输出信号，可借助辅助继电器来编程。

3）对于较复杂的控制，要正确分析控制要求，确定各输出信号的关键控制点。在以时间为主的控制中，关键控制点为引起输出信号状态改变的时间点（即时间原则）；在以空间位置为主的控制中，关键控制点为引起输出信号状态改变的位置点（即空间原则）。

4）确定了关键控制点后，参考"起保停"电路的编程方法或常用基本电路的梯形图，画出各输出信号的梯形图。

5）在完成关键控制点的梯形图基础上，针对系统的控制要求，画出其他输出信号的梯形图。

6）在此基础上，检查所设计的梯形图，更正错误，补充遗漏功能，进行最后优化。

2. 转换设计法

观察图 6-1 的继电器-接触器控制电路部分和图 6-6 的 PLC 梯形图，可以看出两个图类似。转换设计法就是将继电器–接触器电路图转换成与原有功能相同的 PLC 梯形图。这种等效转换的优点是：首先原继电器–接触器控制系统经过长期使用和验证，已经被证明能完成系统要求的控制功能；其次，继电器电路图与 PLC 的梯形图在表示方法和分析方法上有很多相似之处，因此根据继电器电路图来设计梯形图简便快捷；第三，这种设计方法一般不需要改动控制面板，保持了原有系统的外部特性，操作人员不用改变长期形成的操作习惯。

（1）基本方法

根据继电器–接触器控制电路图来设计 PLC 的梯形图时，关键是要抓住它们的一一对应关系，即控制功能的对应、逻辑功能的对应，以及继电器硬件元件和 PLC 软元件的对应。

（2）转换设计的步骤

1）了解和熟悉被控设备的工艺过程和机械的动作情况，根据继电器–接触器控制电路图来分析和掌握控制系统的工作原理，这样才能在设计和调试系统时做到心中有数。

2）确定 PLC 的输入信号和输出信号，画出 PLC 的外部接线图。继电器–接触器控制电路图中的交流接触器和电磁阀等执行机构用 PLC 的输出继电器来替代，它们的硬件线圈接在 PLC 的输出端。按钮、限位开关、接近开关及控制开关等用 PLC 的输入继电器替代，用来给 PLC 提供控制命令和反馈信号，它们的触头接在 PLC 的输入端。在确定了 PLC 的各输入信号和输出信号对应的输入继电器和输出继电器的元件号后，画出 PLC 的外部接线图。

3）确定 PLC 梯形图中的辅助继电器（M）和定时器（T）的元件号。继电器–接触器控制电路图中的中间继电器和时间继电器的功能用 PLC 内部的辅助继电器和定时器来替代，并确定其对应关系。

4）根据上述对应关系画出 PLC 的梯形图。第 2）步和第 3）步建立了继电器–接触器控制电路图中的硬件元件和梯形图中软元件之间的对应关系，将继电器–接触器控制电路图转换成对应的梯形图。

视频 6.27   PLC 程序
设计方法

5）根据被控设备的工艺过程和机械的动作情况及梯形图编程的基本规则，优化梯形图，使梯形图既符合控制要求，又具有合理性、条理性和可靠性。

6）根据梯形图写出其对应的指令表程序。

3. 逻辑法

逻辑法就是应用逻辑代数以逻辑组合的方法和形式设计程序。逻辑法的理论基础是逻辑函数，逻辑函数就是逻辑运算与、或、非的逻辑组合。因此，从本质上来说，PLC 梯形图程序就是与、或、非的逻辑组合，也可以用逻辑函数表达式来表示。

4. 步进顺控法

对于复杂的顺序控制系统，一般采用步进顺控的编程方法。步进顺控法将在模块二中详细介绍。

6.5   知识点拓展

6.5.1   三相笼型异步电动机定子串接电阻减压起动运行控制

定子串接电阻减压起动是指电动机起动时，在三相定子绕组中串接电阻，使定子绕组上电压降低；起动结束后，再将电阻短接，使电动机在额定电压下运行。

1. 继电器–接触器控制

三相笼型异步电动机定子串接电阻减压起动运行的继电器–接触器控制电路图如图 6-18 所示。

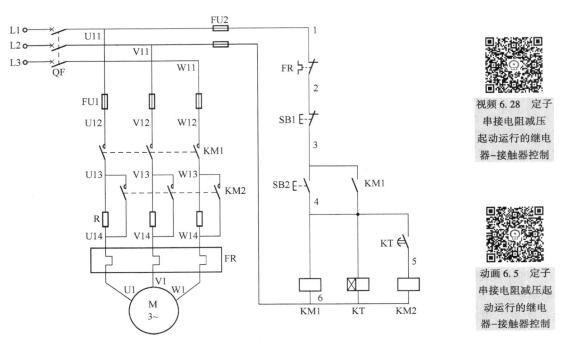

视频 6.28　定子串接电阻减压起动运行的继电器–接触器控制

动画 6.5　定子串接电阻减压起动运行的继电器–接触器控制

图 6-18　三相笼型异步电动机定子串接电阻减压起动运行的
继电器–接触器控制电路图

由图可看出，SB1 是停止按钮，SB2 是起动按钮，R 为起动电阻，KM1 为电源接触器，KM2 为切除电阻用接触器，KT 为通电延时时间继电器。

其工作原理是：当按下 SB2 时，KM1 线圈得电吸合并自锁，KM1 主触头闭合，电动机 M 串接电阻减压起动，同时 KT 线圈得电吸合并开始计时；经延时后 KT 动合触头闭合，KM2 线圈得电吸合，KM2 主触头闭合，将电阻短路，电动机进入全压运行。按下 SB1 时，电动机停止运行。

这种起动方式不受电动机接线方式的限制，设备简单，因此在中小型生产机械中应用广泛。但由于需要起动电阻，使控制柜的体积增大，电能损耗增大。对于大容量的电动机往往采用串接电抗器实现减压起动。

2. PLC 控制

（1）I/O 分配

1）I/O 分配表。根据三相笼型异步电动机定子串接电阻减压起动运行控制要求，需要输入设备 3 个，即 2 个按钮和 1 个热继电器；输出设备 2 个，即用来控制电动机减压起动和全压运行的交流接触器。其 I/O 分配见表 6-5。

表 6-5　三相笼型异步电动机定子串接电阻减压起动运行 PLC 控制的 I/O 分配表

输　入			输　出		
电气符号	输入端子	功　能	电气符号	输出端子	功　能
SB1	X001	停止按钮	KM1	Y001	电动机减压起动的交流接触器
SB2	X002	起动按钮	KM2	Y002	电动机全压运行的交流接触器
FR	X003	过载保护			

2）硬件接线图。三相笼型异步电动机定子串接电阻减压起动运行 PLC 控制的主电路与图 6-18 相同，PLC 的 I/O 接线图如图 6-19 所示。

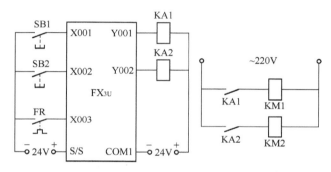

图 6-19　三相笼型异步电动机定子串接电阻减压起动运行 PLC 控制的 I/O 接线图

（2）软件编程

根据前面的介绍，编程的方法有许多，下面介绍利用转换法进行编程，其 PLC 程序如图 6-20 所示。

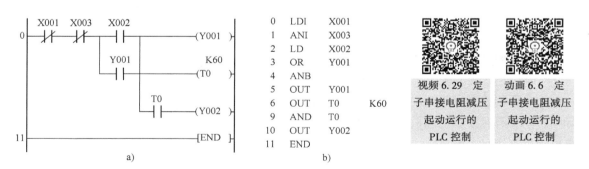

0	LDI	X001	
1	ANI	X003	
2	LD	X002	
3	OR	Y001	
4	ANB		
5	OUT	Y001	
6	OUT	T0	K60
9	AND	T0	
10	OUT	Y002	
11	END		

视频 6.29 定子串接电阻减压起动运行的 PLC 控制

动画 6.6 定子串接电阻减压起动运行的 PLC 控制

图 6-20　三相笼型异步电动机定子串接电阻减压起动运行的 PLC 程序
a）梯形图程序　b）指令表程序

6.5.2　三相笼型异步电动机定子串接自耦变压器减压起动运行控制

定子串接自耦变压器减压起动是指电动机起动时，利用自耦变压器来降低加在电动机定子绕组上的起动电压，起动结束后，再将自耦变压器脱离，使电动机在额定电压下运行。三相笼型异步电动机定子串接自耦变压器减压起动运行的继电器-接触器控制电路如图 6-21 所示。请读者自行分析其工作原理和 PLC 解决方案。

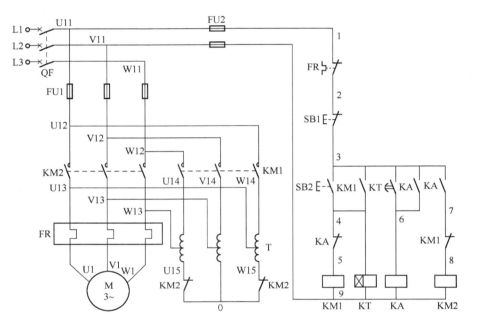

视频 6.30　定子串接自耦变压器减压起动运行的继电器-接触器控制

动画 6.7　定子串接自耦变压器减压起动运行的继电器-接触器控制

图 6-21　三相笼型异步电动机定子串接自耦变压器减压
起动运行的继电器-接触器控制电路图

6.5.3　三相绕线转子异步电动机转子绕组串接电阻减压起动运行控制

前面介绍的笼型异步电动机的特点是结构简单、价格低、起动转矩小，但调速困难。而在实际生产中，有时要求电动机有较大的起动转矩，而且能够平滑调速，因此常采用三相绕线式异步电动机来满足控制要求。绕线转子异步电动机的优点是可以在转子绕组中串接电阻，从而达到减小起动电流、增大起动转矩及平滑调速之目的。

起动时，在转子回路中串入三相起动变阻器，并把起动电阻调到最大值，以减小起动电流，增大起动转矩。随着电动机转速的升高，起动电阻逐级减小。起动完毕后，起动电阻减小到零，转子绕组被短接，电动机在额定电压下运行。三相绕线转子异步电动机转子绕组串接电阻减压起动运行的继电器-接触器控制电路如图 6-22 所示。请读者自行分析其工作原理和 PLC 解决方案。

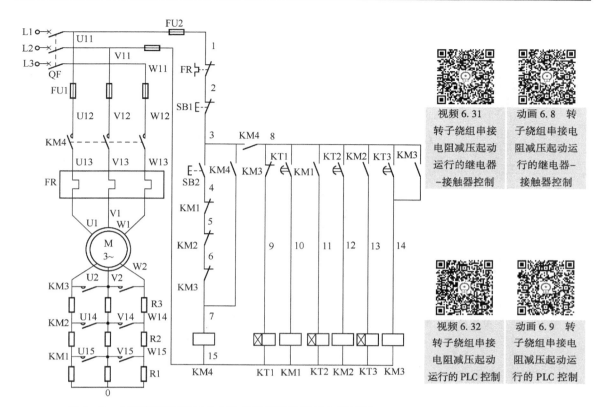

图 6-22 三相绕线转子异步电动机转子绕组串接电阻减压
起动运行的继电器-接触器控制电路图

6.5.4 三相绕线转子异步电动机转子绕组串接频敏变阻器减压起动运行控制

三相绕线转子异步电动机转子绕组串接电阻起动，使用的电器较多，控制电路复杂，而且起动过程中，电流和转矩会突然增大，产生一定的电气和机械冲击。为了获得较理想的机械特性，常采用转子绕组串接频敏变阻器起动。频敏变阻器是一个铁心损耗很大的三相电抗器，是由铸铁板或钢板叠成的三柱式铁心，在每个铁心上装有一个线圈，线圈的一端与转子绕组相连，另一端作丫联结。

频敏变阻器的等效阻抗的大小与频率有关，电动机刚起动时，转速较低，转子电流的频率较高，相当于在转子回路中串接一个阻抗很大的电抗器，随着转速的升高，转子电流频率逐渐降低，其等效阻抗自动减小，实现了平滑无级起动。

三相绕线转子异步电动机转子绕组串接频敏变阻器减压起动运行的继电器-接触器控制电路如图 6-23 所示。请读者自行分析其工作原理和 PLC 解决方案。

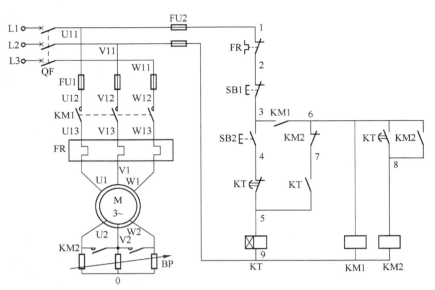

视频 6.33 转子绕组串接频敏变阻器减压起动运行的继电器–接触器控制

动画 6.10 转子绕组串接频敏变阻器减压起动运行的继电器–接触器控制

图 6-23　三相绕线转子异步电动机转子绕组串接频敏
变阻器减压起动运行的继电器–接触器控制电路图

6.6　任务延展

1. 简述时间继电器的工作原理。

2. 用经验设计法设计图 6-24 所要求的输入/输出关系的梯形图程序。

3. 某设备有 3 台电动机，控制要求如下：按下起动按钮，第一台电动机 M1 起动，运行5 s 后，第二台电动机 M2 起动，M2 运行 10 s 后，第三台电动机 M3 起动；按下停止按钮，3 台电动机全部停止。

要求：1）画出继电器–接触器控制电路图。

2）分析其 PLC 控制，列出 I/O 分配表，画出 I/O 接线图，分别用梯形图和指令表编写程序。

4. 用转换设计法编写三相笼型异步电动机定子串接自耦变压器减压起动运行控制的 PLC 程序。

5. 用转换设计法编写三相绕线转子异步电动机转子绕组串接频敏变阻器减压起动运行控制的 PLC 程序。

6. 设小车在初始位置时停在右边，如图 6-25 所示，限位开关 SQ2 为 ON。按下起动按钮 SB0 后，小车向左运动，碰到限位开关 SQ1 时，变为右行；返回限位开关 SQ2 处变为左行，碰到限位开关 SQ0 时，变为右行，返回起始位置后停止运动。编写 PLC 程序。

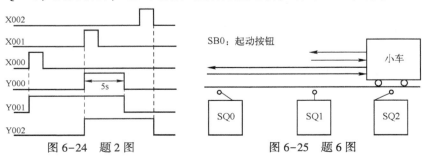

图 6-24　题 2 图　　　　图 6-25　题 6 图

任务 7 三相异步电动机的制动运行控制

7.1 任务目标

- 会描述三相异步电动机反接制动运行的继电器-接触器控制和 PLC 控制的工作过程。
- 能记住速度继电器的图形符号和文字符号并描述其工作原理。
- 会利用实训设备完成三相异步电动机反接制动运行两种控制电路的安装、调试和运行等，会判断并排除电路故障。
- 会分析速度继电器在反接制动控制电路中的关键作用。
- 具有安全意识、规范意识、质量意识和爱岗敬业的责任意识；有团队协作精神、精益求精的工匠精神；遵纪守法、尊重生命，具有社会责任感。

7.2 任务描述

视频 7.1 展示控制效果

三相异步电动机制动运行的要求：当按下制动按钮时，对以电动机为原动机的机械设备实施迅速停车或准确定位。

7.3 任务实施

7.3.1 三相异步电动机反接制动运行的继电器-接触器控制

利用实训设备完成三相异步电动机反接制动运行继电器-接触器控制电路的安装、调试、运行及故障排除。

1. 三相异步电动机反接制动运行的继电器-接触器控制效果

2. 绘制工程电路原理图

三相异步电动机反接制动运行的继电器-接触器控制电路原理图如图 7-1 所示。

3. 选择元器件

1）编制器材明细表。该实训任务所需器材见表 7-1。

表 7-1 三相异步电动机反接制动运行的继电器-接触器控制电路器材明细表

符号	名　　称	型　　号	规　　格	数量	备　注
QF	低压断路器	DZ108-20/10-F	脱扣器整定电流 0.63~1A	1 只	
FU1	螺旋式熔断器	RL1-15	配熔体 3A	3 只	
FU2	瓷插式熔断器	RT14-20	配熔体 3A	2 只	
KM1 KM2	交流接触器	CJX2-1810	线圈 AC 380V	2 只	

（续）

符号	名　称	型　号	规　格	数量	备　注
FR	热继电器	JRS1D-25	整定电流 0.63~1.2A	1 只	
SB1 SB2	按钮	LAY16	一动合一动断自动复位	2 个	SB1 红色 SB2 绿色
KS	速度继电器	JFZ0-1	AC 380V，2A	1 台	
M	三相笼型异步电动机	DQ20-1	U_N380V（丫/△）	1 台	

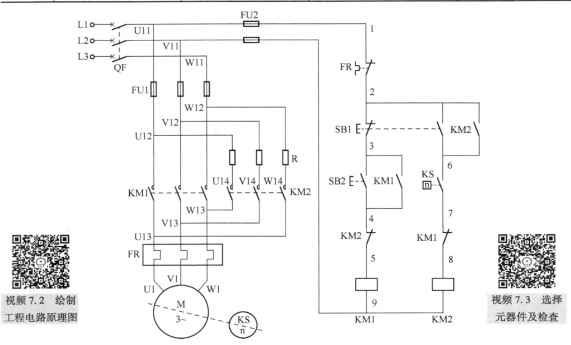

视频 7.2　绘制
工程电路原理图

视频 7.3　选择
元器件及检查

图 7-1　三相异步电动机反接制动运行的继电器-接触器控制电路原理图

2）器材质量检查与清点。

4. 安装、敷设电路

1）绘制工程布局布线图。三相异步电动机反接制动运行继电器-接触器控制电路的工程布局布线图如图 7-2 所示。

2）安装、敷设电路。

视频 7.4　绘制
工程布局布线图

视频 7.5　安装、
敷设主电路

视频 7.6　安装、
敷设控制电路

3）通电检查及故障排除。

4）整理器材。

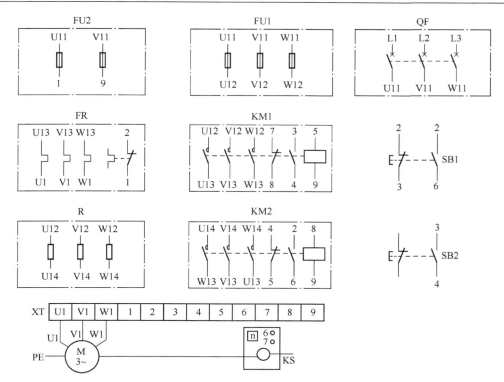

图 7-2　三相异步电动机反接制动运行继电器–接触器控制电路的工程布局布线图

7.3.2　三相异步电动机反接制动运行的 PLC 控制

利用实训设备完成三相异步电动机反接制动运行 PLC 控制电路的安装、编程、调试、运行及故障排除。

1. 三相异步电动机反接制动运行的 PLC 控制效果

视频 7.7　展示控制效果

2. I/O 分配

1) I/O 分配表。根据三相异步电动机反接制动运行的 PLC 控制要求，需要输入设备 4 个，即 2 个按钮、1 个速度继电器和 1 个热继电器；需要输出设备 2 个，即用来控制电动机运行的交流接触器。其 I/O 分配见表 7-2。

视频 7.8　I/O 分配表

表 7-2　三相异步电动机反接制动运行 PLC 控制的 I/O 分配表

输　入			输　出		
电气符号	输入端子	功　能	电气符号	输出端子	功　能
SB1	X000	制动按钮	KM1	Y000	电动机起动运行的交流接触器
SB2	X001	起动按钮	KM2	Y001	电动机制动的交流接触器
KS	X002	速度继电器	—	—	—
FR	X003	过载保护	—	—	—

2) 硬件接线图。三相异步电动机反接制动运行 PLC 控制的硬件接线图如图 7-3 所示。

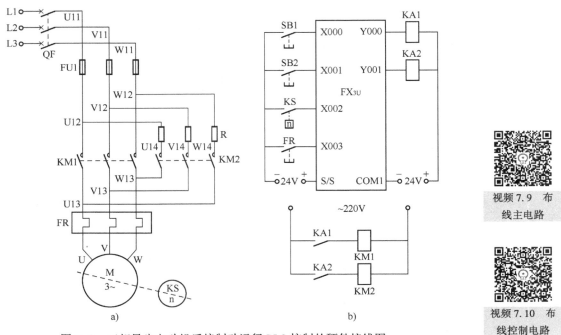

图 7-3　三相异步电动机反接制动运行 PLC 控制的硬件接线图

a）主电路　b）PLC 的 I/O 接线图

3. 软件编程

三相异步电动机反接制动运行的 PLC 程序如图 7-4 所示。

4. 工程调试

在断电状态下连接好电缆，将 PLC 运行模式选择开关拨到"STOP"位置，使用编程软件编程并下载到 PLC 中。启动电源，并将 PLC 运行模式选择开关拨到"RUN"位置进行观察。如果出现故障，学生应独立检修，直到排除故障。调试完成后整理器材。

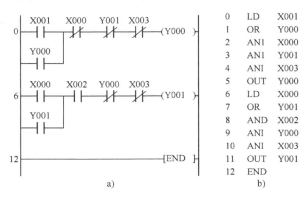

0	LD	X001
1	OR	Y000
2	ANI	X000
3	ANI	Y001
4	ANI	X003
5	OUT	Y000
6	LD	X000
7	OR	Y001
8	AND	X002
9	ANI	Y000
10	ANI	X003
11	OUT	Y001
12	END	

图 7-4　三相异步电动机反接制动运行的 PLC 程序

a）梯形图程序　b）指令表程序

7.4 任务知识点

7.4.1 三相异步电动机反接制动运行的继电器-接触器控制电路的工作原理

在生产过程或日常生活中，当以电动机为原动机的机械设备需准确定位或遇紧急情况需迅速停止时，必须对电动机进行制动，使其转速迅速下降，从而缩短辅助工作时间，提高生产效率或降低危险。制动可分为机械制动和电气制动，机械制动一般为电磁铁操纵抱闸制动；电气制动是电动机产生一个和转子转动方向相反的电磁转矩。常用的电气制动有反接制动和能耗制动，下面以反接制动为例进行介绍。

反接制动是改变三相异步电动机定子绕组中三相电源的相序，使定子绕组产生相反方向的旋转磁场，从而产生制动转矩的一种制动方法。反接制动时，定子绕组电流很大，为防止绕组过热和减小制动冲击，一般在电动机的定子电路中应串入反接制动电阻。此外，为防止停机时造成反向起动，需要在电动机转速接近于零时，及时切断反相序电源，而这就是由速度继电器来完成的。

三相异步电动机反接制动运行的继电器-接触器控制电路原理图如图 7-1 所示，其工作过程是：当合上电源开关 QF，按下起动按钮 SB2 时，KM1 的线圈得电吸合并自锁，主电路中，KM1 的主触头闭合，电动机连续运转，并带动速度继电器 KS 的转子运转，当电动机的转速达到 120 r/min 时，控制电路中速度继电器 KS 的动合触头动作并闭合。但由于制动按钮 SB1 和 KM1 的动断触头均处于断开状态，故 KM2 的线圈不能得电，电动机保持正常运转。当需要准确定位或紧急停止时，则按下制动复合按钮 SB1，KM1 的线圈首先失电释放，电动机脱离电源，同时 KM2 的线圈得电吸合并自锁，其主电路中的主触头闭合给电动机反向通电，加速了电动机的停止，即实现反接制动。当转速接近零（一般为 100r/min）时，控制电路中速度继电器 KS 的动合触头恢复断开状态，KM2 的线圈失电释放，分断主电路中电动机的电源，制动结束，从而保证电动机不会出现反向运转。

视频 7.13 反接制动运行的继电器-接触器控制

动画 7.1 反接制动运行的继电器-接触器控制

7.4.2 速度继电器 (KS)

速度继电器是利用转轴的转速来切换电路的自动电器，它主要用在笼型异步电动机的反接制动控制中，用来反映电动机转速和转向变化的继电器，故也称为反接制动继电器。其实物图如图 7-5 所示。

1. 结构

速度继电器主要由定子、转子、端盖、可动支架、触头系统等组成，其外形剖面图、结构及符号如图 7-6 所示。速度

图 7-5 速度继电器实物图

继电器的转轴与电动机转轴连在一起。在速度继电器的转轴上固定着一个圆柱形的永磁铁转子；磁铁的外面套有一个可以按正、反方向偏转一定角度的笼型空心圆环，即定子，由硅钢片冲压而成，并装有笼型绕组。

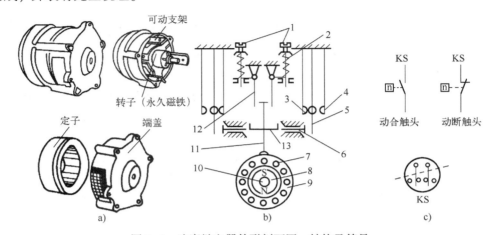

图 7-6　速度继电器外形剖面图、结构及符号

a) 外形剖面图　b) 结构　c) 图形符号和文字符号

1—调节螺钉　2—反力弹簧　3—动断触头　4—动合触头　5—动触头　6—推杆
7—笼型导条　8—转子　9—定子　10—转轴　11—摆杆　12—返回杠杆　13—顶块

2. 工作原理

速度继电器的基本工作方式和主要作用是以旋转速度的快慢为指令信号，通过触头的分合传递给接触器，从而实现对电动机反接制动控制。当转速在 $120 \sim 3000$ r/min 范围内时，其触头动作；当转速低于 100 r/min 时，其触头复位。

当电动机旋转时，与电动机同轴联结的速度继电器转子也转动，这样，永久磁铁制成的转子，就由静止磁场变为在空间移动的旋转磁场。此时，定子内的短路绕组（导体）因切割磁力线而产生感应电势和电流，载流短路绕组与磁场相互作用便产生一定的转矩，于是，定子便顺着转轴的转动方向而偏转。定子的偏转带动摆杆和顶块，当定子转过一定角度时，顶块推动动触头弹簧片（或反向偏转时）使动断触头断开、动合触头闭合。当动合触头闭合后，可产生一定的反作用力，阻止定子继续偏转。电动机转速越高，定子导体内产生的电流越大，因而转矩越大，顶块对动触头弹簧片的作用力也就越大。电动机转速下降时，速度继电器转子速度也随着下降，定子绕组内产生的感应电流相应减小，从而导致电磁转矩减小，顶块对动触头弹簧片的作用力也减小。当转子速度下降到一定数值时，顶块的作用力小于触头弹簧片的反作用力时，顶块返回到原始位置，对应的触头也复位。

视频 7.14　速度继电器

目前，机床线路中常用的速度继电器有 JY1 型和 JFZ0 型，速度继电器 JY1 型能在 3000 r/min 以下可靠地工作；JFZ0-1 型转速适用于 $300 \sim 3000$ r/min；JFZ0-2 型转速适用于 $1000 \sim 3600$ r/min；JFZ0 型有两对动合、两对动断触头，触头额定电压为 380 V，额定电流为 2 A。一般速度继电器的触头在 120 r/min 左右即能动作，100 r/min 时触头即能恢复到初始位置。可以通过旋转调节螺钉来改变继电器动作的转速，以适应控制电路的要求。

7.4.3 三相异步电动机反接制动运行的 PLC 控制过程

三相异步电动机反接制动运行的 PLC 控制硬件接线图如图 7-3 所示，PLC 程序如图 7-4 所示。其控制过程是：图 7-3 中，当合上电源开关 QF，按下起动按钮 SB2 时，PLC 的输入端子 X001 得电，图 7-4PLC 程序中输入继电器 X001 的动合触头闭合，驱动输出继电器 Y000 的线圈吸合并自锁，从而使图 7-3 中 PLC 的输出端子 Y000 持续得电，驱动中间继电器 KA1 和交流接触器 KM1 的线圈得电吸合，主电路中 KM1 的主触头闭合，电动机连续运转，同时带动速度继电器 KS 的转子运转。当电动机的转速达到 120 r/min 时，速度继电器 KS 的动合触头动作并闭合，使 PLC 的输入端子 X002 得电，图 7-4 程序中输入继电器 X002 闭合，为制动做准备。

当需要制动时，按下图 7-3 中的制动按钮 SB1，PLC 的输入端子 X000 得电。X000 得电，一方面图 7-4 程序中输入继电器 X000 的动断触头断开，使输出继电器 Y000 的线圈释放，图 7-3 中 PLC 的输出端子 Y000 失电，KM1 的线圈失电释放，电动机脱离电源；另一方面，图 7-4 程序中 X000 的动合触头闭合，驱动输出继电器 Y001 的线圈吸合并自锁，从而使图 7-3 中 PLC 的输出端子 Y001 持续得电，驱动中间继电器 KA2 和交流接触器 KM2 的线圈得电吸合，主电路中 KM2 的主触头闭合，电动机迅速反向得电，加速了电动机的停止，即实现反接制动。当转速接近零时，速度继电器 KS 的动合触头恢复断开状态，使 PLC 的输入端子 X002 失电，图 7-4 程序中输入继电器 X002 断开，从而使输出继电器 Y001 的线圈释放，图 7-3 中 PLC 的输出端子 Y001 失电，KM2 的线圈失电释放，制动结束，从而保证电动机不会出现反向运转。

视频 7.15 反接制
动运行的 PLC 控制

动画 7.2 反接制
动运行的 PLC 控制

7.5 知识点拓展

7.5.1 三相异步电动机的能耗制动控制

能耗制动是指电动机脱离三相交流电源后，给定子绕组加一直流电源，以产生静止磁场，起阻止旋转的作用，达到制动的目的。能耗制动比反接制动所消耗的能量小，制动电流也小得多。因此，能耗制动适用于电动机能量较大，要求制动平稳和制动频繁的场合，但能耗制动需要直流电源整流装置。对于 10 kW 以下的小容量电动机，且对制动要求不高的场合，常采用半波整流能耗制动；对于 10 kW 以上容量较大的电动机，多采用有变压器全波整流能耗制动的控制电路。

三相异步电动机能耗制动运行的继电器-接触器控制电路原理图如图 7-7 所示，它采用半波整流来实现能耗制动。图中 SB 是制动复合按钮，SB1 是起动按钮，VD 是二极管，KM1 为电动机起动和停止接触器，KM2 为接通直流使电动机制动的接触器，KT 为断开 KM2 的时间继电器。

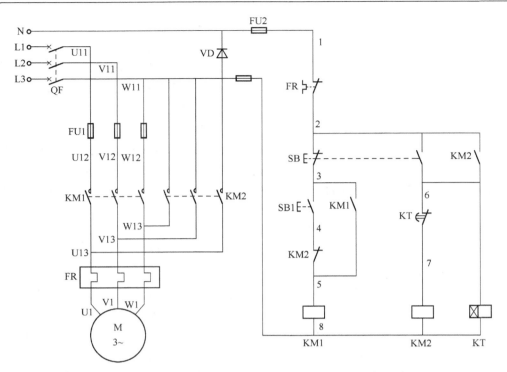

图 7-7　三相异步电动机能耗制动运行的继电器−接触器控制电路原理图

　　其工作原理是：当闭合电源开关 QF，按下起动按钮 SB1 时，KM1 线圈得电吸合并自锁，KM1 主触头闭合，电动机连续运转。当按下制动复合按钮 SB 时，KM1 线圈先失电释放，KM1 主触头断开，分断三相交流电源，与此同时，交流接触器 KM2 的线圈得电吸合并自锁，其主触头闭合，将经过二极管 VD 整流后的直流电通入电动机定子绕组，使电动机制动。此外 KT 线圈也同时得电吸合，经延时后 KT 动断触头断开，KM2 线圈失电释放，其主触头断开，制动结束。

　　制动时电动机定子绕组的连接和整流电路的连接，分别如图 7-8 和图 7-9 所示。该电路的 PLC 控制请自行分析。

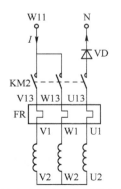

图 7-8　制动时电动机定子绕组的连接图

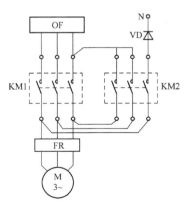

图 7-9　半波整流能耗制动主电路连接图

7.5.2　三相异步电动机的电磁抱闸制动控制

机械制动是指利用机械装置使电动机断开电源后迅速停转的方法，常用的有电磁抱闸制动和电磁离合器制动。

三相异步电动机的电磁抱闸制动控制，其电磁抱闸制动装置由电磁操作机构和弹簧力机械抱闸机构组成，如图 7-10 所示为断电制动型电磁抱闸的结构示意图及其控制电路。其工作原理是：合上电源开关 QF，按下起动按钮 SB2 后，接触器 KM 线圈得电吸合并自锁，主触头闭合，电磁铁线圈 YB 得电，衔铁吸合，使制动器的闸瓦和闸轮分开，电动机 M 连续运转。停车时，按下停止按钮 SB1 后，接触器 KM 线圈失电释放，主触头断开，使电动机和电磁铁线圈 YB 同时失电，衔铁与铁心分开，在弹簧拉力的作用下闸瓦紧紧抱住闸轮，从而使电动机迅速停转。电磁抱闸制动适用于各种传动机构的制动，且多用于起重电动机的制动。

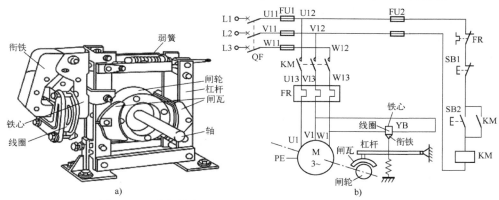

图 7-10　断电制动型电磁抱闸的结构示意图及其控制电路

a）结构示意图　b）控制电路

7.6　任务延展

1. 能耗制动控制的原理是什么？
2. 简述速度继电器的工作原理。
3. 编写电动机可逆运行的反接制动控制的 PLC 程序。
4. 编写三相异步电动机的能耗制动控制的 PLC 程序。

任务8 三相异步电动机的调速运行控制

8.1 任务目标

- 会描述三相双速异步电动机变极调速运行的继电器-接触器控制和 PLC 控制的工作过程。
- 掌握双速电动机变极调速的原理及接线方式。
- 会利用实训设备完成三相双速异步电动机变极调速运行两种控制电路的安装、调试和运行等，会判断并排除电路故障。
- 会合理使用各类电磁式继电器。
- 具有安全意识、规范意识、质量意识和爱岗敬业的责任意识；有团队协作精神、精益求精的工匠精神；具有分析和解决问题的能力以及举一反三的能力。

8.2 任务描述

三相异步电动机调速运行的要求：当按下起动按钮时，双速电动机以△联结或单丫联结做低速连续运转；经延时后，自动切换为以双丫联结作高速运行。

视频 8.1 展示控制效果

8.3 任务实施

视频 8.2 绘制工程电路原理图

8.3.1 三相双速异步电动机变极调速运行的继电器-接触器控制

利用实训设备完成三相双速异步电动机变极调速运行继电器-接触器控制电路的安装、调试、运行及故障排除。

1. 三相双速异步电动机变极调速运行的继电器-接触器控制效果

2. 绘制工程电路原理图

三相双速异步电动机变极调速运行的继电器-接触器控制电路原理图如图 8-1 所示。

3. 选择元器件

1）编制器材明细表。该实训任务所需器材见表 8-1。

视频 8.3 选择元器件及检查

表 8-1 三相双速异步电动机变极调速运行的继电器-接触器控制电路器材明细表

符号	名 称	型 号	规 格	数量	备 注
QF	低压断路器	DZ108-20/10-F	脱扣器整定电流 0.63~1 A	1 只	—

（续）

符　号	名　　称	型　　号	规　　格	数量	备　注
FU1	螺旋式熔断器	RL1–15	配熔体 3 A	3 只	—
FU2	瓷插式熔断器	RT14–20	配熔体 3 A	2 只	—
KM1 KM2 KM3	交流接触器	CJX2–1810	线圈 AC 380V	3 只	—
FR	热继电器	JRS1D–25	整定电流 0.63~1.2 A	1 只	—
SB1 SB2	按钮	LAY16	一动合一动断自动复位	2 个	SB1 红色 SB2 绿色
KA	中间继电器	JZ7–22	AC 380V，5 A	1 只	—
KT	时间继电器	ST3PA–B	AC 380V，5 A	1 只	—
M	三相双速异步电动机	DJ22	U_N 380 V（ＹＹ／△）	1 台	—

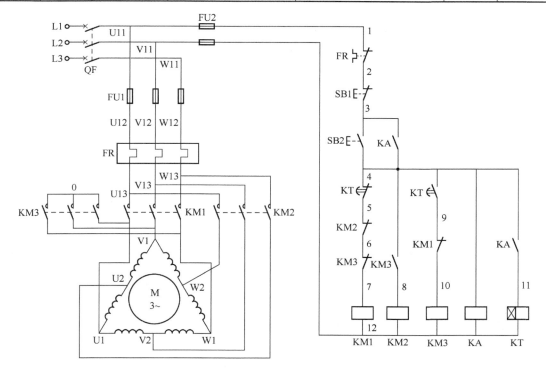

图 8-1　三相双速异步电动机变极调速运行的继电器-接触器控制电路原理图

2）器材质量检查与清点。

4. 安装、敷设电路

1）绘制工程布局布线图。三相双速异步电动机变极调速运行继电器-接触器控制电路的工程布局布线图如图 8-2 所示。

2）安装、敷设电路。

3）通电检查及故障排除。

4）整理器材。

视频 8.4　绘制工程布局布线图

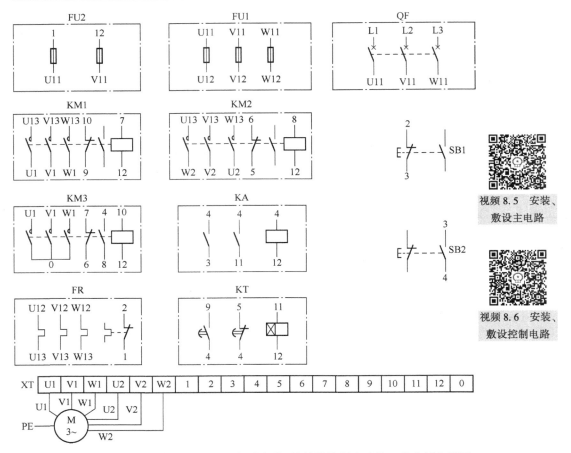

图 8-2　三相双速异步电动机变极调速运行继电器-接触器控制电路的工程布局布线图

视频 8.5　安装、
敷设主电路

视频 8.6　安装、
敷设控制电路

8.3.2　三相双速异步电动机变极调速运行的 PLC 控制

利用实训设备完成三相双速异步电动机变极调速运行 PLC 控制电路的安装、编程、调试、运行及故障排除。

1. 三相双速异步电动机变极调速运行的 PLC 控制效果

2. I/O 分配

1) I/O 分配表。根据三相双速异步电动机变极调速运行的 PLC 控制要求，需要输入设备 3 个，即 2 个按钮和 1 个热继电器；需要输出设备 3 个，即用来控制电动机运行的交流接触器。其 I/O 分配见表 8-2。

视频 8.7　展
示控制效果

视频 8.8　I/O
分配表

表 8-2　三相双速异步电动机变极调速运行 PLC 控制的 I/O 分配表

输　入			输　出		
电气符号	输入端子	功　能	电气符号	输出端子	功　能
SB1	X000	停止按钮	KM1	Y001	电动机做△联结运行的交流接触器
SB2	X001	起动按钮	KM2、KM3	Y002	电动机做双丫联结运行的交流接触器
FR	X002	过载保护	—	—	—

2) 硬件接线图。三相双速异步电动机变极调速运行 PLC 控制的硬件接线图如图 8-3 所示。

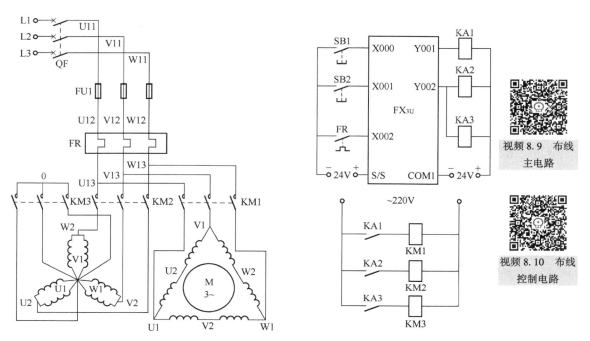

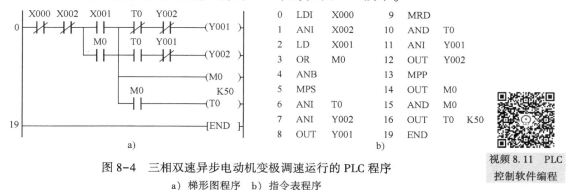

视频 8.9 布线
主电路

视频 8.10 布线
控制电路

图 8-3 三相双速异步电动机变极调速运行 PLC 控制的硬件接线图

3. 软件编程

三相双速异步电动机变极调速运行的 PLC 程序如图 8-4 所示。

0	LDI	X000	9	MRD	
1	ANI	X002	10	AND	T0
2	LD	X001	11	ANI	Y001
3	OR	M0	12	OUT	Y002
4	ANB		13	MPP	
5	MPS		14	OUT	M0
6	ANI	T0	15	AND	M0
7	ANI	Y002	16	OUT	T0 K50
8	OUT	Y001	19	END	

a)
b)

视频 8.11 PLC
控制软件编程

图 8-4 三相双速异步电动机变极调速运行的 PLC 程序

a) 梯形图程序 b) 指令表程序

4. 工程调试

在断电状态下连接好电缆, 将 PLC 运行模式选择开关拨到"STOP"位置, 使用编程软件编程并下载到 PLC 中。启动电源, 并将 PLC 运行模式选择开关拨到"RUN"位置进行观察。如果出现故障, 学生应独立检修, 直到排除故障。调试完成后整理器材。

视频 8.12
调试程序

8.4 任务知识点

8.4.1 三相双速异步电动机变极调速运行的继电器–接触器控制电路的工作原理

三相双速异步电动机变极调速运行的继电器–接触器控制电路原理图如图 8-1 所示。其工作过程是：当合上电源开关 QF，按下起动按钮 SB2 时，KM1、KA 和 KT 的线圈同时得电吸合，KM1 的线圈吸合使主电路中 KM1 的主触头闭合，电动机以△联结作低速运转；中间继电器 KA 的线圈吸合形成自锁，确保 KM1 的线圈保持吸合，从而使电动机连续运转；通电延时时间继电器 KT 的线圈吸合开始计时。当 KT 设置的延时时间到达时，其连接在 KM1 线圈线路中（4，5）点间的动断触头断开，使 KM1 的线圈失电释放；而连接在 KM3 线圈线路中（4，9）点间的动合触头闭合，使 KM2 和 KM3 的线圈同时得电吸合，从而使电动机自动切换为以双丫联结做高速运行。当按下停止按钮 SB1 或电动机过载时，电路中所有继电器或接触器的线圈均失电释放，系统停止运行。

图 8-1 中，三相双速异步电动机通过 KM1 联结为△，通过 KM2 和 KM3 联结为双丫，为便于理解，其联结方式的画法还可以如图 8-5 所示。

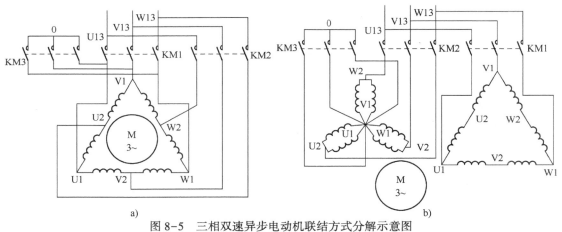

图 8-5 三相双速异步电动机联结方式分解示意图
a）分解前 b）分解后

视频 8.13 变极
调速运行的继电
器–接触器控制

动画 8.1 变极
调速运行的继电
器–接触器控制

8.4.2 变极式电动机的接线方式

由电动机原理可知，异步电动机的转速表达式为

$$n = n_0(1-s) = \frac{60f}{p}(1-s)$$

可见，电动机的转速 n 与电源频率 f、转差率 s 以及定子绕组的磁极对数 p 有关。本节主要介绍通过改变磁极对数 p 的方法来实现电动机变极调速的基本控制电路。多速电动机就是通过改变电动机定子绕组的接线方式而得到不同的磁极对数，从而达到不同速度的目的。双速、三速电动机是变极调速中最常用的两种形式。

双速电动机定子绕组的连接方式常用的有两种：一种是绕组从 △ 联结改成双 Y 联结，即将图 8-6a 的联结方式转换成图 8-6c 的联结方式；另一种是绕组从单 Y 改成双 Y，即将图 8-6b 的联结方式转换成图 8-6c 的联结方式。这两种接法都能使电动机产生的磁极对数减少一半，从而使电动机的转速提高一倍。

视频 8.14 变极式电动机的接线方式及双速电动机的工作原理

视频 8.15 双速电动机的选择及检测

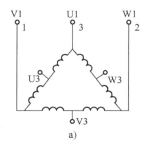

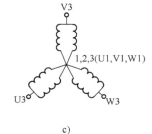

图 8-6 双速电动机定子绕组的接线图

a）△联结   b）单Y联结   c）双Y联结

8.4.3　电磁式继电器

电磁式继电器广泛用于电力拖动系统中，起控制、放大、联锁、保护和调节作用。它是根据外来信号（电流或电压）使衔铁产生闭合动作，从而带动触头系统闭合或断开，实现控制电路状态的改变。电磁式继电器的种类很多，如电压继电器、电流继电器、中间继电器、电磁式时间继电器和接触器式继电器等，部分实物如图 8-7 所示。

图 8-7 部分电磁式继电器实物图

a）电磁继电器   b）中间继电器   c）电压继电器   d）电流继电器

1. 结构及工作原理

电磁式继电器由电磁机构和触头系统组成，如图 8-8 所示。铁心和铁轭的作用是加强工作气隙内的磁场；衔铁的作用主要是实现电磁能与机械能的转化；极靴的作用是增大工作气隙的磁导；反作用力弹簧和簧片用来提供反作用力。

当线圈得电后，线圈的励磁电流就产生磁场，从而产生电磁吸力吸引衔铁。一旦电磁吸力大于弹簧反作用力，衔铁就开始运动，并带动与之相连的动触头向下移动，使动触头与其上面的静触头分开，而与其下面的静触头吸合。最后，衔铁被吸合在与极靴相接触的最终位置上。若在衔铁处于最终位置时切断线圈电源，则磁场随之逐渐消失，衔铁会在弹簧反作用力的作用下脱离极靴，并再次带动触头脱离静触头，返回到初始位置。

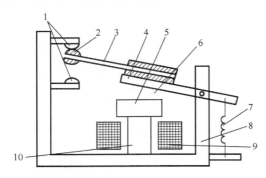

图 8-8　电磁式继电器结构

1—静触头　2—动触头　3—簧片　4—衔铁　5—极靴　6—空气气隙
7—反作用力弹簧　8—铁轭　9—线圈　10—铁心

视频 8.16　电磁式继电器结构及工作原理

2. 电压继电器（KV）

电磁式电压继电器的动作与线圈所加电压大小有关，使用时和负载并联，因此，要求电压继电器的线圈匝数多、导线细、阻抗大。电压继电器又分过电压继电器、欠电压继电器和零电压继电器，其符号如图 8-9 所示。

图 8-9　电压继电器的符号

a）欠电压继电器线圈　b）过电压继电器线圈
c）动合触头　d）动断触头

（1）过电压继电器

在电路中用于过电压保护，当其线圈为额定电压值时，衔铁不产生吸合动作，只有当电压高于额定电压 105%～115% 时才产生吸合动作，当电压降低到释放电压时，触头复位。

（2）欠电压继电器

在电路中用于欠电压保护，当其线圈在额定电压下工作时，欠电压继电器的衔铁处于吸合状态。如果电路出现电压降低，并且低于欠电压继电器线圈的释放电压时，其衔铁打开，触头复位，从而控制接触器及时切断电气设备的电源。通常，欠电压继电器的吸合电压的整定范围是额定电压的 30%～50%，释放电压的整定范围是额定电压的 10%～35%。

（3）零电压继电器

衔铁在额定电压下吸合，当线圈电压达到额定电压的 5%～25% 时释放。

3. 电流继电器（KA）

电磁式电流继电器的动作与线圈通过的电流大小有关，使用时和负载串联，因此，要求电流继电器的线圈匝数少、导线粗、阻抗小。电流继电器又分欠电流继电器和过电流继电器，其符号如图 8-10 所示。

视频 8.17　电压继电器

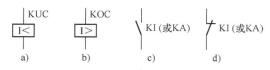

视频 8.18 电流
继电器

图 8-10 电流继电器的符号

a）欠电流继电器线圈 b）过电流继电器线圈 c）动合触头 d）动断触头

（1）欠电流继电器

正常工作时，欠电流继电器的衔铁处于吸合状态。如果电路中负载电流过低，并且低于欠电流继电器线圈的释放电流时，其衔铁打开，触头复位，从而切断电气设备的电源。通常，欠电流继电器的吸合电流为额定电流值的 30%～65%，释放电流为额定电流值的 10%～20%。

（2）过电流继电器

过电流继电器线圈在额定电流值时，衔铁不产生吸合动作，只有当负载电流超过一定值时才产生吸合动作。过电流继电器常在电力拖动控制系统中起保护作用。通常，交流过电流继电器的吸合电流整定范围为额定电流的 1.1～4 倍，直流过电流继电器的吸合电流整定范围为额定值的 0.7～3.5 倍。

视频 8.19 中
间继电器

4. 中间继电器

中间继电器是用来增加控制电路中的信号数量或将信号放大的继电器，本质上是一种电压继电器，其结构和工作原理与接触器相同。中间继电器触头没有主辅之分，各对触头允许通过的电流大小相同，一般不超过 5 A。因此，对于工作电流小于 5 A 的电气控制电路，可用中间继电器代替接触器实施控制。

中间继电器的触头数量较多，能够将一个输入信号变成多个输出信号。当其他继电器或接触器触头数量不够时，可利用中间继电器作为执行元件来切换多条控制电路，这时中间继电器被当作一级放大器用。

常用的中间继电器有 JZ7 和 JZ8 两种系列，JZ7 为交流中间继电器；JZ8 为交直流两用中间继电器，其触头的额定电流为 5A，可用于直接起动小型电动机或接通电磁阀、气阀线圈等。

8.4.4 三相双速异步电动机变极调速运行的 PLC 控制过程

三相双速异步电动机变极调速运行的 PLC 控制硬件接线图如图 8-3 所示，PLC 程序如图 8-4 所示。其控制过程是：图 8-3 中，当合上电源开关 QF，按下起动按钮 SB2 时，PLC 的输入端子 X001 得电，图 8-4PLC 程序中输入继电器 X001 闭合，驱动输出继电器 Y001、辅助继电器 M0 和定时器 T0 的线圈吸合。Y001 的线圈吸合使图 8-3 中 PLC 的输出端子 Y001 得电，驱动中间继电器 KA1 和交流接触器 KM1 的线圈得电吸合，主电路中 KM1 的主触头闭合，电动机以△联结做低速运转；图 8-4PLC 程序中 M0 的线圈吸合并自锁，确保 KM1 的线圈保持吸合，从而使电动机连续运转；T0 的线圈吸合开始计时。图 8-4 中，当 T0 的计时脉冲到达时，串联在 Y001 线圈逻辑行的 T0 动断触头断开，使 Y001 的线圈释放，主电路中 KM1 的主触头断开；而串联在输出继电器 Y002 线圈逻辑行的 T0 动合触头闭合，使 Y002 的线圈吸合，图 8-3 中 PLC 的输出端子 Y002 得电，驱动中间继电器 KA2、KA3 和交流接触器 KM2、KM3 的线圈得电吸合，主电路中 KM2 和 KM3 的主触头闭合，从而使电动机自动切换为以双丫联结做高速运转。图 8-3 中，当按下停止按钮 SB1 或模拟过热状态按下 FR 时，PLC 的输入端子 X000 或

X002 得电，图 8-4 程序中输入继电器 X000 或 X002 的动断触头断开，PLC 的所有输出端子失电，主电路中交流接触器的主触头断开，系统停止运行。

视频 8.20　变极调
速运行的 PLC 控制

动画 8.2　变极调
速运行的 PLC 控制

8.5　知识点拓展

8.5.1　三速电动机的控制

在结构上，三速电动机的内部一般装设两套独立的定子绕组。工作时，通过改变绕组的组合方式而得到不同的磁极对数，从而得到不同的电动机转速以达到调速的目的。三相三速异步电动机变极调速运行的继电器-接触器控制电路原理图如图 8-11 所示。

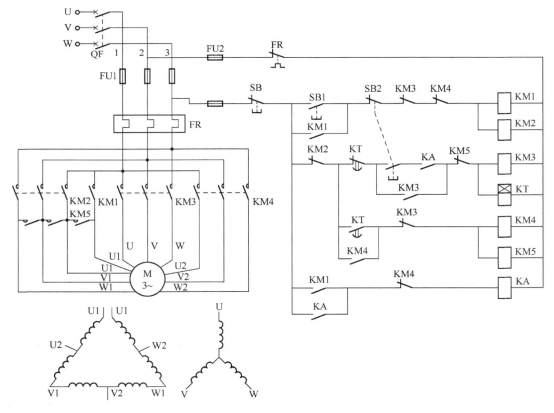

图 8-11　三相三速异步电动机变极调速运行的继电器-接触器控制电路原理图

工作原理是：当闭合电源开关 QF，按下起动按钮 SB1 时，交流接触器 KM1 和 KM2 的线圈得电吸合并通过 KM1 形成自锁，主电路中 KM1 和 KM2 的主触头闭合，电动机以△联结做低速连续运转；同时，中间继电器 KA 的线圈得电吸合并自锁。当按下调速按钮 SB2 时，KM1 和 KM2 的线圈失电释放，而交流接触器 KM3 和时间继电器 KT 的线圈得电吸合并通过 KM3 形成自锁，主电路中 KM3 的主触头闭合，电动机以单丫联结做中速运转；同时，KT 开始计时。当 KT 设置的延时时间到达时，连接在 KM3 线圈线路中的 KT 动断触头断开，使 KM3 和 KT 的线圈失电释放；而连接在交流接触器 KM4 和 KM5 线圈线路中的 KT 动合触头闭合，使 KM4 和 KM5 的线圈同时得电吸合并通过 KM4 形成自锁，从而使电动机自动切换为以双丫联结做高速运行。当按下停止按钮 SB 或电动机过载时，电路中所有继电器或接触器的线圈均失电释放，系统停止运行。该电路的 PLC 控制请自行分析。

8.5.2　直流电动机的控制电路

直流电动机具有良好的起动、制动及调速性能，易实现自动控制。虽然直流电动机有多种励磁方式，但其控制电路基本相同。直流电动机正反转、调速及制动的控制电路如图 8-12 所示。

1. 电路组成

1）直流电源部分。如图 8-12a 所示，它由一个交流 220 V/127 V 的降压变压器和一个桥式全波整流器组成，将 220 V 的交流电变成 110 V 的直流电提供给直流电动机。

2）主电路部分。如图 8-12b 所示，它主要由励磁绕组 T1T2、电枢绕组 S1S2 及调速电阻 R1（可调绕线式电阻）和制动电阻 R2 组成。该电动机为并励式直流电动机，当接通交流 220 V 电源时，励磁绕组 T1T2 就接在 DC 110 V 的电源上，当 KM1 主触头闭合时（其辅助动断触头断开），电流从电源的正极经左边的 KM1 主触头、R1、电枢绕组 S1S2 及右边的 KM1 主触头回电源负极，此时电动机正转。由于 R1 与电枢绕组 S1S2 串联，故电动机低速正转运行。当 KA1 动合触头闭合时，R1 只有一部分与电枢绕组 S1S2 串联，此时电动机中速运行；当 KA2 动合触头闭合时，R1 被短接，此时电动机高速运行。当 KM1 主触头断开时，KM1 辅助动断触头闭合，此时电枢绕组 S1S2 与 R2 构成制动回路，将电枢绕组 S1S2 的能量在 R2 上消耗。当左边 KM2 主触头闭合时（其辅助动断触头断开），电流从电源的正极经左边的 KM2 主触头、电枢绕组 S2S1、R1 及右边的 KM2 主触头回电源负极，此时电动机反转。

3）控制电路部分。如图 8-12c 所示，通过控制电路的动作来控制直流电动机的正反转、调速及制动。

2. 工作过程

电路通电后，按下起动按钮，电枢回路串附加电阻器 R1 起动；电动机运转后，通过 SQ3 使 KA1 工作，电枢回路的电阻减小，电动机加速运转；再通过 SQ4 使 KA2 工作，电动机再次加速。此控制电路通过改变 R1 阻值达到电动机调速的目的。电动机转向的改变是通过 KM1、KM2 工作后流入电枢电流的极性不同而改变电动机的转向。若想停机，则通过 SQ1、SQ2 动作，使 KM1 和 KM2 的线圈失电释放，其主触头断开，使电动机电枢脱离电源，脱离电源的电动机电枢与附加电阻 R2 串接起来形成制动回路。

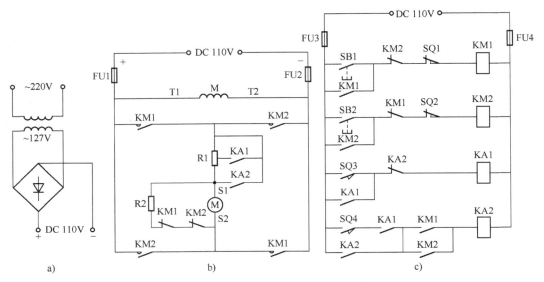

图 8-12 直流电动机正反转、调速及制动控制电路

a）直流电源 b）主电路 c）控制电路

8.6 任务延展

1. 为两台电动机设计 1 个控制电路，其中 1 台为双速电动机，控制要求如下：
1）两台电动机互不影响地独立操作；
2）能同时控制两台电动机的起动与停止；
3）双速电动机为低速起动高速运转；
4）当 1 台电动机过载，两台电动机均停止。
2. 直流电动机的调速方法有哪几种？
3. 编写三速电动机控制的 PLC 程序。

8.7 实训 2 三相异步电动机的顺序起动、逆序停止运行控制

1. 实训目的

1）掌握三相异步电动机顺序起动、逆序停止运行的继电器-接触器控制工作原理和 PLC 控制工作过程。

2）掌握三相异步电动机顺序起动、逆序停止运行两种控制电路的安装、编程、调试和运行等，会判断并排除电路故障。

2. 实训设备

网孔板 1 块、可编程控制器实训装置 1 台、通信电缆 1 根、计算机 1 台、低压断路器 1 个、熔断器 5 个、交流接触器 2 个、热继电器 2 个、按钮 4 个、三相异步电动机 2 台、剥线钳 1 把、平口和十字螺钉旋具（螺丝刀）各 1 把、实训导线若干、万用表 1 只。

3. 实训内容

（1）继电器–接触器控制

绘制工程电路原理图，选择与检查元器件，绘制工程布局布线图，安装与调试电路。

（2）PLC 控制

I/O 分配（包含 I/O 分配表、主电路和 PLC 的 I/O 接线图），软件编程，工程调试。

（3）整理器材

实训完成后，整理好所用器材、工具，按照要求放置到规定位置。

4. 实训思考

1）若按下第一台电动机起动按钮后，两台电动机同时起动，则问题可能出在哪些地方？

2）若未按下第一台电动机起动按钮，而是直接按下第二台电动机起动按钮后，第二台电动机就开始起动，则问题可能出在哪些地方？

3）若按下第一台电动机停止按钮，两台电动机就同时停转，则问题可能出在哪些地方？

4）如何添加时间继电器或定时器实现自动控制？

5. 实训报告

撰写实训报告。

模块二　PLC 步进顺序控制设计及其应用

任务 9　基于状态继电器的彩灯循环点亮运行控制

9.1　任务目标

- 会描述基于状态继电器的彩灯循环点亮运行 PLC 控制的工作过程。
- 掌握三菱 PLC 的软元件之状态继电器和步进顺控指令。
- 掌握状态转移图的三要素。
- 会利用实训设备完成基于状态继电器的彩灯循环点亮运行 PLC 控制电路的安装、编程调试和运行等，会判断并排除电路故障。
- 会根据基于状态继电器的 PLC 单流程程序设计方法，绘制状态转移图并编写程序。
- 具有分析和解决问题的能力以及逻辑思维能力；具有诚实守信和遵守规章制度及生产安全的意识；具有自我管理能力和职业生涯规划的意识。

9.2　任务描述

彩灯循环点亮运行 PLC 控制要求是：控制系统由黄、绿、红 3 盏灯组成，按下起动按钮后黄灯亮，1 s 后黄灯灭绿灯亮，1 s 后绿灯灭红灯亮，1 s 后黄灯亮……如此无限循环，随时按停止按钮，系统停止运行。用基于状态继电器单流程的 PLC 步进顺序控制设计方法实现控制。

9.3　任务实施

利用实训设备完成基于状态继电器的彩灯循环点亮运行 PLC 控制电路的安装、编程、调试、运行及故障排除。

视频 9.1　展示控制效果

1. 基于状态继电器的彩灯循环点亮运行的 PLC 控制效果

2. I/O 分配

1）I/O 分配表。根据基于状态继电器的彩灯循环点亮运行的 PLC 控制要求，需要输入设备 2 个，即按钮；需要输出设备 3 个，即指示灯。其 I/O 分配见表 9-1。

表 9-1　基于状态继电器的彩灯循环点亮运行 PLC 控制的 I/O 分配表

输　入			输　出		
电气符号	输入端子	功　能	电气符号	输出端子	功　能
SB1	X000	停止按钮	HL1	Y000	黄灯

（续）

输　　入			输　　出		
电气符号	输入端子	功　　能	电气符号	输出端子	功　　能
SB2	X001	起动按钮	HL2	Y001	绿灯
—	—	—	HL3	Y002	红灯

2）硬件接线图。基于状态继电器的彩灯循环点亮运行 PLC 控制的硬件接线图如图 9-1 所示。

视频 9.2　I/O 分配及接线

3. 状态转移图

基于状态继电器的彩灯循环点亮运行 PLC 控制的状态转移图如图 9-2 所示。

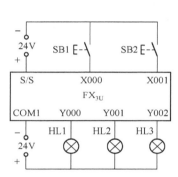

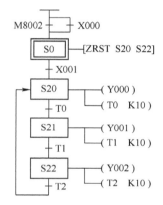

视频 9.3　绘制状态转移图

图 9-1　基于状态继电器的彩灯循环点亮运行 PLC 控制的硬件接线图

图 9-2　基于状态继电器的彩灯循环点亮运行 PLC 控制的状态转移图

视频 9.4　编写程序

4. 软件编程

根据状态转移图编写基于状态继电器的彩灯循环点亮运行的 PLC 程序如图 9-3 所示。

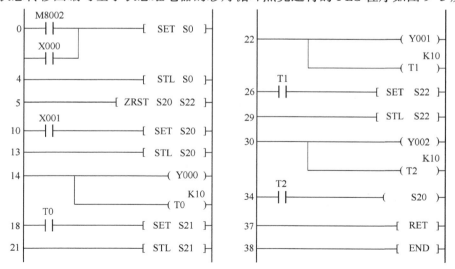

a)

图 9-3　基于状态继电器的彩灯循环点亮运行的 PLC 程序

a）梯形图程序

0	LD	M8002			14	OUT	Y000			27	SET	S22	
1	OR	X000			15	OUT	T0	K10		29	STL	S22	
2	SET	S0			18	LD	T0			30	OUT	Y002	
4	STL	S0			19	SET	S21			31	OUT	T2	K10
5	ZRST	S20	S22		21	STL	S21			34	LD	T2	
10	LD	X001			22	OUT	Y001			35	OUT	S20	
11	SET	S20			23	OUT	T1	K10		37	RET		
13	STL	S20			26	LD	T1			38	END		

b)

图 9-3　基于状态继电器的彩灯循环点亮运行的 PLC 程序（续）

b）指令表程序

5. 工程调试

在断电状态下连接好电缆，将 PLC 运行模式选择开关拨到 "STOP" 位置，使用编程软件编程并下载到 PLC 中。将 PLC 运行模式选择开关拨到 "RUN" 位置进行观察。如果出现故障，学生应独立检修，直到排除故障。调试完成后整理器材。

视频 9.5　调试程序

9.4　任务知识点

9.4.1　基于状态继电器的彩灯循环点亮运行的 PLC 控制过程

基于状态继电器的彩灯循环点亮运行 PLC 控制的硬件接线图如图 9-1 所示，状态转移图如图 9-2 所示，PLC 程序如图 9-3 所示。PLC 控制过程是：PLC 通电并将运行模式选择开关拨到 "RUN" 位置，此时图 9-2 状态转移图和图 9-3 PLC 程序中的 M8002 产生一个初始脉冲，激活初始状态 S0。在图 9-3 PLC 程序中用［SET S0］表示置位该状态；用［STL S0］表示激活并进入该状态，然后执行其后的指令，即区间复位 S20 至 S22 之间所有的状态。

图 9-1 中，当按下起动按钮 SB2 时，PLC 的输入端子 X001 得电，图 9-2 状态转移图和图 9-3 PLC 程序中的输入继电器 X001 的动合触头闭合，状态转移图由 S0 状态转移到 S20 状态，激活 S20 状态；PLC 程序中则是通过指令［SET S20］和［STL S20］来实现状态的转移和激活；S20 状态激活的同时自动将 S0 状态复位，即 S0 状态内所有驱动被复位。激活 S20 后，立即执行其后的指令，即驱动输出继电器 Y000 和定时器 T0 的线圈吸合，Y000 线圈吸合即图 9-1 中 PLC 的输出端子 Y000 得电，驱动指示灯 HL1 黄灯点亮；T0 线圈吸合开始计数 10 个脉冲，也即黄灯亮 1 s。

图 9-2 和图 9-3 中，当 T0 计时达到 1 s 时，定时器 T0 的动合触头闭合，状态转移图由 S20 状态转移到 S21 状态，激活 S21 状态；PLC 程序中通过指令［SET S21］和［STL S21］来实现状态的转移和激活；S21 状态激活的同时自动将 S20 状态复位，即 Y000 和 T0 的线圈释放，图 9-1 中 PLC 的输出端子 Y000 失电，黄灯熄灭，T0 的值复位为 0。同理，激活 S21 后，驱动 Y001 和 T1 的线圈吸合，图 9-1 中输出端子 Y001 得电驱动指示灯 HL2 绿灯点亮；T1 开始计数 10 个脉冲，绿灯亮 1 s。

同理，当 T1 计时达到 1 s 时，状态转移图和 PLC 程序均由 S21 状态转移到 S22 状态，激活 S22 状态，驱动 Y002 和 T2 的线圈吸合，输出端子 Y002 得电驱动指示灯 HL3 红灯点亮，T2 开始计数 10 个脉冲，红灯亮 1 s；同时自动将 S21 状态复位，即 Y001 和 T1 的线圈释放，PLC 的输出端子 Y001 失电，绿灯熄灭，T1 的值复位为 0。

当 T2 计时达到 1 s 时，状态转移图和 PLC 程序均由 S22 状态转移回 S20 状态，即重新激活 S20 状态，黄灯又开始点亮；同时自动将 S22 状态复位，即 Y002 和 T2 的线圈释放，PLC 的输出端子 Y002 失电，红灯熄灭，T2 的值复位为 0。如此循环，三盏灯每隔 1 s 依次点亮。直到按下图 9-1 中停止按钮 SB1 时，PLC 的输入端子 X000 得电，图 9-2 和图 9-3 状态转移图和 PLC 程序中的输入继电器 X000 的动合触头闭合，激活初始状态 S0，执行其后的区间复位指令，即将 S20 至 S22 之间所有的状态和所有的指令全部复位，所有的灯全部熄灭，系统停止运行。

视频 9.6　基于状态继电器的
彩灯循环点亮运行 PLC 控制

动画 9.1　基于状态继电器的
彩灯循环点亮运行 PLC 控制

视频 9.7　PLC
软元件之状态
继电器

9.4.2　PLC 软元件之状态继电器（S）

状态继电器是构成状态转移图的重要软元件，它与后述的步进顺控指令配合使用，其分类见表 9-2。

表 9-2　FX 系列 PLC 的状态继电器

分　类	FX₂N/FX₂NC	FX₃U	备　注
初始化及返回原点状态继电器	初始化用 10 点，S0～S9 返回原点用 10 点，S10～S19	初始化用 10 点，S0～S9	根据设定的参数，可以更改为停电保持区域（若使用 IST 指令，则 S10～S19 不可用作通用状态继电器）
通用状态继电器	480 点，S20～S499	490 点，S10～S499	
锁存状态继电器	400 点，S500～S899	400 点，S500～S899	根据设定的参数，可以更改为非停电保持区域
信号报警器	100 点，S900～S999	100 点，S900～S999	
锁存状态继电器	—	3096（S1000～S4095）	不能根据参数更改为非停电保持区域

9.4.3　基于状态继电器的 PLC 状态转移图

1. 流程图

彩灯循环点亮实际上是一个顺序控制，整个控制过程可分为 4 个阶段（或称为工序）：初始化、黄灯亮、绿灯亮、红灯亮。每个阶段又分别完成如下的工作（也称为动作）：初始及停止复位，亮黄灯、延时，亮绿灯、延时，亮红灯、延时。各个阶段之间只要满足条件（如计时时间到）就可以过渡（也称为转移）到下一阶段。因此，可以画出其工作流程图，如图 9-4 所示。

2. 状态转移图

图 9-2 是图 9-4 流程图对应的状态转移图，它们之间的

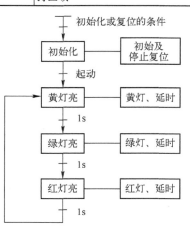

图 9-4　彩灯循环点亮运行
PLC 控制的流程图

对应关系可以理解为：一是将流程图中的每一个工序用 PLC 的一个状态继电器来表示；二是将流程图中每个工序要完成的动作用 PLC 的指令来实现；三是将流程图中各个工序之间的转移条件用 PLC 的触头或电路块来替代；四是流程图中的箭头方向就是 PLC 状态转移图中的转移方向。

（1）设计状态转移图的方法和步骤

1）将整个控制过程按任务要求分解成若干工序，每一工序对应一个状态（即步），为其分配状态继电器。

2）明确每个状态的功能。基于状态继电器的彩灯循环点亮运行 PLC 控制系统各状态功能见表 9-3。

表 9-3　基于状态继电器的彩灯循环点亮运行 PLC 控制系统各状态功能

状态继电器	工　序	状态功能
S0	PLC 初始及停止复位	复位 S20~S22 之间所有的状态
S20	黄灯亮、延时	驱动 Y000、T0 的线圈，使黄灯亮 1 s
S21	绿灯亮、延时	驱动 Y001、T1 的线圈，使绿灯亮 1 s
S22	红灯亮、延时	驱动 Y002、T2 的线圈，使红灯亮 1 s

3）找出每个状态的转移条件和方向，即在什么条件下将下一个状态"激活"。基于状态继电器的彩灯循环点亮运行 PLC 控制系统各状态转移条件见表 9-4。

表 9-4　基于状态继电器的彩灯循环点亮运行 PLC 控制系统各状态转移条件

状态继电器转移过程	各状态转移条件
S0	表示初始脉冲 M8002 或停止的输入继电器 X000（动合触头），二者是"或"的关系
S20	表示起动的输入继电器 X001 或从 S22 来的定时器 T2 的延时动合触头，二者是"或"的关系
S21	定时器 T0 的延时动合触头
S22	定时器 T1 的延时动合触头

4）根据控制要求或工艺要求，画出状态转移图。经过以上 3 步，可画出基于状态继电器的彩灯循环点亮运行 PLC 控制系统的状态转移图如图 9-2 所示。

（2）状态转移图的三要素

状态转移图包含状态步、驱动负载、状态转移方向及条件三个要素，如图 9-5 所示。

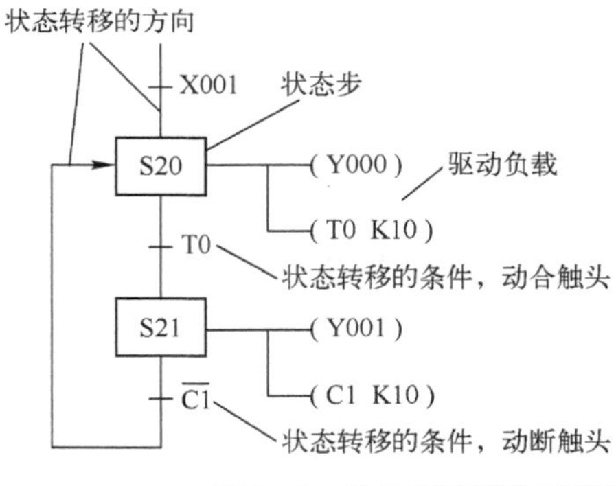

（3）状态转移图的理解

视频 9.8　状态转移图

图 9-5　状态转移图的三要素

状态转移图运行时每次只有一个状态处于激活状态，当某状态被激活时，则该状态的负载驱动和转移处理才有可能执行，否则将不被执行。可以将状态转移图理解为"接力赛跑"，每段接力只有一个选手在跑，当跑完自己这一棒时，接力棒传给下一个人，就由下一个人去跑，自己的赛程就结束了。或者可以理解为每一状态内部是各自独立的，互不影响，各个状态之间只有转移方向和条件的关联。

9.4.4　PLC 步进顺控指令（STL，RET）

FX_{3U} 系列 PLC 的步进顺控指令有两条：步进触头指令（STL）和步进返回指令（RET），程序步数均为 1 步。

1. 步进触头指令（STL）

STL 指令的作用为激活某个状态。在梯形图上体现为从母线上引出的状态触头，有建立子母线的功能，以使该状态的所有操作均在子母线上进行。

2. 步进返回指令（RET）

RET 指令用于返回主母线。当步进顺控程序执行完毕时，RET 指令使非状态程序的操作在主母线上完成，防止出现逻辑错误。状态转移程序的结尾必须使用 RET 指令。

3. 区间复位指令（ZRST）

区间复位指令见表 9-5。

表 9-5　区间复位指令

符号	名称	功　能	梯形图示例	指令表	操作元件	程序步
ZRST	区间复位指令	将两个目标操作数之间所有的值复位	M8002 ┤├ ─[ZRST　S20　S30]─ ─[ZRST　C0　C5]─ ─[ZRST　Y000　Y007]─	LD M8002 ZRST S20 S30 ZRST C0 C5 ZRST Y000 Y007	Y、M、S、T、C、D	5

4. 状态转移图的编程

根据状态转移图编写 PLC 程序的原则为：先进行负载的驱动处理，然后进行状态的转移处理。图 9-2 状态转移图的梯形图程序如图 9-3a 所示，指令表程序如图 9-3b 所示。

根据状态转移图编写 PLC 程序的注意事项：

1）状态编程顺序为：先进行驱动，再进行转移，不能颠倒。

2）对状态处理，编程时必须使用步进触头指令 STL。

3）程序的最后必须使用步进返回指令 RET，返回主母线。

4）初始状态可由其他状态驱动，但运行开始时必须用其他方法预先做好驱动准备，否则状态流程不可能向下进行。一般用系统的初始条件来驱动，若无初始条件，可用 M8002 进行驱动。需在停电恢复后继续原状态运行时，可使用 S500~S899 停电保持状态元件。

5）驱动负载可以使用 OUT 指令输出，但对于无保持功能的软元件，一旦进行状态转移后，此软元件的值将被全部复位。驱动负载也可以使用 SET 指令进行置位操作，此时其值不会随着状态的转移而被复位，直到使用 RST 指令后才会将其复位。一个状态下可以驱动多个负载，使用连续输出方式输出。同一个负载线圈可以同时出现在多个状态中，因为同一个程序运行时只有一个状态处于激活状态，因此不同时"激活"的"双线圈"是允许的。相邻状态使用的 T、C 元件，编号不能相同。

6）负载的驱动和状态转移条件都可能为多个元件的逻辑组合，视具体情况，按串、并联关系处理。

7）若从后续状态转移到前继状态，不能用 SET 指令进行状态转移，应改用 OUT 指令进行状态转移。

8）在 STL 与 RET 之间不能使用 MC、MCR 指令。

视频 9.9　步进顺控指令

9.4.5 基于状态继电器单流程的 PLC 控制

所谓单流程就是指状态转移只有一个流程，没有其他分支。由单流程构成的状态转移图就叫单流程状态转移图。

1. 基于状态继电器的单流程控制的程序设计方法和步骤

1）根据控制要求，列出 PLC 的 I/O 分配表，画出 I/O 硬件接线图。

2）根据状态转移图的三要素绘制控制系统的状态转移图。

① 将整个工作过程按工序进行分解，每个工序对应一个状态，将其分为若干个状态。

② 理解每个状态的功能和作用，即设计驱动程序。

③ 确定每个状态的转移方向和条件。

3）根据状态转移图编写指令表或梯形图程序。

2. 实例讲解

使用步进顺控的设计方法编制以下控制要求的程序：按下起动按钮，两盏指示灯间隔 0.5 s 交替闪烁 5 次停止。

（1）I/O 分配

1）I/O 分配表。根据指示灯交替点亮 PLC 控制要求，需要输入设备 1 个，即起动按钮；输出设备 2 个，即两盏指示灯。其 I/O 分配见表 9-6。

表 9-6　指示灯交替点亮 PLC 控制的 I/O 分配表

输　　入			输　　出		
电气符号	输入端子	功　　能	电气符号	输出端子	功　　能
SB	X001	起动按钮	HL1	Y000	指示灯 1
—	—	—	HL2	Y001	指示灯 2

2）硬件接线图。指示灯交替点亮 PLC 控制的硬件接线图如图 9-6 所示。

（2）状态转移图

根据控制要求，指示灯交替点亮 PLC 控制的状态转移图如图 9-7 所示。

视频 9.10　单流程的程序设计

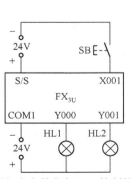

图 9-6　指示灯点交替点亮 PLC 控制的硬件接线图

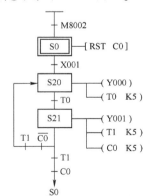

图 9-7　指示灯交替点亮 PLC 控制的状态转移图

（3）软件编程

图 9-7 所示指示灯交替点亮 PLC 控制状态转移图的程序如图 9-8 所示。

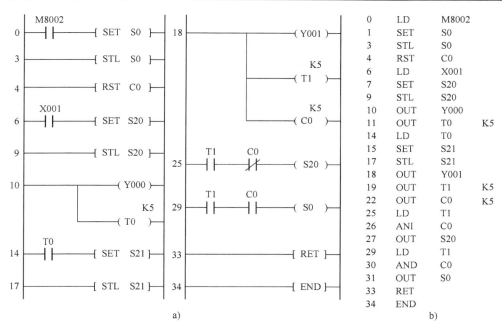

图 9-8　指示灯交替点亮 PLC 控制的程序

a）梯形图程序　b）指令表程序

9.5　知识点拓展

某运料小车的运行控制示意图如图 9-9 所示。用基于状态继电器单流程的 PLC 步进顺序控制设计方法实现控制，控制要求为：运料小车到装料处装料，料斗放料，小车装料需 10 s，然后小车运行到卸料处卸料（需 10 s），再返回装料处。

1. I/O 分配

（1）I/O 分配表

根据运料小车运行 PLC 控制要求，需要输入设备 3 个，即 1 个起动按钮、2 个限位开关；输出设备 4 个，即控制小车左右行、料斗放料和小车卸料的交流接触器。其 I/O 分配见表 9-7。

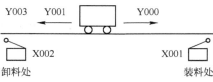

图 9-9　运料小车运行控制示意图

表 9-7　运料小车 PLC 控制的 I/O 分配表

输　入			输　出		
电气符号	输入端子	功　能	电气符号	输出端子	功　能
SQ1	X001	右限位开关	KM1	Y000	小车右行的交流接触器
SQ2	X002	左限位开关	KM2	Y001	小车左行的交流接触器
SB	X003	起动按钮	KM3	Y002	料斗放料的交流接触器
—	—	—	KM4	Y003	小车卸料的交流接触器

（2）硬件接线图

请自行绘制运料小车运行 PLC 控制的 I/O 接线图。

2. 状态转移图

运料小车运行 PLC 控制的状态转移图如图 9-10 所示。

3. 软件编程

请根据状态转移图自行分析其梯形图程序或指令表程序。

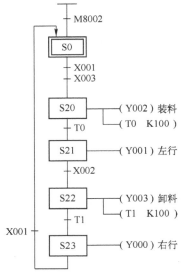

图 9-10　运料小车运行 PLC 控制的状态转移图

视频 9.11　运料
小车运行的
PLC 控制

9.6　任务延展

1. 使用基于状态继电器单流程的 PLC 步进顺序控制设计方法实现控制，控制要求为：当按下起动按钮后，3 台电动机 M1、M2、M3 按先后顺序间隔 5 s 依次起动运行；当 M3 运行 10 s 后，M1、M2、M3 再按相反的顺序间隔 5 s 依次停止运行；当 M1 停止 5 s 后，程序重新循环一遍停止。程序要有停止按钮，3 台电动机使用同一个输入信号做过载保护。

2. 如图 9-11 所示两条运输带顺序相连，按下起动按钮，2 号运输带开始运行，5 s 后 1 号运输带自动起动。停机的顺序刚好相反，间隔仍为 5 s。使用基于状态继电器单流程的 PLC 步进顺序控制设计方法实现控制。

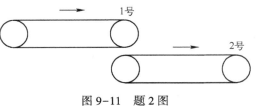

图 9-11　题 2 图

任务 10　基于状态继电器的三相异步电动机正、反转运行控制

10.1　任务目标

- 会描述基于状态继电器的三相异步电动机正、反转运行 PLC 控制的工作过程。
- 掌握基于状态继电器的选择性流程分支和汇合的编程方法。
- 会利用实训设备完成基于状态继电器的机械手运行 PLC 控制电路的安装、编程、调试和运行等，会判断并排除电路故障。
- 会根据基于状态继电器的 PLC 选择性流程程序设计方法，绘制状态转移图并编写程序。
- 具有诚实守信和遵守规章制度及生产安全的意识；具有精益求精的工匠精神和团队协作精神；具有分析和解决问题的能力以及举一反三的能力；具有运用多种方法编写程序的创新思维。

10.2　任务描述

三相异步电动机正、反转运行的要求：当按下正转起动按钮并松开时，电动机正转起动并保持连续运转，直到按下停止按钮或过载时，电动机才停止运转；当按下反转起动按钮并松开时，电动机反转起动并保持连续运转，直到按下停止按钮或过载时，电动机才停止运转。用基于状态继电器选择性流程的 PLC 步进顺序控制设计方法实现控制。

10.3　任务实施

视频 10.1　展示控制效果

利用实训设备完成基于状态继电器的三相异步电动机正、反转运行 PLC 控制电路的安装、编程、调试、运行及故障排除。

1. 基于状态继电器的三相异步电动机正、反转运行的 PLC 控制效果

2. I/O 分配

1）I/O 分配表。根据基于状态继电器的三相异步电动机正、反转运行的
PLC 控制要求，需要输入设备 4 个，即 3 个按钮和 1 个热继电器；需要输出设备 2 个，即用来控制电动机运行的交流接触器。其 I/O 分配见表 10-1。

表 10-1　基于状态继电器的三相异步电动机正、反转运行 PLC 控制的 I/O 分配表

输　入			输　出		
电气符号	输入端子	功　能	电气符号	输出端子	功　能
SB	X000	停止按钮	KM1	Y001	电动机正转的交流接触器
SB1	X001	正转起动按钮	KM2	Y002	电动机反转的交流接触器
SB2	X002	反转起动按钮	—	—	—
FR	X003	过载保护	—	—	—

2）硬件接线图。基于状态继电器的三相异步电动机正、反转运行 PLC 控制的硬件接线图如图 10-1 所示。

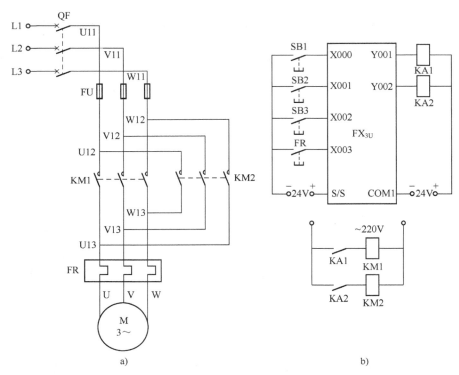

图 10-1　基于状态继电器的三相异步电动机正、反转运行 PLC 控制的硬件接线图

a）主电路　b）PLC 的 I/O 接线图

视频 10.2　I/O 分配及接线

3. 状态转移图

基于状态继电器的三相异步电动机正、反转运行 PLC 控制的状态转移图如图 10-2 所示。

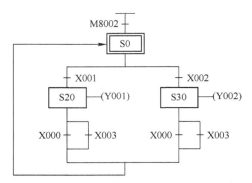

图 10-2　基于状态继电器的三相异步电动机正、反转运行 PLC 控制的状态转移图

视频 10.3　绘制状态转移图

4. 软件编程

根据状态转移图编写基于状态继电器的三相异步电动机正、反转运行的 PLC 程序如图 10-3 所示。

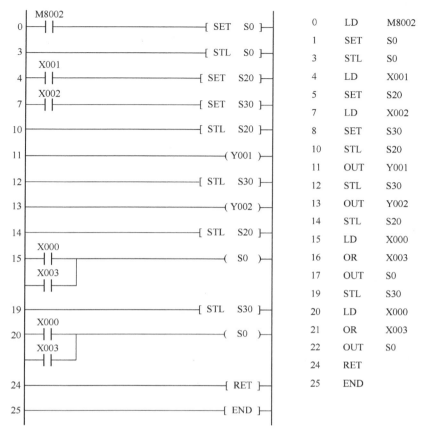

0	LD	M8002
1	SET	S0
3	STL	S0
4	LD	X001
5	SET	S20
7	LD	X002
8	SET	S30
10	STL	S20
11	OUT	Y001
12	STL	S30
13	OUT	Y002
14	STL	S20
15	LD	X000
16	OR	X003
17	OUT	S0
19	STL	S30
20	LD	X000
21	OR	X003
22	OUT	S0
24	RET	
25	END	

视频 10.4　编写程序

图 10-3　基于状态继电器的三相异步电动机正、反转运行的 PLC 程序
a）梯形图程序　b）指令表程序

5. 工程调试

在断电状态下连接好电缆，将 PLC 运行模式选择开关拨到 "STOP" 位置，使用编程软件编程并下载到 PLC 中。启动电源，并将 PLC 运行模式选择开关拨到 "RUN" 位置进行观察。如果出现故障，学生应独立检修，直到排除故障。调试完成后整理器材。

视频 10.5　调试程序

10.4　任务知识点

10.4.1　基于状态继电器的三相异步电动机正、反转运行的 PLC 控制过程

基于状态继电器的三相异步电动机正、反转运行 PLC 控制的硬件接线图如图 10-1 所示，状态转移图如图 10-2 所示，PLC 程序如图 10-3 所示。PLC 控制过程是：图 10-1 中，合上电源开关 QF，PLC 通电并将运行模式选择开关拨到 "RUN" 位置，此时图 10-2 和图 10-3 的状态转移图和 PLC 程序中的 M8002 产生一个初始脉冲，激活初始状态 S0。

图 10-1 中，当按下正转起动按钮 SB2 时，PLC 的输入端子 X001 得电，图 10-2 和图 10-3 状态转移图和 PLC 程序中的输入继电器 X001 的动合触头闭合，状态转移图由 S0 状态转移到 S20 状态，激活 S20；PLC 程序中则是通过指令 [SET S20] 和 [STL S20] 来实现状态的转移

和激活；S20 状态激活的同时自动将 S0 状态复位。激活 S20 后，立即执行其后的指令，即驱动输出继电器 Y001 的线圈吸合，图 10-1 中 PLC 的输出端子 Y001 得电，驱动 KA1 和 KM1 的线圈得电吸合，主电路中 KM1 的主触头闭合，电动机正向起动运转，只要不离开 S20 状态，电动机就连续运转。

图 10-1 中，当电动机停止状态时按下反转起动按钮 SB3，PLC 的输入端子 X002 得电，图 10-2 和图 10-3 的状态转移图和 PLC 程序中的输入继电器 X002 的动合触头闭合，状态转移图由 S0 状态转移到 S30 状态，激活 S30；PLC 程序中则是通过指令［SET S30］和［STL S30］来实现状态的转移和激活；S30 状态激活的同时自动将 S0 状态复位。激活 S30 后，立即执行其后的指令，即驱动输出继电器 Y002 的线圈吸合，图 10-1 中 PLC 的输出端子 Y002 得电，驱动 KA2 和 KM2 的线圈得电吸合，主电路中 KM2 的主触头闭合，电动机反向起动运转，只要不离开 S30 状态，电动机就连续运转。

无论正转还是反转状态，当按下图 10-1 中的停止按钮 SB1 或过载时，PLC 的输入端子 X000 或 X003 得电，图 10-2 和图 10-3 的状态转移图和 PLC 程序中的输入继电器 X000 或 X003 的动合触头闭合，均由 S20 或 S30 状态转移回 S0 状态，即重新激活 S0 状态；同时自动将 S20 或 S30 状态复位，即 Y001 或 Y002 的线圈释放，图 10-1 中 PLC 的输出端子 Y001 或 Y002 失电，主电路中 KM1 或 KM2 的主触头断开，电动机停止运转。需要注意的是，正转状态下若按下反转起动按钮 SB3，电动机是不会立即执行反向起动的，因为正转支路的运行并没有结束，必须按下停止按钮或过载时，使程序返回 S0 的状态，正转运行才结束。同理，反转状态下按下正转起动按钮 SB2，电动机也不会立即执行正向起动。这就是选择性流程的特点，即每次只有一条选择性分支是处于激活状态。

视频 10.6　基于状态继电器的
正、反转运行 PLC 控制工作过程

动画 10.1　基于状态继电器的正、反转运行 PLC 控制

10.4.2　基于状态继电器选择性流程的 PLC 控制

1. 选择性流程程序的状态转移图结构形式

状态转移图由两条及两条以上的分支流程组成，但只能从中选择 1 条分支流程执行的程序，称为选择性流程程序。选择性流程程序的状态转移图结构形式如图 10-4 所示。

2. 选择性流程程序的编程

选择性流程的编程思想总体上与单流程的编程是一样的，即先进行驱动处理，然后进行转移处理，所有的转移处理按顺序执行，简称先驱动后转移。所不同的是选择性流程的分支点和汇合点的编程方法不一样，下面分别介绍。

（1）选择性流程程序分支点的编程

选择性流程程序在分支点时是分别通过条件转移到各分支的第一个状态，为程序的运行做准备，然后再分别编写各分支的其他状态及驱动，一旦某分支的条件满足时，即刻执行该分支的所有状态。图 10-4 状态转移图分支点的指令表程序见表 10-2，各分支运行的指令表程序见表 10-3。

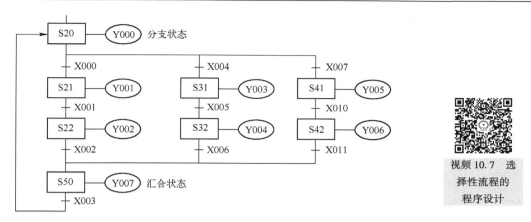

视频 10.7　选择性流程的程序设计

图 10-4　选择性流程程序的状态转移图结构形式

表 10-2　选择性流程分支点的指令表程序

指　令	功　能	指　令	功　能
STL　S20	进入 S20 状态	LD　X004	第 2 分支的转移条件
OUT　Y000	执行 S20 状态下的所有驱动	SET　S31	转移到第 2 分支
LD　X000	第 1 分支的转移条件	LD　X007	第 3 分支的转移条件
SET　S21	转移到第 1 分支	SET　S41	转移到第 3 分支

表 10-3　选择性流程分支点后汇合点前各分支的指令表程序

指　令	功能	指　令	功能	指　令	功能
STL　S21		STL　S31		STL　S41	
OUT　Y001		OUT　Y003		OUT　Y005	
LD　　X001	第 1 分支驱动处理	LD　　X005	第 2 分支驱动处理	LD　　X010	第 3 分支驱动处理
SET　S22		SET　S32		SET　S42	
STL　S22		STL　S32		STL　S42	
OUT　Y002		OUT　Y004		OUT　Y006	

（2）选择性流程程序汇合点的编程

选择性流程程序在执行完各分支最后一个状态的驱动后，其汇合点的编程有两种方式，图 10-4 状态转移图汇合点的指令表程序分别见表 10-4 和表 10-5。

表 10-4　选择性流程汇合点的指令表程序方法一

指　令	功　能	指　令	功　能
STL　S22		STL　S42	
LD　　X002	由第 1 分支汇合	LD　　X011	第 3 分支汇合
SET　S50		SET　S50	
STL　S32		STL　S50	
LD　　X006	由第 2 分支汇合	OUT　Y007	汇合后返回 S20 状态
SET　S50		LD　　X003	
		OUT　S20	

表 10-5 选择性流程汇合点的指令表程序方法二

指　　令	功能	指　　令	功能	指　　令	功能
STL　S21		STL　S31		STL　S41	
OUT　Y001		OUT　Y003		OUT　Y005	
LD　　X001		LD　　X005		LD　　X010	
SET　S22	第 1 分支驱动处理	SET　S32	第 2 分支驱动处理	SET　S42	第 3 分支驱动处理
STL　S22		STL　S32		STL　S42	
OUT　Y002		OUT　Y004		OUT　Y006	
LD　　X002		LD　　X006		LD　　X011	
SET　S50		SET　S50		SET　S50	
—	—	—	—	STL　S50	汇合后返回 S20 状态
				OUT　Y007	
				LD　　X003	
				OUT　S20	

10.4.3　基于状态继电器的大、小球分拣运行控制

在生产过程中，经常要对流水线上的产品进行分拣，图 10-5 是用于分拣大、小球分类选择传送装置示意图。图中机械臂下降，当碰铁压到大球时，限位开关 SQ2 不动作；压到小球时 SQ2 动作，以此判断是大球还是小球。左、右移分别由 Y004、Y003 控制，上升、下降分别由 Y002、Y000 控制，将球吸住由 Y001 控制。用基于状态继电器选择性流程的 PLC 步进顺序控制设计方法实现控制。

基于状态继电器的大、小球分拣运行控制顺序是：机械臂位于左上点（原点）→下降→吸住球→上升→向右运行→下降→释放球→上升→向左运行至原点，吸住球和释放球的时间均为 1 s。其运行控制顺序如图 10-6 所示。

1. I/O 分配

1）I/O 分配表。根据基于状态继电器的大、小球分拣运行的 PLC 控制要求，需要输入设备 6 个，即 1 个起动开关和 5 个限位开关；需要输出设备 6 个，即 3 个控制机械臂上升、下降和吸球的电磁阀以及 2 个控制机械臂左右移的交流接触器和 1 个原点指示灯。其 I/O 分配见表 10-6。

表 10-6　基于状态继电器的大、小球分拣运行 PLC 控制的 I/O 分配表

输　入			输　出		
电气符号	输入端子	功　　能	电气符号	输出端子	功　　能
SA	X000	起动开关	YV1	Y000	机械臂下降电磁阀
SQ1	X001	左限位开关	YV2	Y001	吸球电磁阀
SQ2	X002	下限位开关	YV3	Y002	机械臂上升电磁阀
SQ3	X003	上限位开关	KM1	Y003	机械臂右移的交流接触器
SQ4	X004	小球限位开关	KM2	Y004	机械臂左移的交流接触器
SQ5	X005	大球限位开关	HL	Y005	机械臂停在原点指示灯

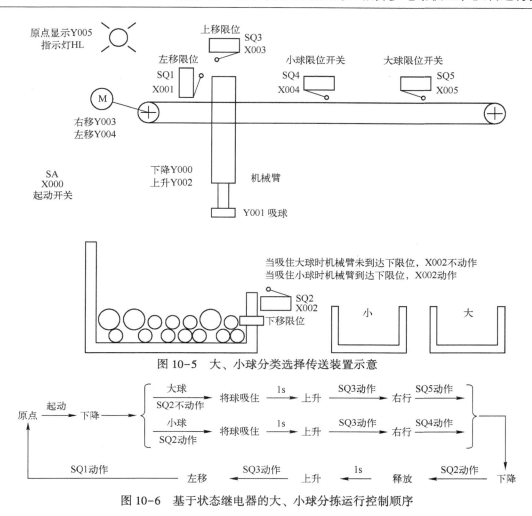

图 10-5　大、小球分类选择传送装置示意

图 10-6　基于状态继电器的大、小球分拣运行控制顺序

2）硬件接线图。基于状态继电器的大、小球分拣运行 PLC 控制的硬件接线图如图 10-7 所示。

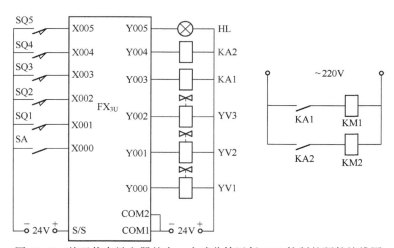

图 10-7　基于状态继电器的大、小球分拣运行 PLC 控制的硬件接线图

2. 状态转移图

根据基于状态继电器的大、小球分拣运行 PLC 的控制要求，该流程控制根据 SQ2 的状态（即对应大、小球）有两个分支，此处应为分支点，且属于选择性流程分支；不同的大、小球分支将球吸住后，再上升、右行到 SQ4 或 SQ5 处下降时，此处应为汇合点；然后再释放、上升、左移到原点。其状态转移图如图 10-8 所示。

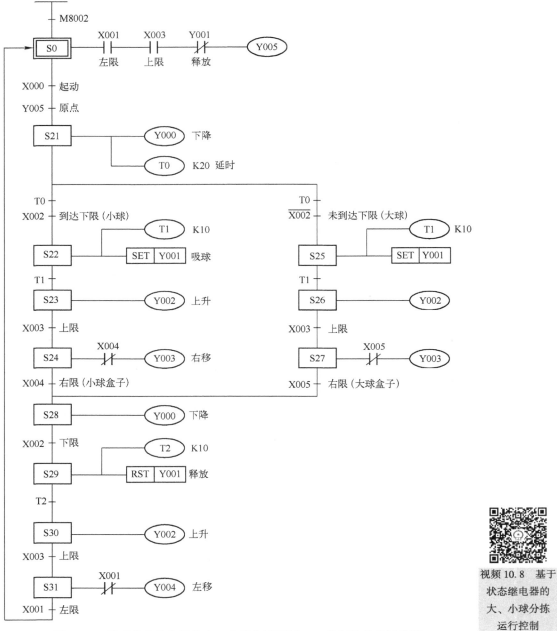

图 10-8　基于状态继电器的大、小球分拣运行 PLC 控制的状态转移图

视频 10.8　基于状态继电器的大、小球分拣运行控制

3. 软件编程

根据状态转移图编写基于状态继电器的大、小球分拣运行 PLC 控制的指令表程序如图 10-9

所示。请自行编写梯形图程序。

0	LD	M8002		31	SET	S23		61	STL	S27	
1	SET	S0		33	STL	S23		62	LD	X005	
3	STL	S0		34	OUT	Y002		63	SET	S28	
4	LD	X001		35	LD	X003		65	STL	S28	
5	AND	X003		36	SET	S24		66	OUT	Y000	
6	ANI	Y001		38	STL	S24		67	LD	X002	
7	OUT	Y005		39	LDI	X004		68	SET	S29	
8	LD	X000		40	OUT	Y003		70	STL	S29	
9	AND	Y005		41	STL	S25		71	OUT	T2	K10
10	SET	S21		42	OUT	T1	K10	74	RST	Y001	
12	STL	S21		45	SET	Y001		75	LD	T2	
13	OUT	Y000		46	LD	T1		76	SET	S30	
14	OUT	T0	K20	47	SET	S26		78	STL	S30	
17	LD	T0		49	STL	S26		79	OUT	Y002	
18	AND	X002		50	OUT	Y002		80	LD	X003	
19	SET	S22		51	LD	X003		81	SET	S31	
21	LD	T0		52	SET	S27		83	STL	S31	
22	ANI	X002		54	STL	S27		84	LDI	X001	
23	SET	S25		55	LDI	X005		85	OUT	Y004	
25	STL	S22		56	OUT	Y003		86	LD	X001	
26	OUT	T1	K10	57	STL	S24		87	OUT	S0	
29	SET	Y001		58	LD	X004		89	RET		
30	LD	T1		59	SET	S28		90	END		

图 10-9　基于状态继电器的大、小球分拣运行 PLC 控制的指令表程序

10.5　知识点拓展

三相异步电动机正、反转能耗制动控制系统的控制要求是：按下起动按钮 SB1，KM1 线圈吸合，电动机正转；按下起动按钮 SB2，KM2 线圈吸合，电动机反转；按下制动按钮 SB，KM1 或 KM2 线圈释放，延迟 0.5 s 后 KM3 线圈吸合，电动机进行能耗制动（制动时间为 Ts，假设 T=3 s）；要求有必要的电气互锁，不需按钮互锁；FR 动作，KM1 或 KM2 或 KM3 线圈释放，电动机自由停车。用基于状态继电器选择性流程的 PLC 步进顺序控制设计方法实现控制。

1. I/O 分配

1）I/O 分配表。根据基于状态继电器的三相异步电动机正、反转能耗制动运行的 PLC 控制要求，需要输入设备 4 个，即 3 个按钮和 1 个热继电器；需要输出设备 3 个，即 2 个用来控制电动机正、反转运行的交流接触器和 1 个用来控制电动机制动运行的交流接触器。其 I/O 分配见表 10-7。

表 10-7　基于状态继电器的三相异步电动机正、反转能耗制动运行 PLC 控制的 I/O 分配表

输　　入			输　　出		
电气符号	输入端子	功能	电气符号	输出端子	功能
SB	X000	制动按钮	KM1	Y000	电动机正转的交流接触器
SB1	X001	正转起动按钮	KM2	Y001	电动机反转的交流接触器
SB2	X002	反转起动按钮	KM3	Y002	电动机制动的交流接触器
FR	X003	过载保护	—	—	—

2）硬件接线图。请自行绘制基于状态继电器的三相异步电动机正、反转能耗制动运行

PLC 控制的硬件接线图。

2. 状态转移图

基于状态继电器的三相异步电动机正、反转能耗制动运行 PLC 控制的状态转移图如图 10-10 所示。

3. 软件编程

根据图 10-10 所示状态转移图自行编写其梯形图程序或指令表程序。

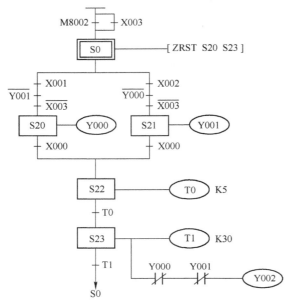

视频 10.9 正、反转能耗制动运行的 PLC 控制

图 10-10 基于状态继电器的三相异步电动机正、
反转能耗制动运行 PLC 控制的状态转移图

10.6 任务延展

1. 某选择性流程分支的状态转移图如图 10-11 所示，编写梯形图程序或指令表程序。

2. 某皮带运输机控制系统，其控制流程示意如图 10-12 所示。要求用基于状态继电器选择性流程的 PLC 步进顺序控制设计方法实现控制。总体要求：供料由电磁阀 YV 控制；电动机 M1~M4 分别用于驱动传送带运输线 PD1~PD4；储料仓设有空仓和满仓信号。

具体要求：1）正常起动：空仓或按起动按钮时的起动顺序为 M1、YV、M2、M3、M4，间隔时间 5 s。

2）正常停止：为使传送带上不留物料，要求顺物料流动方向按一定时间间隔顺序停止，即正常停止顺序为 YV、M1、M2、M3、M4，间隔时间 5 s。

3）故障后的起动：为避免前段传送带上物料堆积，要求按物料流动相反方向按一定时间间隔顺序起动，即故障后的起动顺序为 M4、M3、M2、M1、YV，间隔时间 10 s。

4）紧急停止：当出现意外时，按下紧急停止按钮，则停止所有电动机和电磁阀。

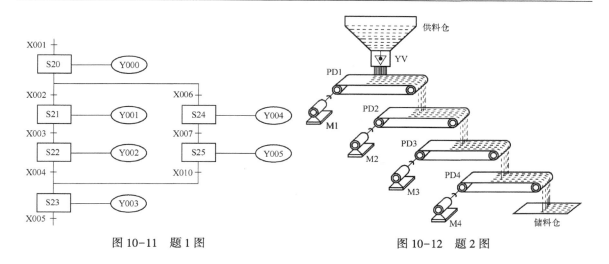

图 10-11　题 1 图　　　　　　　　图 10-12　题 2 图

10.7　实训 3　机械手运行的 PLC 控制

1. 实训目的

1）掌握使用状态继电器、步进顺控指令和状态转移图实现机械手运行 PLC 控制的编程方法。

2）掌握机械手运行 PLC 控制电路的安装、编程、调试和运行等，会判断并排除电路故障。

2. 实训设备

可编程控制器实训装置 1 台、通信电缆 1 根、计算机 1 台、机械手控制实训挂箱 1 个、实训导线若干、万用表 1 只。

3. 实训内容

机械手运行控制的面板图如图 10-13 所示。

1）总体控制要求：工件在 A 处被机械手抓取并放到 B 处。

2）具体工作过程：机械手处于初始状态左上点，即压住左限位（SQ4 = 1）和上限位（SQ2 = 1），而没有压住右限位（SQ3 = 0）和下限位（SQ1 = 0），原位指示灯 HL 点亮；按下 SB1 起动开关，下降指示灯 YV1 点亮，机械手开始下降（此时 SQ2 变为 0，即离开上限位位置）；下降到 A 点后（SQ1 = 1），夹紧指示灯 YV2 点亮，机械手夹紧工件，给予其充分夹紧的时间 2 s；夹紧工件后，上升指示灯 YV3 点亮，机械手上升（SQ1 = 0）；上升到位后（SQ2 = 1），右移指示灯 YV4 点亮，机械手右移（SQ4 = 0）；右移到位后（SQ3 = 1），下降指示灯 YV1 点亮，机械手下降（SQ2 = 0）；下降到 B 点后（SQ1 = 1），夹紧指示灯 YV2 熄灭，机械手松开工件，给予其充分松开的时间 2 s；松开工件后，上升指示灯 YV3 点亮，机械手上升（SQ1 = 0）；上升到位后（SQ2 = 1），左移指示灯 YV5 点亮，机械手左移（SQ3 = 0）；左移到位后（SQ4 = 1），机械手回到原位，原位指示灯 HL 点亮，等待再次运送工件。

3）整理器材

实训完成后，整理好所用器材、工具，按照要求放置到规定位置。

4. 实训思考

1）用机械手控制面板模拟运送工件的过程中，各限位开关如何拨动？

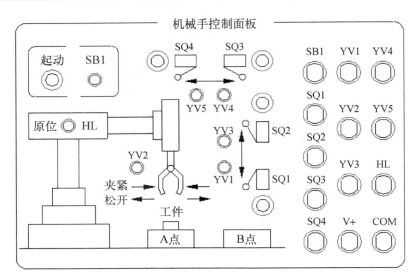

图 10-13　机械手运行控制的面板图

2）工件从 A 点开始夹紧一直要到 B 点才松开，是如何实现操作的？

3）设计机械手移动 10 个工件后停止的 PLC 控制程序。

5. 实训报告

撰写实训报告。

任务 11　基于状态继电器的十字路口交通灯运行控制

11.1　任务目标

- 会描述基于状态继电器的十字路口交通灯运行 PLC 控制的工作过程。
- 掌握基于状态继电器的并行性流程分支和汇合的编程方法。
- 会利用实训设备完成基于状态继电器的十字路口交通灯运行 PLC 控制电路的安装、编程、调试和运行等，会判断并排除电路故障。
- 会根据基于状态继电器的 PLC 并行性流程程序设计方法，绘制状态转移图并编写程序。
- 会使用顺序功能图（SFC）语言编写程序。
- 具有诚实守信和遵守规章制度及生产安全的意识；具有精益求精的工匠精神和团队协作精神；具有结合实际遵守交通法规及解决问题的能力；具有运用多种方法编写程序的创新思维。

11.2　任务描述

十字路口交通灯运行的要求：系统起动后，东西红灯点亮的时间内，南北灯应包含绿灯长亮的时间、绿灯闪烁的时间和黄灯点亮的时间；同时，南北红灯点亮的时间内，东西灯也应包含绿灯长亮的时间、绿灯闪烁的时间和黄灯点亮的时间。用基于状态继电器并行性流程的 PLC 步进顺序控制设计方法实现控制。

11.3　任务实施

十字路口交通灯控制系统示意图如图 11-1 所示，其具体控制要求如图 11-2 所示。利用实训设备完成基于状态继电器的十字路口交通灯运行 PLC 控制电路的安装、编程、调试、运行及故障排除。

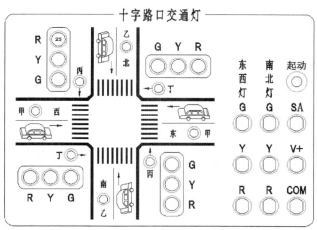

图 11-1　十字路口交通灯控制系统示意图

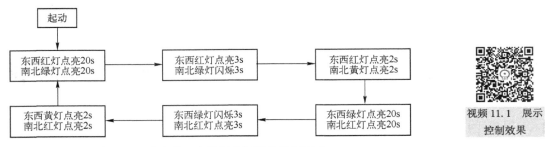

图 11-2　十字路口交通灯控制系统控制要求

视频 11.1　展示控制效果

1. 基于状态继电器的十字路口交通灯运行的 PLC 控制效果

2. I/O 分配

1）I/O 分配表。根据基于状态继电器的十字路口交通灯运行的 PLC 控制要求，需要输入设备 1 个，即开关；需要输出设备 6 个，即东西方向和南北方向各 3 个指示灯。其 I/O 分配见表 11-1。

表 11-1　基于状态继电器的十字路口交通灯运行 PLC 控制的 I/O 分配表

输　　入			输　　出		
电气符号	输入端子	功　　能	电气符号	输出端子	功　　能
SA	X000	起动开关	HL1	Y000	东西绿灯 G
—	—	—	HL2	Y001	东西黄灯 Y
—	—	—	HL3	Y002	东西红灯 R
—	—	—	HL4	Y003	南北绿灯 G
—	—	—	HL5	Y004	南北黄灯 Y
—	—	—	HL6	Y005	南北红灯 R

2）硬件接线图。基于状态继电器的十字路口交通灯运行 PLC 控制的硬件接线图如图 11-3 所示。

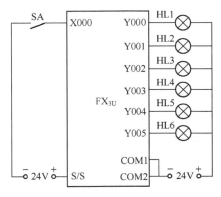

图 11-3　基于状态继电器的十字路口交通灯运行 PLC 控制的硬件接线图

视频 11.2　I/O 分配及接线

3. 状态转移图

基于状态继电器的十字路口交通灯运行 PLC 控制的状态转移图如图 11-4 所示。

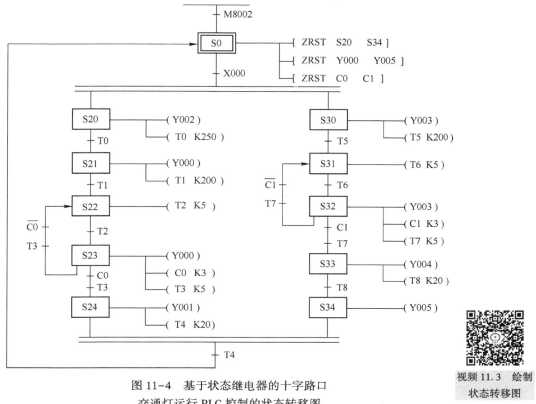

图 11-4　基于状态继电器的十字路口
交通灯运行 PLC 控制的状态转移图

视频 11.3　绘制
状态转移图

4. 软件编程

根据状态转移图编写基于状态继电器的十字路口交通灯运行的 PLC 梯形图程序如图 11-5 所示。请自行编写其指令表程序。

5. 工程调试

在断电状态下连接好电缆，将 PLC 运行模式选择开关拨到 "STOP" 位置，使用编程软件编程并下载到 PLC 中。将 PLC 运行模式选择开关拨到 "RUN" 位置进行观察。如果出现故障，学生应独立检修，直到排除故障。调试完成后整理器材。

视频 11.4　编写
程序

视频 11.5　调试
程序

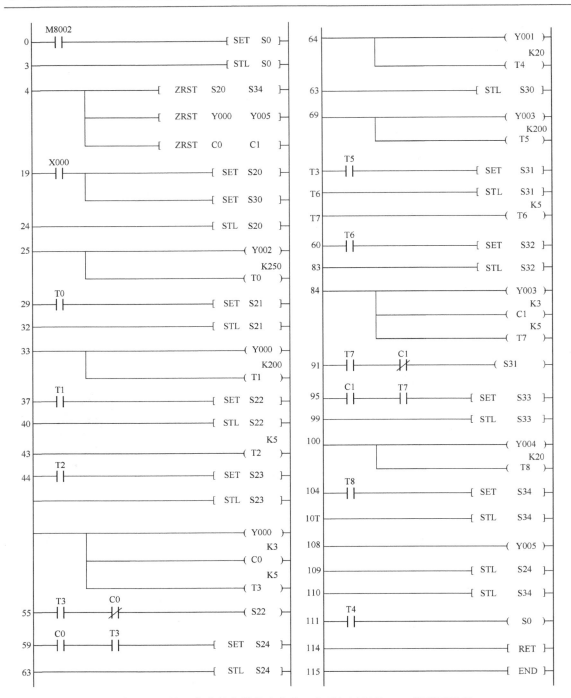

图 11-5　基于状态继电器的十字路口交通灯运行的 PLC 梯形图程序

11.4　任务知识点

11.4.1　基于状态继电器的十字路口交通灯运行的 PLC 控制过程

基于状态继电器的十字路口交通灯运行 PLC 控制的硬件接线图如图 11-3 所示，状态转移图如图 11-4 所示，PLC 程序如图 11-5 所示。PLC 控制过程是：PLC 通电并将运行模式选择开关拨到"RUN"位置，此时图 11-4 状态转移图中的 M8002 产生一个初始脉冲，激活初始状态 S0，执行其后复位和清零操作。

图 11-3 中，当闭合起动开关 SA 时，PLC 的输入端子 X000 得电，图 11-4 状态转移图中的输入继电器 X000 的动合触头闭合，由 S0 状态同时转移到两条分支 S20、S30 状态，激活 S20、S30，并自动将 S0 状态复位。激活 S20、S30 后，同时执行两条分支后面的各种状态，即东西方向红灯点亮 25 s 的同时，南北方向绿灯点亮 20 s、绿灯闪烁 3 s、黄灯点亮 2 s；南北方向红灯点亮 25 s 的同时，东西方向绿灯点亮 20 s、绿灯闪烁 3 s、黄灯点亮 2 s。由于两条分支的运行时间相同，当定时器 T4 计时时间到后，其动合触头闭合，S24、S34 状态同时转移返回并激活 S0 状态，而 S24、S34 状态复位，至此程序执行完一次操作，只要开关没有断开，程序就将循环执行。

图 11-3 中。当断开开关 SA，PLC 的输入端子 X000 失电，图 11-4 状态转移图中的输入继电器 X000 的动合触头断开，由于 PLC 的扫描工作方式，此时程序不会立即停止，而是执行完本次循环返回初始状态时，控制系统才停止运行。这就是并行性流程的特点，即所有分支同时运行，且可能有多个状态是处于激活状态。

11.4.2 基于状态继电器并行性流程的 PLC 控制

1. 并行性流程程序的状态转移图结构形式

状态转移图由两条及两条以上的分支流程组成，且必须同时执行各分支的程序，称为并行性流程程序。并行性流程程序的状态转移图结构形式如图 11-6 所示。由图可以看出，与选择性流程程序相比较，分支点和汇合点均是双线，且分支点和汇合点的条件对于各分支全部相同。

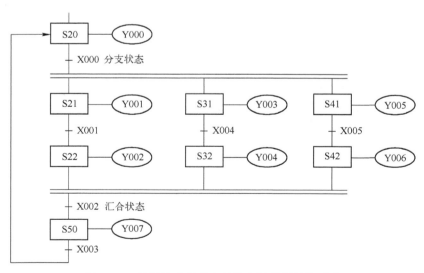

图 11-6 并行性流程程序的状态转移图结构形式

2. 并行性流程程序的编程

并行性流程的编程思想与选择性流程的编程一样，先进行驱动处理，然后进行转移处理，所有的转移处理按顺序执行。

（1）并行性流程程序分支点的编程

并行性流程程序在分支点时，通过同一个条件同时转移到各分支的第一个状态，为程序的运行做准备，然后再分别编写各分支的其他状态及驱动。程序运行时各分支依据程序同时执行，没有先后之分，也即同一时间可能有多条分支的状态处于"激活"状态。图 11-6 状态转移图分支点的指令表程序见表 11-2，各分支运行的指令表程序见表 11-3。

视频 11.6 并行性流程的程序设计

表 11-2　并行性流程分支点的指令表程序

指　　令	功　　能	指　　令	功　　能
STL　S20	进入 S20 状态	SET　S21	转移到第 1 分支
OUT　Y000	执行 S20 状态下的所有驱动	SET　S31	转移到第 2 分支
LD　　X000	分支的转移条件	SET　S41	转移到第 3 分支

表 11-3　并行性流程分支点后汇合点前各分支的指令表程序

指　　令	功能	指　　令	功能	指　　令	功能
STL　S21	第 1 分支驱动处理	STL　S31	第 2 分支驱动处理	STL　S41	第 3 分支驱动处理
OUT　Y001		OUT　Y003		OUT　Y005	
LD　　X001		LD　　X004		LD　　X005	
SET　S22		SET　S32		SET　S42	
STL　S22		STL　S32		STL　S42	
OUT　Y002		OUT　Y004		OUT　Y006	

（2）并行性流程程序汇合点的编程

并行性流程程序各分支必须全部执行完后才能进行汇合，图 11-6 状态转移图汇合点的指令表程序见表 11-4。

表 11-4　并行性流程汇合点的指令表程序

指　　令	功　　能	指　　令	功　　能
STL　S22	由第 1 分支汇合	STL　S50	
STL　S32	由第 2 分支汇合	OUT　Y007	
STL　S42	由第 3 分支汇合	LD　　X003	汇合后返回 S20 状态
LD　　X002	汇合条件	OUT　S20	
SET　S50	汇合进入状态	—	

3. 编程注意事项

1）并行性流程的汇合最多能实现 8 个流程的汇合。

2）在并行性流程分支点和汇合点处，不允许出现各分支条件不一样的情况。如图 11-7a 所示分支点和汇合点的转移条件，必须转换为图 11-7b，再进行编程。

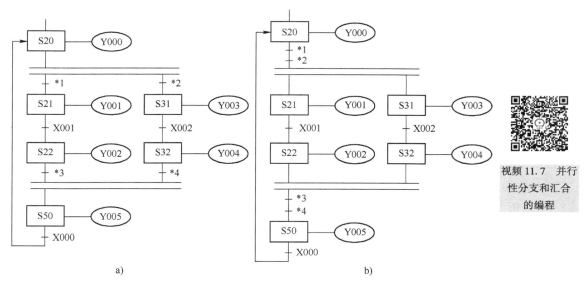

图 11-7　并行性流程分支点和汇合点不同条件的转换

a）转换前　b）转换后

11.4.3　基于状态继电器的按钮式人行横道指示灯运行控制

按钮式人行横道指示灯的控制要求如图 11-8 所示。用基于状态继电器并行性流程的 PLC 步进顺序控制设计方法实现控制。

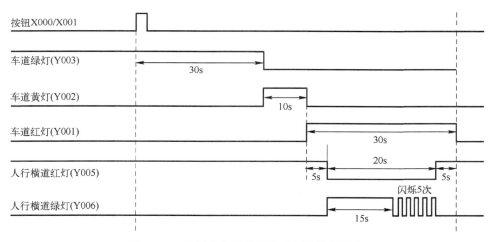

图 11-8　按钮式人行横道指示灯的控制要求

1. I/O 分配

1）I/O 分配表。根据基于状态继电器的按钮式人行横道指示灯运行的 PLC 控制要求，需要输入设备 2 个，即 2 个按钮；需要输出设备 5 个，即 5 个指示灯。其 I/O 分配见表 11-5。

表 11-5 基于状态继电器的按钮式人行横道指示灯运行 PLC 控制的 I/O 分配表

输　入			输　出		
电气符号	输入端子	功　能	电气符号	输出端子	功　能
SB1	X000	左过街按钮	HL1	Y001	车道红灯
SB2	X001	右过街按钮	HL2	Y002	车道黄灯
—	—	—	HL3	Y003	车道绿灯
—	—	—	HL4	Y005	人行横道红灯
—	—	—	HL5	Y006	人行横道绿灯

2）硬件接线图。基于状态继电器的按钮式人行横道指示灯运行 PLC 控制的硬件接线图如图 11-9 所示。

2. 状态转移图

根据基于状态继电器的按钮式人行横道指示灯运行 PLC 的控制要求，分为车道和人行道两条分支，为了保证安全，当按下过街按钮时，两条分支必须为并行分支同时运行，此处应为分支点；当行人过街结束后，需同时返回初始状态，此处应为汇合点。其状态转移图如图 11-10 所示。

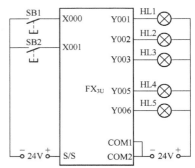

图 11-9 基于状态继电器的按钮式人行横道指示灯运行 PLC 控制的硬件接线图

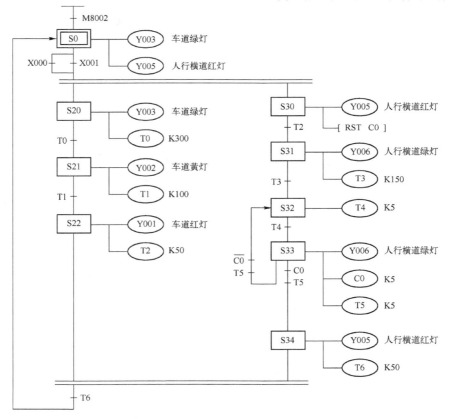

图 11-10 基于状态继电器的按钮式人行横道指示灯运行 PLC 控制的状态转移图

3. 软件编程

根据状态转移图编写基于状态继电器的按钮式人行横道指示灯运行 PLC 控制的指令表程序如图 11-11 所示。请自行编写梯形图程序。

0	LD	M8002		28	STL	S22		57	OUT	C0	K5
1	SET	S0		29	OUT	Y001		60	OUT	T5	K5
3	STL	S0		30	OUT	T2	K50	63	LD	T5	
4	OUT	Y003		33	STL	S30		64	ANI	C0	
5	OUT	Y005		34	OUT	Y005		65	OUT	S32	
6	LD	X001		35	RST	C0		67	LD	T5	
7	OR	X000		37	LD	T2		68	AND	C0	
8	SET	S20		38	SET	S31		69	SET	S34	
10	SET	S30		40	STL	S31		71	STL	S34	
12	STL	S20		41	OUT	Y006		72	OUT	Y005	
13	OUT	Y003		42	OUT	T3	K150	73	OUT	T6	K50
14	OUT	T0	K300	45	LD	T3		76	STL	S22	
17	LD	T0		46	SET	S32		77	STL	S34	
18	SET	S21		48	STL	S32		78	LD	T6	
20	STL	S21		49	OUT	T4	K5	79	OUT	S0	
21	OUT	Y002		52	LD	T4		81	RET		
22	OUT	T1	K100	53	SET	S33		82	END		
25	LD	T1		55	STL	S33					
26	SET	S22		56	OUT	Y006					

视频 11.8　人行横道指示灯运行控制

图 11-11　基于状态继电器的按钮式人行横道指示灯运行 PLC 控制的指令表程序

11.4.4　顺序功能图（SFC）语言

顺序功能图（SFC）是 PLC 的编程语言之一，编写 SFC 程序主要包含"SFC"类型新工程的创建，块信息的设置，初始状态激活程序的编写，SFC 程序编辑窗口中状态元件驱动负载的编辑、转换条件的编辑、通用状态的编辑、系统循环或周期性的工作编辑，程序变换等步骤，详细的操作过程扫二维码看视频学习。图 11-12 为任务 9 中图 9-2 的 SFC 程序。

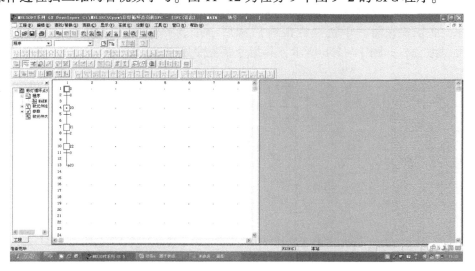

图 11-12　图 9-2 对应的 SFC 程序

如果想查看 SFC 程序所对应的梯形图，则需进行数据类型改变，即单击"工程"→"编辑数据"→"改变程序类型"，可以看到由 SFC 程序变换成的梯形图程序，如图 11-13 所示。

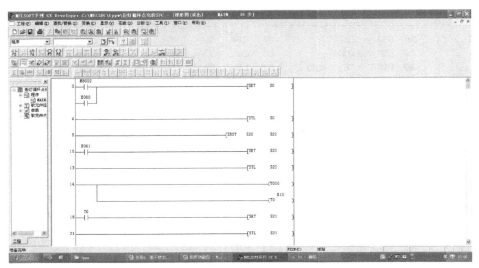

视频 11.9　顺序功能图程序的输入

图 11-13　图 11-12 的 SFC 程序数据类型变换后对应的梯形图程序

11.5　知识点拓展

11.5.1　复杂流程及跳转流程的程序设计

在复杂的顺序控制中，常会有选择性流程、并行性流程的组合。对于这类复杂的流程如何编程？本节将对几种常见的复杂流程做简单的介绍。

1. 选择性流程汇合后再出现选择性分支的编程

图 11-14a 是一个选择性流程汇合后再出现选择性分支情况的状态转移图，要对这种转移图进行编程，必须要在前一个选择性汇合后和后一个选择性分支前插入一个虚拟状态（如 S100）才可以编程，如图 11-14b 所示，其指令表程序见表 11-6。

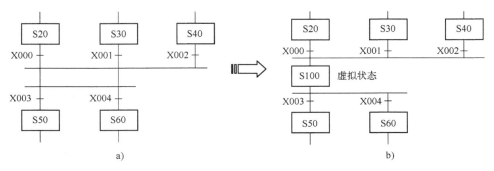

图 11-14　选择性流程汇合后再出现选择性分支情况的状态转移图的变化
a）插入虚拟状态前　b）插入虚拟状态后

表 11-6　选择性流程汇合后再出现选择性分支加虚拟状态后的指令表程序

STL	S20	由第 1 分支汇合	STL	S100	虚拟汇合状态
LD	X000		LD	X003	汇合后第 1 选择分支
SET	S100		SET	S50	
STL	S30	由第 2 分支汇合	LD	X004	汇合后第 2 选择分支
LD	X001		SET	S60	
SET	S100		—		—
STL	S40	由第 3 分支汇合	—		—
LD	X002		—		—
SET	S100		—		—

2. 复杂选择性流程的编程

所谓复杂选择性流程是指选择性分支下又有新的选择性分支，同样选择性分支汇合后又与另一选择性分支汇合组成新的选择性分支的汇合。对于这类复杂的选择性分支，可采用重写转移条件的办法重新进行组合，如图 11-15 所示。其指令表程序参照选择性分支与汇合的编程方法。

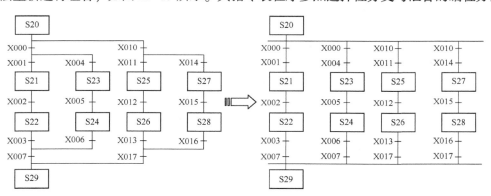

图 11-15　复杂选择性流程状态转移图的变化
a）变化前　b）变化后

3. 并行性流程汇合后再出现并行性分支的编程

图 11-16a 是一个并行性流程汇合后再出现并行性分支情况的状态转移图，要对这种转移图进行编程，必须要在前一个并行性汇合后和后一个并行性分支前，插入一个虚拟状态（如 S101）和一个虚拟条件（如 S101）才可以编程，如图 11-16b 所示，其指令表程序见表 11-7。

表 11-7　并行性流程汇合后再出现并行性分支加虚拟状态后的指令表程序

STL	S20	由第 1 分支汇合	STL	S101	虚拟汇合状态
STL	S30	由第 2 分支汇合	LD	S101	汇合后的虚拟分支条件
STL	S40	由第 3 分支汇合	SET	S50	汇合后第 1 并行分支
LD	X000	汇合条件	SET	S60	汇合后第 2 并行分支
SET	S101	虚拟汇合状态	—		—

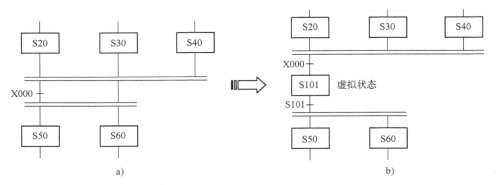

图 11-16　并行性流程汇合后再出现并行性分支情况的状态转移图的变化

a）插入虚拟状态前　b）插入虚拟状态后

4. 选择性流程汇合后再出现并行性分支的编程

图 11-17a 是一个选择性流程汇合后再出现并行性分支的状态转移图，要对这种转移图进行编程，必须在选择性流程汇合后和并行性分支前，插入一个虚拟状态（如 S102）和一个虚拟条件（如 S102）才可以编程，如图 11-17b 所示，其指令表程序见表 11-8。

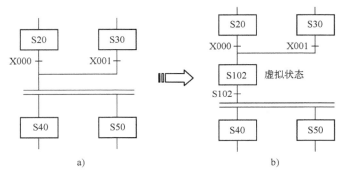

图 11-17　选择性流程汇合后再出现并行性分支情况的状态转移图的变化

a）插入虚拟状态前　b）插入虚拟状态后

表 11-8　选择性流程汇合后再出现并行性分支加虚拟状态后的指令表程序

STL	S20		STL	S102	虚拟汇合状态
LD	X000	由第 1 分支汇合	LD	S102	汇合后的虚拟分支条件
SET	S102		SET	S40	汇合后第 1 并行分支
STL	S30		SET	S50	汇合后第 2 并行分支
LD	X001	由第 2 分支汇合	—	—	—
SET	S102		—	—	—

5. 并行性流程汇合后再出现选择性分支的编程

图 11-18a 是一个并行性流程汇合后再出现选择性分支的状态转移图，要对这种转移图进行编程，必须要在并行性流程汇合后和选择性分支前，插入一个虚拟状态（如 S103）才可以编程，如图 11-18b 所示，其指令表程序见表 11-9。

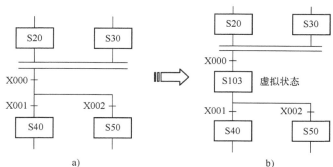

图 11-18　并行性流程汇合后再出现选择性分支情况的状态转移图的变化
a）插入虚拟状态前　b）插入虚拟状态后

表 11-9　并行性流程汇合后再出现选择性分支加虚拟状态后的指令表程序

STL	S20	由第 1 分支汇合	STL	S103	虚拟汇合状态
STL	S30	由第 2 分支汇合	LD	X001	汇合后第 1 选择分支
LD	X000	汇合条件	SET	S40	
SET	S103	虚拟汇合状态	LD	X002	汇合后第 2 选择分支
—			SET	S50	

6. 选择性流程里嵌套并行性流程的编程

图 11-19 是选择性流程里嵌套并行性流程的状态转移图。分支时，先按选择性流程的方法编程，然后按并行性流程的方法编程；汇合时，先按并行性汇合的方法编程，然后按选择性汇合的方法编程，其指令表程序见表 11-10。

表 11-10　选择性流程里嵌套并行性流程的指令表程序

分 支 程 序			汇 合 程 序		
STL	S20	—	STL	S22	第 1 选择分支内的第 1 并行分支
LD	X000	第 1 分支条件	STL	S24	第 1 选择分支内的第 2 并行分支
SET	S21	第 1 选择分支内的第 1 并行分支	LD	X006	第 1 分支的汇合条件
SET	S23	第 1 选择分支内的第 2 并行分支	SET	S29	汇合状态
LD	X001	第 2 分支条件	STL	S26	第 2 选择分支内的第 1 并行分支
SET	S25	第 2 选择分支内的第 1 并行分支	STL	S28	第 2 选择分支内的第 2 并行分支
SET	S27	第 2 选择分支内的第 2 并行分支	LD	X007	第 2 分支的汇合条件
—			SET	S29	汇合状态

7. 跳转流程的程序编制

凡是不连续的状态之间的转移都称为跳转。从结构形式上看，跳转分向后跳转、向前跳转、向另外程序跳转及复位跳转，如图 11-20 所示。如果只有一个跳转分支，可以直接用箭头连线到所跳转的目标状态元件，或用箭头加需跳转到的目标状态元件表示。但是如果有多个跳转分支，因为不能交叉，所以要用箭头加需跳转到的目标状态元件表示。无论是哪种形式的跳转流程，凡是跳转都用 OUT 而不是用 SET 指令。

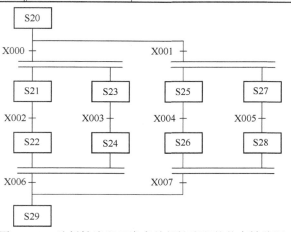

图 11-19　选择性流程里嵌套并行性流程的状态转移图

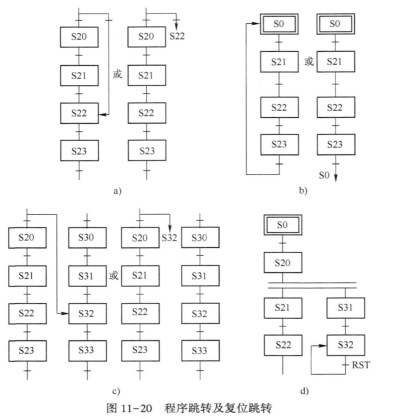

图 11-20　程序跳转及复位跳转

a）向后跳转　b）向前跳转　c）向另外程序跳转　d）复位跳转

11.5.2　状态初始化指令

状态初始化指令 IST 与 STL 指令一起使用，对初始化状态以及特殊辅助继电器进行自动控制的指令。IST 指令只能使用一次，它应放在程序开始的地方，被它控制的 STL 电路应放在其后。IST 指令表示方式如图 11-21 所示。若用此指令，则 S10~S19 不可用作通用状态继电器。

IST 中的源操作数可取 X、Y 和 M，图中 IST 指令的源操作数 X020 用来指定与工作方式有关的输入继电器的首元件，它实际上指定从 X020 开始的 8 个输入继电器，这 8 个输入继电器的意义见表 11-11。

图 11-21　IST 指令表示方式

表 11-11　IST 指令的源操作数 8 个输入继电器的意义

输入继电器 X	功　能	输入继电器 X	功　能
X020	各个操作	X024	连续运行
X021	回原点	X025	回原点起动
X022	单步运行	X026	自动起动
X023	单周期运行	X027	停止

当 IST 指令的执行条件满足时，初始状态继电器 S0~S2 和部分特殊辅助继电器被自动指定为以下功能，见表 11-12，以后即使 IST 指令的执行条件变为 OFF，这些元件的功能仍保持不变。

表 11-12　初始状态继电器 S0~S2 和部分特殊辅助继电器功能

特殊辅助继电器 M	功　能	状态继电器 S	功　能
M8040	禁止转移	S0	各个操作初始状态继电器
M8041	开始转移	S1	回原点初始状态继电器
M8042	起动脉冲	S2	自动操作初始状态继电器
M8043	回原点完成	—	—
M8045	所有输出禁止复位	—	—
M8047	STL 监控有效	—	—

11.6　任务延展

1. 有一并行性流程程序的状态转移图如图 11-22 所示，对其进行编程。

2. 设计一个用 PLC 控制的双头钻床的控制系统。双头钻床用来加工圆盘状零件上均匀分布的 6 个孔，如图 11-23 所示。其控制过程如下：操作人员将工件放好后，按下起动按钮，工件被夹紧，夹紧时压力继电器为 ON，此时两个钻头同时开始向下。大钻头钻到设定的深度（SQ1）时，钻头上升，升到设

视频 11.11
状态初始化
指令

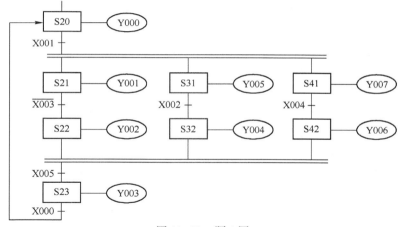

图 11-22　题 1 图

定的起始位置（SQ2）时，停止上升；小钻头钻到设定的深度（SQ3）时，钻头上升，升到设定的起始位置（SQ4）时，停止上升。两个都到位后，工件旋转 120°，旋转到位时 SQ5 为 ON，然后又开始钻第 2 对孔，3 对孔都钻完后，工件松开，松开到位时，限位开关 SQ6 为 ON，系统返回初始位置，系统要求具有急停、手动和自动运行功能。

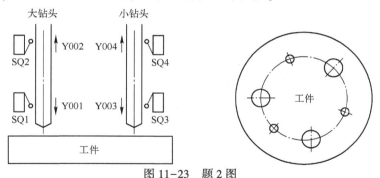

图 11-23　题 2 图

任务 12　基于辅助继电器的自控轧钢机运行控制

12.1　任务目标

- 会描述基于辅助继电器的自控轧钢机运行 PLC 控制的工作过程。
- 掌握基于辅助继电器实现顺序控制的设计思想。
- 会利用实训设备完成基于辅助继电器的自控轧钢机运行 PLC 控制电路的安装、编程、调试和运行等，会判断并排除电路故障。
- 会运用基于辅助继电器分别使用"起保停"控制和"置位复位"控制设计思想设计电动机顺序起动、逆序停止的 PLC 运行控制。
- 具有诚实守信和遵守规章制度及生产安全的意识；具有精益求精的工匠精神和团队协作精神；具有结合实际分析和解决问题的能力；具有运用多种方法编写程序的创新思维。

12.2　任务描述

自控轧钢机运行的要求：系统运行后，钢板从工作台的一侧送入，在 3 台电动机的带动下，经过 3 次轧压后从工作台的另一侧送出。用基于辅助继电器的 PLC 步进顺序控制设计方法实现控制。

12.3　任务实施

自控轧钢机控制系统示意图如图 12-1 所示。

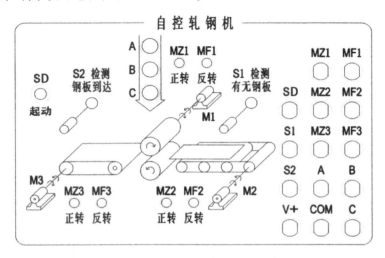

图 12-1　自控轧钢机控制系统示意图

自控轧钢机运行的具体控制要求如下。

1）闭合"SD"起动开关，系统开始运行，钢板从右侧送入，闭合"S1"开关，模拟钢板被检测到，"MZ1""MZ2"和"MZ3"点亮，表示电动机"M1""M2"和"M3"正转，将钢板自右向左传送。同时指示灯"A"点亮，表示此时只有下压量 A 作用。

2）钢板经过轧压后，超出"S1"传感器检测范围，电动机"M2"停止转动。

3）钢板在电动机的带动下，被传送到左侧，被"S2"传感器检测到后，"MF1""MF2"和"MF3"点亮，表示电动机"M1""M2"和"M3"反转，将钢板自左向右传送。同时指示灯"A"和"B"点亮，表示此时有下压量 A、B 一起作用。

4）钢板在电动机的带动下，被传送到右侧，被"S1"传感器检测到后，"MZ1""MZ2"和"MZ3"点亮，表示电动机"M1""M2"和"M3"正转，将钢板自右向左传送。同时指示灯"A""B"和"C"点亮，表示此时有下压量 A、B、C 一起作用。

5）钢板经过轧压后，超出"S1"传感器检测范围，电动机"M2"停止转动。

6）钢板传送到左侧，被"S2"传感器检测到后，电动机"M1"停止转动。

7）钢板从左侧送出后，超出"S2"传感器检测范围，电动机"M3"停止转动。

8）"S1"传感器再次检测到钢板后，根据 1）~7）步骤完成对钢板的轧压。

9）在运行时，断开"SD"开关，系统完成当前工作周期后停止运行。

利用实训设备完成基于辅助继电器的自控轧钢机运行 PLC 控制电路的安装、编程、调试、运行及故障排除。

1. 基于辅助继电器的自控轧钢机运行的 PLC 控制效果

2. I/O 分配

1）I/O 分配表。根据基于辅助继电器的自控轧钢机运行的 PLC 控制要求，需要输入设备 3 个，即 1 个起动开关和 2 个检测有无钢板的开关；需要输出设备 9 个，即模拟电动机正、反转的 6 个指示灯和轧压的 3 个指示灯。其 I/O 分配见表 12-1。

视频 12.1
展示控制效果

表 12-1　基于辅助继电器的自控轧钢机运行 PLC 控制的 I/O 分配表

输　　入			输　　出		
电气符号 （或面板端子）	输入端子	功能	电气符号 （或面板端子）	输出端子	功能
SA（SD）	X000	起动开关	HL1（MZ1）	Y000	M1 正转指示灯
SA1（S1）	X001	S1 检测有无钢板	HL2（MF1）	Y001	M1 反转指示灯
SA2（S2）	X002	S2 检测有无钢板	HL3（MZ2）	Y002	M2 正转指示灯
—	—	—	HL4（MF2）	Y003	M2 反转指示灯
—	—	—	HL5（MZ3）	Y004	M3 正转指示灯
—	—	—	HL6（MF3）	Y005	M3 反转指示灯
—	—	—	HL7（A）	Y006	下压量 A 指示灯
—	—	—	HL8（B）	Y007	下压量 B 指示灯
—	—	—	HL9（C）	Y010	下压量 C 指示灯

2）硬件接线图。基于辅助继电器的自控轧钢机运行 PLC 控制的硬件接线图如图 12-2 所示。

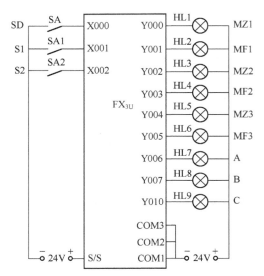

图 12-2　基于辅助继电器的自控轧钢机运行 PLC 控制的硬件接线图

3. 状态转移图

基于辅助继电器的自控轧钢机运行 PLC 控制的状态转移图如图 12-3 所示。

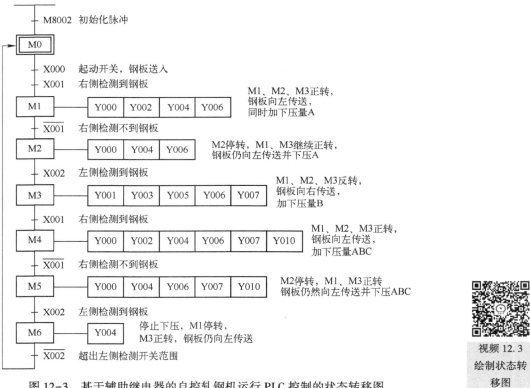

图 12-3　基于辅助继电器的自控轧钢机运行 PLC 控制的状态转移图

4. 软件编程

根据状态转移图编写基于辅助继电器的自控轧钢机运行的 PLC 梯形图程序如图 12-4 所示。请自行编写其指令表程序。

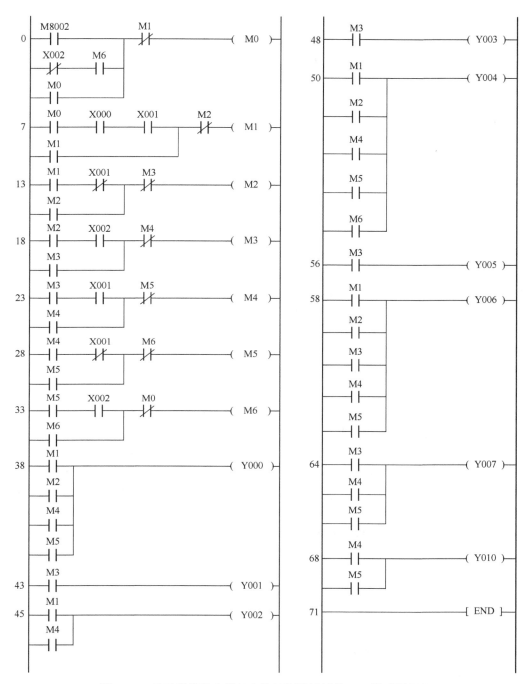

图 12-4　基于辅助继电器的自控轧钢机运行的 PLC 梯形图程序

视频 12.4　编写梯形图程序

视频 12.5　编写指令表程序

5. 工程调试

在断电状态下连接好电缆，将 PLC 运行模式选择开关拨到"STOP"位置，使用编程软件编程并下载到 PLC 中。将 PLC 运行模式选择开关拨到"RUN"位置进行观察。如果出现故障，学生应独立检修，直到排除故障。调试完成后整理器材。

12.4　任务知识点

12.4.1　基于辅助继电器的自控轧钢机运行的 PLC 控制过程

基于辅助继电器的自控轧钢机运行 PLC 控制的硬件接线图如图 12-2 所示，状态转移图如图 12-3 所示，PLC 程序如图 12-4 所示。PLC 控制过程如下。

PLC 通电并将运行模式选择开关拨到"RUN"位置，此时状态转移图中的 M8002 产生一个初始脉冲，激活初始状态辅助继电器 M0。

当闭合起动开关 SD 时，PLC 的输入端子 X000 得电，状态转移图中的输入继电器 X000 的动合触头闭合，钢板送入；当 S1 检测开关检测到钢板时，PLC 的输入端子 X001 得电，状态转移图中的输入继电器 X001 的动合触头闭合，此时状态转移图由步 M0 状态转移到步 M1 状态，执行 3 个电动机正转和第 1 次下压，同时停止步 M0 状态。当超出 S1 检测范围时，状态转移图由步 M1 状态转移到步 M2 状态，电动机"M2"停止运转，其余各输出不变。当 S2 检测开关检测到钢板时，PLC 的输入端子 X002 得电，状态转移图中的输入继电器 X002 的动合触头闭合，此时状态转移图由步 M2 状态转移到步 M3 状态，执行 3 个电动机反转和第 2 次下压，同时停止步 M2 状态。当 S1 检测开关又检测到钢板时，状态转移图由步 M3 状态转移到步 M4 状态，执行 3 个电动机正转和第 3 次下压，同时停止步 M3 状态。当超出 S1 检测范围时，状态转移图由步 M4 状态转移到步 M5 状态，电动机"M2"停止运转，其余各输出不变。当 S2 检测开关又检测到钢板时，状态转移图由步 M5 状态转移到步 M6 状态，只有电动机"M3"继续正转，其余各输出均停止。当超出 S2 检测范围时，状态转移图由步 M6 状态返回步 M0 状态，停止所有运行，等待轧压下一块钢板。

当断开开关 SD 时，PLC 的输入端子 X000 失电，状态转移图中的输入继电器 X000 的动合触头断开，由于 PLC 的扫描工作方式，此时程序不会立即停止，而是执行完本次循环返回初始状态后，控制系统才停止运行。

12.4.2　基于辅助继电器实现顺序控制的设计思想

前面介绍了基于状态继电器的顺序控制的程序设计，那么如何用辅助继电器来实现顺序控制的程序设计呢？基于辅助继电器的某小车自动运行控制如图 12-5 所示。

图 12-5 中，用辅助继电器设计顺序控制程序的设计思想为：首先用辅助继电器 M 来代替状态转移图中的状态继电器 S，即设计顺序功能图，然后根据顺序功能图设计梯形图。当某一步为活动步时，对应的辅助继电器为 ON，当转移实现时，该转移的后续步变为活动步，前级步变为不活动步。此外，很多转移条件都是短暂信号，即它存在的时间比"激活"后续步的时间短，因此应使用有记忆（或保持）功能的电路（如"起保停"电路和"置位复位"指令

组成的电路）来控制代表步的辅助继电器，然后通过该辅助继电器的触头来控制输出继电器，这样就得到了用辅助继电器实现顺序控制的梯形图。

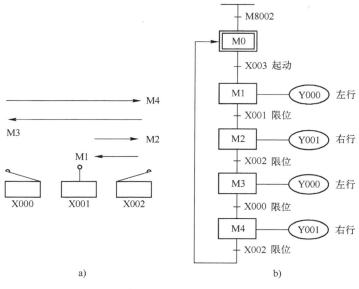

视频 12.6
用辅助继电器
实现顺序控制
的设计思想

图 12-5 基于辅助继电器的某小车自动运行控制

a）小车运行示意图 b）小车运行 PLC 控制的状态转移图

这种设计思想仅仅使用了与触头、线圈有关的指令，任何一种 PLC 的指令系统都有这一类指令，因此这是一种通用的编程方法，可以用于任何型号的 PLC。

1. 基于辅助继电器使用"起保停"控制的设计思想

（1）设计思想

基于辅助继电器使用"起保停"控制的设计思想如图 12-6 所示。

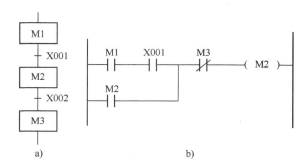

图 12-6 基于辅助继电器使用"起保停"控制的设计思想

a）部分状态转移图 b）步 M2 的梯形图程序

图 12-6 中的步 M1、M2 和 M3 是状态转移图中顺序相连的 3 步，X001 是激活步 M2 的转移条件。设计"起保停"电路的关键是找出它的起动条件和停止条件。转移实现的条件是它的前级步为活动步，并且满足相应的转移条件，所以步 M2 变为活动步的条件是它的前级步 M1 为活动步，且转移条件 X001 为 ON，即应将前级步 M1 和转移条件 X001 对应的动合触头串联，作为控制步 M2 的起动电路。当步 M2 和 X002 均为 ON 时，步 M3 变为活动步，这时步 M2

应变为不活动步，因此将后续步 M3 的动断触头与 M2 的线圈串联，作为"起保停"电路的停止电路。

此例中，也可以用 X002 的动断触头代替 M3 的动断触头。但是当转移条件由多个信号经"与、或、非"逻辑运算组合而成时，应将它的逻辑表达式求反，再将对应的触头串、并联电路作为"起保停"电路的停止电路。所以，虽然可以达到控制目的，但不如使用后续步的动断触头简单方便。

（2）单流程的程序设计

以图 12-5a 小车运行示意图为例，介绍基于辅助继电器使用"起保停"控制的单流程程序设计方法。小车运行的控制要求是：小车在初始位置时停在右边，限位开关 X002 为 ON，按下起动按钮 X003 后，小车向左运行（简称左行），碰到限位开关 X001 时，变为右行；返回限位开关 X002 处变为左行，碰到限位开关 X000 时，变为右行，返回起始位置后停止运行。

根据控制要求，小车的工作周期可以分为 1 个初始步和 4 个运行步，分别用 M0～M4 来代表这 5 步。起动按钮 X003 和限位开关 X000～X002 的动合触头是各步之间的转移条件，由此可以画出如图 12-5b 所示的状态转移图。

根据状态转移图编写程序时，先编写各步的驱动，再通过步去驱动输出。

1）步的驱动程序的编写。例如驱动步 M0 的程序编写，其前级步为步 M4，转移条件为 X002，后续步是步 M1，另外，步 M0 有一个初始条件 M8002，所以 M0 的起动电路由 M4 和 X002 的动合触头串联后再与 M8002 的动合触头并联组成，步 M0 的停止电路为 M1 的动断触头。又如驱动步 M1 的程序编写，其前级步为步 M0，转移条件为 X003，后续步是步 M2，所以 M1 的起动电路由 M0 和 X003 的动合触头串联而成，步 M1 的停止电路为 M2 的动断触头。其余各步依此类推。

2）以步驱动输出的程序编写。由于输出继电器在同一程序中只能出现一次，故当某一输出继电器仅在某一步中为 ON 时，只需将其线圈与对应步的辅助继电器的线圈连续输出即可；但是若某一输出继电器在多个步中都为 ON 时，则应将各有关步的辅助继电器的动合触头并联后，再驱动该输出继电器的线圈。如图 12-5b 中，Y000 在步 M1 和 M3 中都为 ON，所以需将 M1 和 M3 的动合触头并联后再去驱动输出继电器 Y000 的线圈。

图 12-5b 小车运行 PLC 控制的状态转移图，用基于辅助继电器使用"起保停"设计思想的单流程 PLC 控制的梯形图程序如图 12-7 所示。

（3）选择性流程的程序设计

基于辅助继电器的某控制选择性流程的状态转移图如图 12-8a 所示。

1）选择性流程分支点的设计方法。步 M0 的后面是由两条分支组成的选择性流程，此处为分支点，无论步 M0 转移到哪条分支，都将复位步 M0，因此应将步 M1 和步 M4 对应的辅助继电器的动断触头同时与步 M0 的线圈串联，作为停止步 M0 的条件。

2）选择性流程汇合点的设计方法。步 M3 的前面是由两条分支组成的选择性流程，此处为汇合点，无论哪条分支转移到步 M3，都将激活步 M3，因此应将步 M2 与 X003 串联后的分支再与步 M5 与 X006 串联后的分支并联，分别作为起动步 M3 的条件。图 12-8a 状态转移图使用"起保停"设计思想编写的梯形图程序如图 12-8b 所示。

（4）并行性流程的程序设计

基于辅助继电器的某控制并行性流程的状态转移图如图 12-9a 所示。

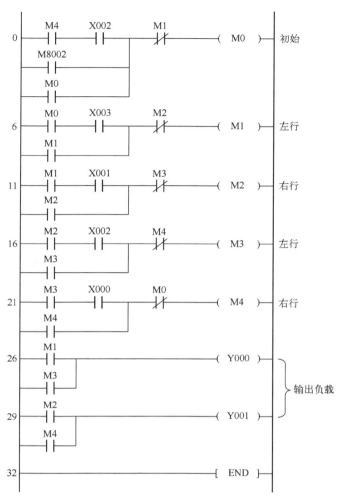

视频 12.7
基于辅助继电
器使用"起保
停"控制的设
计思想

图 12-7 　基于辅助继电器使用"起保停"设计思想的小
车运行单流程 PLC 控制的梯形图程序

1）并行性流程分支点的设计方法。步 M0 的后面是由两条分支组成的并行性流程，此处为分支点，并行性流程中各分支的第一步应同时变为活动步，所以对步 M1 和步 M4 应使用相同的起动电路，即步 M0 的动合触头与 X001 的动合触头串联去起动步 M1 和步 M4。

2）并行性流程汇合点的设计方法。步 M3 的前面是由两条分支组成的并行性流程，此处为汇合点，并行性流程的汇合要求各分支执行完后同时转移到下一步，即步 M2 和步 M5 的动合触头同时与 X003 的动合触头串联去起动步 M3。图 12-9a 状态转移图使用"起保停"设计思想编写的梯形图程序如图 12-9b 所示。

2. 基于辅助继电器使用"置位复位"控制的设计思想

（1）设计思路

基于辅助继电器使用"置位复位"控制的设计思想如图 12-10 所示。

图 12-10a 的状态转移图中，要激活步 M2，需要同时满足两个条件，即该转移的前级步 M1 是活动步（M1＝1）和转移条件 X001 为 ON（X001＝1），在图 12-10b 的梯形图程序中可以

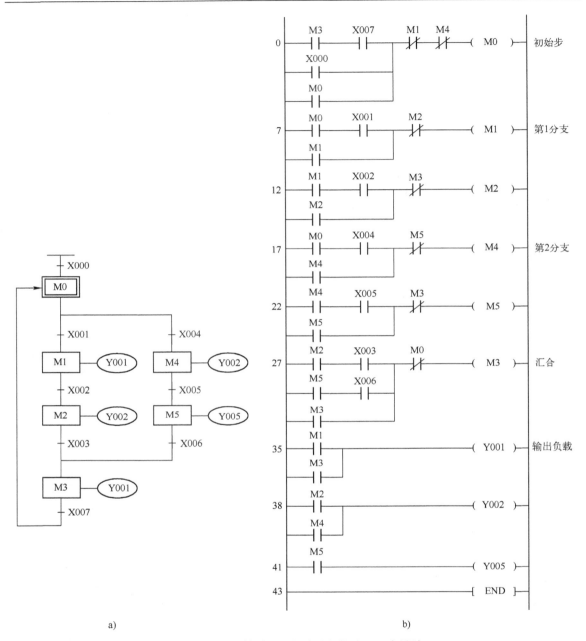

图 12-8　基于辅助继电器的选择性流程程序设计

a）状态转移图　b）使用"起保停"设计思想的梯形图程序

用步 M1 的动合触头和 X001 的动合触头组成的串联电路来起动步 M2。当两个条件同时满足时，后续步变为活动步并保持，此时用 SET 指令将步 M2 置位；同时，前级步应变为不活动步，需用 RST 指令将 M1 复位。这种设计方法又叫作以转移为中心的程序设计，用它设计复杂的状态转移图的梯形图时，更能显示出它的优越性。

（2）单流程的程序设计

以图 12-5 小车自动运行控制为例，介绍基于辅助继电器使用"置位复位"控制的单流程程序设计方法。

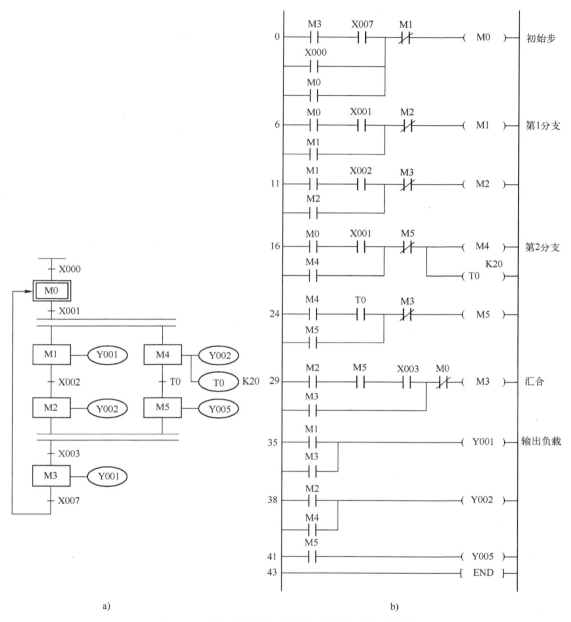

图 12-9　基于辅助继电器的并行性流程程序设计

a）状态转移图　b）使用"起保停"设计思想的梯形图程序

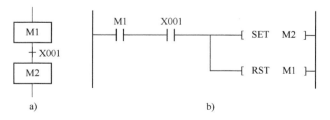

图 12-10　基于辅助继电器使用"置位复位"控制的设计思想

a）部分状态转移图　b）步 M2 的梯形图程序

根据图 12-5b 的状态转移图编写程序时，先编写各步的驱动，再通过步去驱动输出。

1）步的驱动程序的编写。例如驱动步 M0 的程序编写，有两种起动情况，一是初始条件 M8002 对步 M0 的起动，用置位 SET 指令驱动；二是其前级步为步 M4，转移条件为 X002，所以 M0 的起动置位由步 M4 的动合触头和 X002 的动合触头串联驱动，同时将前级步 M4 用复位 RST 指令停止。又如驱动步 M1 的程序编写，其前级步为步 M0，转移条件为 X003，所以 M1 的起动置位由步 M0 的动合触头和 X003 的动合触头串联驱动，同时将前级步 M0 用复位 RST 指令停止。其余各步依此类推。

2）以步驱动输出的程序编写。不能将输出继电器的线圈与 SET 和 RST 指令并联，这是因为前级步和转移条件对应的串联电路接通的时间相当短，而输出继电器的线圈至少应该在某一步对应的全部时间内被接通。所以需用代表步的辅助继电器的动合触头或它们的并联电路来驱动输出继电器的线圈。

图 12-5b 小车运行 PLC 控制的状态转移图，用基于辅助继电器使用"置位复位"设计思想的单流程 PLC 控制的梯形图程序如图 12-11 所示。

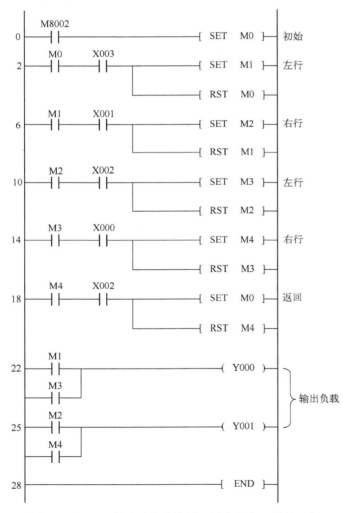

视频 12.8
基于辅助继电器使用"置位复位"指令的设计思想

图 12-11　基于辅助继电器使用"置位复位"设计思想
的小车运行单流程 PLC 控制的梯形图程序

（3）选择性流程的程序设计

基于辅助继电器的某控制选择性流程的状态转移图如图 12-8a 所示，使用"置位复位"设计思想编写的梯形图程序如图 12-12 所示。

（4）并行性流程的程序设计

基于辅助继电器的某控制并行性流程的状态转移图如图 12-9a 所示，使用"置位复位"设计思想编写的梯形图程序如图 12-13 所示。

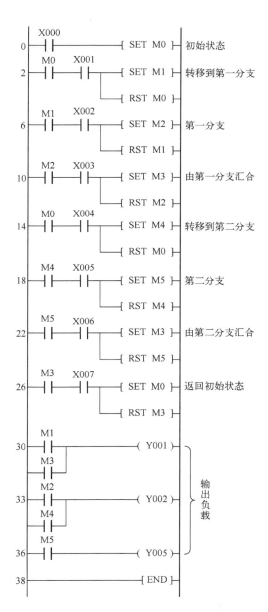

图 12-12　基于辅助继电器使用"置位复位"
设计思想的选择性流程梯形图程序

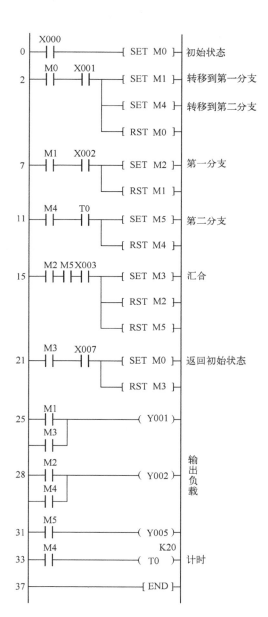

图 12-13　基于辅助继电器使用"置位复位"
设计思想的并行性流程梯形图程序

12.4.3 基于辅助继电器的液压动力台运行控制

某液压动力台运行系统如图 12-14 所示，其控制要求是：待加工工件放到工作台上，按下起动按钮 SB，电磁阀 YV1 得电，夹紧液压缸活塞下行夹紧工件；当工件夹紧时压力继电器 KP 动作，YV1 失电停止下行，同时电磁阀 YV3 得电，工作台前进，准备进行工件加工；当工作台前进碰到限位开关 SQ2 时，YV3 失电，工作台停止前进，加工工件 2s；当工件加工完成后，电磁阀 YV4 和 YV5 同时得电，工作台快速后退；当后退碰到限位开关 SQ1 时，YV4 和 YV5 失电，工作台停止后退，电磁阀 YV2 得电，夹紧液压缸活塞上行松开工件；当工件松开后，压力继电器 KP 触头复位并返回初始状态准备加工下一个工件。将已加工工件取出，完成一个工作循环。用基于辅助继电器的 PLC 步进顺序控制设计方法实现控制。

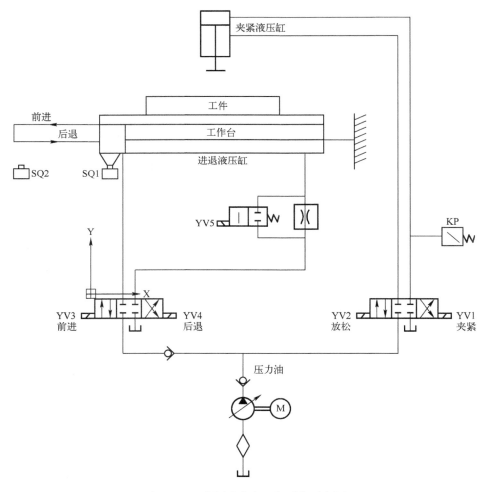

图 12-14　液压动力台运行系统示意图

1. I/O 分配

1）I/O 分配表。根据基于辅助继电器的液压动力台运行的 PLC 控制要求，需要输入设备

4 个，即 1 个按钮、2 个限位开关和 1 个压力继电器；需要输出设备 5 个，即电磁阀。其 I/O 分配见表 12-2。

表 12-2 基于辅助继电器的液压动力台运行 PLC 控制的 I/O 分配表

输　入			输　出		
电气符号	输入端子	功　能	电气符号	输出端子	功　能
SB	X000	起动按钮	YV1	Y000	液压缸活塞下行夹紧工件
SQ1	X001	工作台后退限位	YV2	Y001	液压缸活塞上行松开工件
SQ2	X002	工作台前进限位	YV3	Y002	工作台前进
KP	X003	工件夹紧	YV4	Y003	工作台后退
—	—	—	YV5		工作台快速后退

2）硬件接线图。基于辅助继电器的液压动力台运行 PLC 控制的硬件接线图如图 12-15 所示。

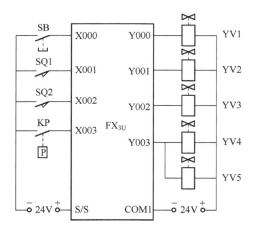

视频 12.9
基于辅助继电器
的液压动力台
运行的 PLC 控制

图 12-15 基于辅助继电器的液压动力
台运行 PLC 控制的硬件接线图

2. 状态转移图

根据基于辅助继电器的液压动力台运行 PLC 的控制要求，其状态转移图如图 12-16a 所示。

3. 软件编程

根据状态转移图编写基于辅助继电器的液压动力台运行 PLC 控制的梯形图程序如图 12-16b 所示。请自行编写指令表程序。

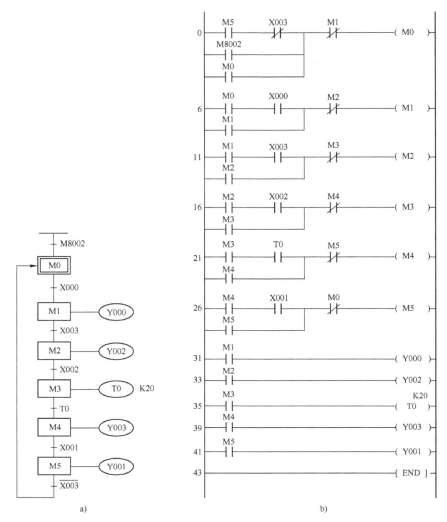

图 12-16　基于辅助继电器的液压动力台运行 PLC 控制
a）状态转移图　b）梯形图程序

12.5　知识点拓展

两台电动机顺序起动、逆序停止的控制要求：交流接触器 KM1 驱动电动机 M1 运转，交流接触器 KM2 驱动电动机 M2 运转。系统起动时，KM1 的动合触头串联在 KM2 的线圈电路中，所以只有 M1 起动后 M2 才能起动，实现顺序起动。系统停止时，KM2 的动合触头并联在 KM1 线圈电路中停止按钮的两端，所以只有 M2 停止后 M1 才能停止，从而实现逆序停止。用基于辅助继电器的 PLC 步进顺序控制设计方法实现控制。

1. I/O 分配

1）I/O 分配表。根据基于辅助继电器的两台电动机顺序起动逆序停止运行的 PLC 控制要求，若不考虑热继电器的过载保护做输入的情况下，需要输入设备 5 个，即按钮；需要输出设备 2 个，即用来控制电动机运转的交流接触器。其 I/O 分配见表 12-3。

表 12-3　基于辅助继电器的两台电动机顺序起动逆序停止运行 PLC 控制的 I/O 分配表

输　　入			输　　出		
电气符号	输入端子	功　　能	电气符号	输出端子	功　　能
SB	X000	系统停止按钮	KM1	Y000	电动机 M1 运行的交流接触器
SB11	X001	M1 起动按钮			
SB12	X002	M1 停止按钮	KM2	Y001	电动机 M2 运行的交流接触器
SB21	X003	M2 起动按钮			
SB22	X004	M2 停止按钮	—	—	—

2) 硬件接线图。请自行绘制基于辅助继电器的两台电动机顺序起动逆序停止运行 PLC 控制的硬件接线图。

2. 状态转移图

根据基于辅助继电器的两台电动机顺序起动逆序停止运行 PLC 的控制要求，其状态转移图如图 12-17 所示。

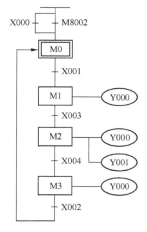

图 12-17　基于辅助继电器的两台电动机顺序起动逆序停止运行 PLC 控制的状态转移图

视频 12.10　基于辅助继电器的两台电动机顺序起动、逆序停止运行的 PLC 控制

3. 软件编程

根据基于辅助继电器的两台电动机顺序起动逆序停止运行 PLC 控制的状态转移图，请自行编写指令表程序或梯形图程序。

12.6　任务延展

1. 设计一个两台电动机交替运行的控制系统，其控制要求是：电动机 M1 工作 10 s 停下来，紧接着电动机 M2 工作 5 s 停下来，然后再交替工作，即电动机 M2 工作 5 s 停下来，电动机 M1 工作 10 s 停下来；如此循环，按下停止按钮，电动机 M1、M2 全部停止运行。用基于辅助继电器的 PLC 步进顺序控制设计方法实现控制。

2. 设计一个数码管从 0、1、2、……、9 依次循环显示的控制系统，其控制要求是：程序开始后显示 0，延时 1 s，显示 1，延时 1 s，显示 2，……，显示 9，延时 1 s，再显示 0，如此循环；按停止按钮时，程序无条件停止运行（数码管为共阴极）。用基于辅助继电器的 PLC 步进顺序控制设计方法实现控制。

12.7 实训 4 加工中心运行的 PLC 控制

1. 实训目的

（1）掌握复杂性步进顺控指令实现加工中心运行 PLC 控制的编程方法。

（2）掌握加工中心运行 PLC 控制电路的安装、编程、调试和运行等，会判断并排除电路故障。

2. 实训设备

可编程控制器实训装置 1 台、通信电缆 1 根、计算机 1 台、加工中心控制实训挂箱 1 个、实训导线若干、万用表 1 只。

3. 实训内容

加工中心运行控制的面板图如图 12-18 所示。

1）总体控制要求：利用刀库中的钻头对工件进行钻操作，用铣刀对工件进行铣操作。

2）具体工作过程：按下起动开关，X 轴运动指示灯 "X" 点亮，按动 "DECX" 按钮 3 次，钻头 2 指示灯 "T2"、Z 轴运动指示灯 "Z"点亮；按动 "DECZ" 按钮 3 次，模拟钻头 2 向下运行 3 步，打开 Z 轴下限位开关 "Z 下"，模拟加工到位，再按动 "DECZ" 按钮 3 次后打开 Z 轴上限位开关 "Z 上"，模拟钻头 2 返回刀库，换取铣刀 "T4"；按动 "DECZ" 按钮 3 次，模拟铣刀 "T4" 向下运行 3 步，打开 Z 轴下限位开关 "Z 下"，模拟加工到位，再按动 "DECY" 按钮 4 次后打开 Y 轴前限位开关 "Y 前"，模拟铣刀 "T4" 加工完成；按动 "DECZ" 按钮 3 次，打开 Z 轴上限位开关 "Z 上"，模拟铣刀 "T4" 返回刀库。

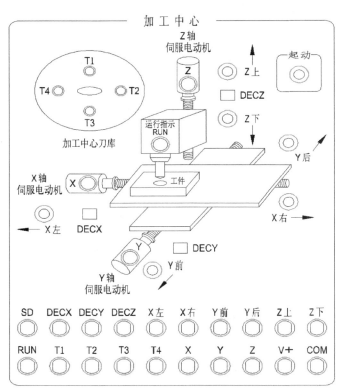

图 12-18 加工中心运行控制的面板图

3）整理器材：实训完成后，整理好所用器材、工具，按照要求放置到规定位置。

4. 实训思考

1）各按钮按动次数是如何实现的？

2）总结记录 PLC 与外部设备的接线过程及注意事项。

5. 实训报告

撰写实训报告。

模块三　PLC 功能指令及其应用

任务 13　信号灯闪光频率变化的 PLC 控制

13.1　任务目标

- 会描述信号灯闪光频率变化 PLC 控制的工作过程。
- 掌握三菱 PLC 的软元件之数据寄存器和变址寄存器以及传送类指令。
- 掌握三菱 PLC 功能指令的常用表达方式和位组合元件的含义。
- 会利用实训设备完成信号灯闪光频率变化 PLC 控制电路的安装、编程、调试和运行等，会判断并排除电路故障。
- 会灵活使用传送类功能指令和位组合元件简化程序的编写。
- 具有诚实守信和遵守规章制度及生产安全的意识；具有精益求精的工匠精神和团队协作精神；具有分析和解决问题以及举一反三的能力。

13.2　任务描述

信号灯闪光频率变化的要求：通过改变输入端口所接置数开关的组合状态，来改变信号灯闪烁的频率。使用 PLC 的功能指令编写程序实现控制。

13.3　任务实施

利用实训设备完成信号灯闪光频率变化 PLC 控制电路的安装、编程、调试、运行及故障排除。具体要求：置数开关的组合状态共有 16 种，频率的变化范围是 0.2~0.5 Hz；用 1 个开关控制系统的起动和停止。

1. 信号灯闪光频率变化的 PLC 控制效果

2. I/O 分配

1）I/O 分配表。根据信号灯闪光频率变化的 PLC 控制要求，需要输入设备 5 个，即 1 个起停开关和 4 个置数开关；需要输出设备 1 个，即闪烁的信号灯。其 I/O 分配见表 13-1。

视频 13.1
展示控制效果

表 13-1　信号灯闪光频率变化 PLC 控制的 I/O 分配表

输　入			输　出		
电气符号	输入端子	功　能	电气符号	输出端子	功　能
SA1	X000	置数开关 1	HL	Y000	用于闪烁的信号灯
SA2	X001	置数开关 2	—	—	—
SA3	X002	置数开关 3	—	—	—
SA4	X003	置数开关 4	—	—	—
SA0	X010	起停开关	—	—	—

2）硬件接线图。信号灯闪光频率变化 PLC 控制的硬件接线图如图 13-1 所示。

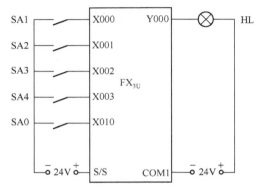

图 13-1　信号灯闪光频率变化 PLC 控制的硬件接线图

视频 13.2
I/O 分配及接线

3. 软件编程

信号灯闪光频率变化的 PLC 控制梯形图程序如图 13-2 所示。

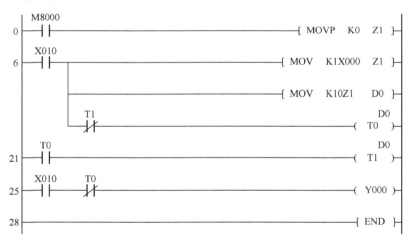

图 13-2　信号灯闪光频率变化的 PLC 控制梯形图程序

视频 13.3
编写程序

4. 工程调试

在断电状态下连接好电缆，将 PLC 运行模式选择开关拨到"STOP"位置，使用编程软件编程并下载到 PLC 中。将所有开关拨到"关"的状态，再将 PLC 运行模式选择开关拨到"RUN"位置进行观察。如果出现故障，学生应独立检修，直到排除故障。调试完成后整理器材。

视频 13.4
调试程序

13.4　任务知识点

13.4.1　信号灯闪光频率变化的 PLC 控制过程

信号灯闪光频率变化 PLC 控制的硬件接线图和梯形图程序分别如图 13-1 和 13-2 所示。PLC 控制过程如下。

将所有开关拨到"关"的状态，再将 PLC 运行模式选择开关拨到"RUN"位置，此时图 13-2 梯形图程序中的 M8000 保持通电闭合状态，以脉冲方式执行 1 次传送指令，将 0 赋值给变址寄存器 Z1，即对 Z1 清零。图 13-1 中，当接通起停开关 SA0 时，输入端子 X010 得电，梯形图程序中输入继电器 X010 触头闭合，执行指令 [MOV K1X000 Z1]，即将 4 个置数开关的值传送给 Z1，4 个置数开关有 16 种组合状态，二进制表示分别为 0000~1111，对应的十进制数值分别是 0~15。执行指令 [MOV K10Z1 D0]，将常数 10 加上偏移量 Z1 的值传送给数据寄存器 D0，则 D0 值的范围为 10~25。D0 是定时器 T0 和 T1 的设定值寄存器，则 T0 和 T1 对应的时间均是 1~2.5 s。梯形图程序中，当 T0 的计时值没有达到设定值时，输出继电器 Y000 线圈吸合，输出端子 Y000 得电，信号灯 HL 点亮，点亮的时间是 T0 的设定值 D0；当 T0 的计时值达到设定值时，输出继电器 Y000 线圈释放，输出端子 Y000 失电，信号灯 HL 熄灭，熄灭的时间是 T1 的设定值 D0。可见，信号灯闪烁的周期是 2D0，即 2~5 s，频率则为 0.2~0.5 Hz，满足控制要求。任何时候我们拨动置数开关，信号灯就会以不同频率进行闪烁。

视频 13.5
信号灯闪频率
变化的 PLC 控制

当分断起停开关 SA0 时，输入端子 X010 失电，程序中 X010 触头断开，信号灯熄灭。

13.4.2　PLC 功能指令的表达方式

PLC 的基本指令主要用于逻辑功能处理，步进顺控指令用于顺序逻辑控制系统。但在工业自动化控制领域中，许多场合需要数据运算和特殊处理。因此，现代 PLC 中引入了功能指令（或称为应用指令），它不是表达梯形图符号间的相互关系，而是直接表达指令的功能。

1. 功能指令的表达式

功能指令常用的表达形式如图 13-3 所示，主要由助记符和操作数组成。

图 13-3　功能指令常用的表达形式

FX 系列 PLC
功能指令一览表

1）助记符。每个功能指令有一个助记符和一个功能号，两者严格对应，均用于表示指令的功能。助记符以英文字母表示，在编程软件中当作功能指令输入；功能号以 FNC 开头，加上数字编号，在简易编程器中当作功能指令输入。如：加法指令，其助记符是 ADD，功能号是 FNC20；传送指令，其助记符是 MOV，功能号是 FNC12。

2）操作数。操作数用于指明参与操作的对象，部分功能指令无操作数，但是大多数功能指令有 1~5 个操作数。操作数分为源操作数、目标操作数和其他操作数。

[S(.)]表示源操作数，其内容不随指令执行而改变。如果不使用变址寄存器，用[S]表示；如果使用变址寄存器，则用[S.]表示；如果有多个源操作数，则用[S1(.)]、[S2(.)]…表示。

[D(.)]表示目标操作数，其内容随指令执行而改变。如果不使用变址寄存器，用[D]表示；如果使用变址寄存器，则用[D.]表示；如果有多个目标操作数，则用[D1(.)]、[D2(.)]…表示。

[n]表示其他操作数，常用于表示常数或作为源操作数[S(.)]或目标操作数[D(.)]的补充说明。表示常数时，十进制数以 K 开头，十六进制数以 H 开头，也可以用数据寄存器 D 来表示；有多个其他操作数时，用[n1]、[n2]…表示。

2. 功能指令中数据长度的指示

图 13-3 中指令助记符 ADD 的前面有一个符号"（D）"，是数据长度的指示。三菱 FX 系列 PLC 功能指令可处理 16 位数据或 32 位数据，指令助记符前无"D"，表示处理 16 位数据；指令助记符前加上"D"，则表示处理 32 位数据。如图 13-4 所示功能指令数据长度指示示例中，第一条指令处理 16 位数据，即 D10 和 D12 分别表示 16 位数据寄存器。第二条指令处理 32 位数据，即指令中标出的源操作数 D20 表示低 16 位数据寄存器，还隐含了一个源操作数 D21，表示高 16 位数据寄存器；同理，目标操作数 D22 表示低 16 位数据寄存器，D23 表示高 16 位数据寄存器。

图 13-4　功能指令数据长度指示示例

3. 功能指令的执行方式

图 13-3 中指令助记符 ADD 的后面有一个符号"（P）"，表示功能指令的执行方式。三菱 FX 系列 PLC 的功能指令执行方式有连续执行和脉冲执行两种方式，指令助记符后无"P"，表示连续执行方式；指令助记符后加上"P"，则表示脉冲执行方式。如图 13-5a 所示功能指令的连续执行方式示例中，当 X001 为 ON 时，DMOV 指令每个扫描周期都要执行一次。图 13-5b 所示功能指令的脉冲执行方式示例中，MOVP 指令只在 X000 由 OFF 变为 ON 的第一个扫描周期被执行一次。

图 13-5　功能指令的执行方式示例
a）连续执行方式　b）脉冲执行方式

视频 13.6
PLC 功能指令
的表达方式

特别说明，P 和 D 可同时使用，如 DMOVP 表示 32 位数据的脉冲执行方式。

4. 位组合元件

图 13-3 中的目标操作数是 "K1Y000"，此操作数不是只代表 Y000 这一位，而是有 4 位，即 Y003、Y002、Y001、Y000。"K1Y000" 这种表示方式称为位组合元件，是将 4 位位元件成组使用，标出来的这一位是起始位元件编号，排列时放在最右边，然后依次往左排列高一位位元件编号。位组合元件一般用在输入继电器、输出继电器、辅助继电器和状态继电器中，其表达形式通常为 KnX、KnY、KnM 和 KnS 等，式中 "K" 表示十进制，也可以用 "H" 来表示十六进制；"n" 表示有 n 组位组合元件。如 K2X0，"K2" 指有两组位组合元件，即有 8 位位元件；"X0" 指起始输入继电器的元件编号，则此 8 位输入继电器元件的编号及从左向右的排列顺序依次为 X007、X006、X005、X004、X003、X002、X001、X000。

13.4.3 PLC 软元件之数据寄存器（D）

数据寄存器（D）用于存储数值数据，可写可读，均为 16 位（最高位为符号位），可处理的数值范围为 -32768～+32767。

视频 13.7
PLC 软元件之
数据寄存器

两个相邻的数据寄存器可组成 32 位数据寄存器（最高位为符号位）。在进行 32 位操作时只要指定低位的编号即可。例如用 D0 表示 32 位数据时，实际上是含 D1、D0 两个数据寄存器。低位的编号一般采用偶数编号。数据寄存器的分类见表 13-2。

表 13-2 数据寄存器的分类

分　类	功　能	存取的地址范围及点数	备　注
一般用数据寄存器	只要不重新写入数据，已写入的数据不会变化。但是 PLC 状态由运行变为停止时，全部数据均清零	200（D0～D199）	根据设定的参数，可以更改为停电保持区域
停电保持用（电池保持）数据寄存器	只要不改写数据，PLC 状态由运行变为停止时，原有数据不会丢失	312（D200～D511）	根据设定的参数，可以更改为非停电保持区域
停电保持用（电池保持）数据寄存器〈文件寄存器〉	〈文件寄存器是对相同软元件编号的数据寄存器设定初始值的软元件。通过设定常数，可以将 D1000 以后的数据寄存器以 500 点为单位作为文件寄存器〉	7488（D512～D7999）〈7000〉〈D1000～D7999〉	不能根据参数更改为非停电保持区域
特殊用数据寄存器	预先写入特定内容的数据寄存器，每次上电时会被设置为初始值	512（D8000～D8511）	—

13.4.4 PLC 软元件之变址寄存器（V，Z）

变址寄存器 V、Z 是两组 16 位的数据寄存器，分别为 V0～V7 和 Z0～Z7。变址寄存器除了与通用数据寄存器有相同的存储数据功能外，主要用于操作数地址的修改或数据内容的修改。变址的方法是将 V 或 Z 放在操作数的后面，充当修改操作数地址或内容的偏移量，修改后其实际地址等于操作数的原地址加上偏移量的代数和。若是修改数据，则修改后实际数据等于原数据加上偏移量的代数和。

变址功能可以使地址像数据一样被操作，大大增强了程序的功能。可充当变址操作数的有常数（K、H）、位组合元件（KnX、KnY、KnM、KnS）、P、T、C 和 D 等。

变址寄存器应用示例如图 13-6 所示。当 X000 触头闭合后，程序依次扫描执行各指令，变址寄存器 V3 的值是 10；变址寄存器 Z3 的值是 20；D0Z3 = D（0+20）= D20，则 D20 的值是

30；K30V3＝K（30＋10）＝K40，则 D1 的值是 40。当 X001 触头闭合后，执行 1 次 32 位数据传送指令"DMOVP"，D4Z3＝D（4＋20）＝D24，则表示将 D25 和 D24 组成的 32 位数据值分别传送到 D21 和 D20 两个数据寄存器中；当执行指令"［DMOVP　H00013A5C　Z3］"时，需要用 32 位变址寄存器，此时就由 V、Z 组合而成，即 V3 是高 16 位，Z3 是低 16 位，指令中只要指定 Z，编号相同的 V 就被自动占用。

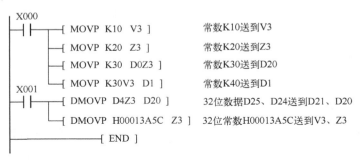

视频 13.8
PLC 软元件
之变址寄存器

图 13-6　变址寄存器应用示例

13.4.5　PLC 的传送类指令（MOV，CML，BMOV，FMOV）

1. 传送指令（MOV）

传送指令的助记符、指令代码、指令格式、操作数、指令功能及程序步见表 13-3。

表 13-3　传送指令的助记符、指令代码、指令格式、操作数、指令功能及程序步

指令名称	助记符	指令代码	指令格式	操作数		指令功能	程序步
				源操作数 [S(.)]	目标操作数 [D(.)]		
传送指令	MOV	FNC12	X001 ┤├ (D)MOV(P) [S(.)] [D(.)]	K、H、KnX、KnY、KnM、KnS、T、C、D、V、Z	KnY、KnM、KnS、T、C、D、V、Z	将源操作数的数据传送到目标操作数	16 位占用 5 步；32 位占用 9 步

传送指令应用示例 1 如图 13-7 所示。图 13-7a 中，当 X000 触头闭合时，源操作数［S］的常数 K100 传送到目标操作数［D］的数据寄存器 D10 中。此时，常数 K100 自动转换成二进制数 1100100 存入 D10 中，如图 13-7b 所示。当 X000 触头断开时，指令不执行，数据保持不变。

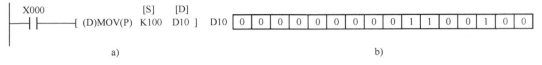

a)　　　　　　　　　　　　　　　　b)

图 13-7　传送指令应用示例 1
a) 传送指令示例　b) 数据寄存器 D10 的值

传送指令应用示例 2 如图 13-8 所示。图 13-8a 中，若 4 个输出继电器分别表示 4 盏指示灯，则当 X000 触头闭合时，源操作数［S］的常数 K10 传送到目标操作数［D］的输出继电器 Y003、Y002、Y001、Y000 中。此时，常数 K10 自动转换成二进制数 1010 存入 K1Y000 中，如图 13-8b 所示，即指示灯 Y001 和 Y003 点亮，指示灯 Y000 和 Y002 熄灭。

图 13-8　传送指令应用示例 2

a）传送指令示例　b）输出继电器位组合元件 K1Y000 的值

2. 取反传送指令（CML）

取反传送指令 CML 是将源操作数［S（.）］中的数据逐位取反，并传到指定目标操作数 ［D（.）］中。若源操作数中的数为十进制常数，将自动转换成二进制数再传送。CML 指令应 用示例如图 13-9 所示，将 D0 中的低 4 位数据按位取反后再传送给 K1Y000，即 Y003 ~ Y000。

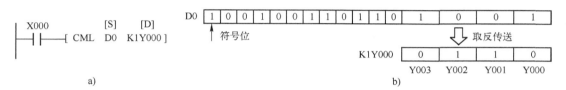

图 13-9　取反传送指令应用示例

a）取反传送指令示例　b）输出继电器位组合元件 K1Y000 的值

3. 块传送指令（BMOV）

块传送指令 BMOV 示例如图 13-10 所示。当 X000 触头闭合时，将源操作数［S］指定的数 据寄存器 D0 开始的［n］（K3）个数据寄存器中的数据，传送到指定的目标操作数［D］指定的 数据寄存器 D10 开始的 K3 个数据寄存器中。

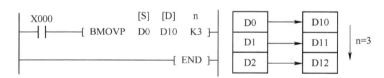

图 13-10　块传送指令示例

注意：BMOV 指令中的源与目标是位组合元件时，源与目标要采用相同的位数。

4. 多点传送指令（FMOV）

多点传送指令 FMOV 是将源操作数［S］指定的内容向以目标操作数［D］指定的连续［n］个 目标操作数传送数据。如图 13-11 所示，将数据寄存器 D0 开始的连续 100 个数据寄存器，即 D0 ~ D99 共 100 个数据寄存器的内容全部置 0。

图 13-11　多点传送指令示例

视频 13.9　PLC 的传送类指令

13.5　知识点拓展

13.5.1　数据转换指令（BIN，BCD，DEBCD，DEBIN，INT，FLT）

1. BCD 码变换为二进制数（BIN）

BIN 变换指令是将源操作数［S(.)］中的 BCD 码转换成二进制数存入目标操作数［D(.)］中。如图 13-12a 所示指令示例，当 X020 触头闭合时，若此时分别给输入继电器位组合元件的每一位赋值如图 13-12b 所示，则执行 BIN 指令后，数据寄存器 D0 中的值分别用十进制、十六进制和二进制表示，如图 13-12c、d、e 所示。

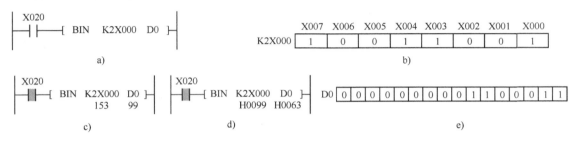

图 13-12　BIN 变换指令示例

a）BIN 指令示例　b）输入继电器的 BCD 码表示　c）十进制表示的数值
d）十六进制表示的数值　e）对应 BCD 码的二进制存入 D0 中的表示

说明：如果源操作数不是 BCD 码就会出错，而且常数不可作为该指令的操作数。BCD 码的取值范围：16 位时为 0～9999，32 位时为 0～99999999。

2. 二进制数变换为 BCD 码（BCD）

BCD 变换指令是将源操作数［S(.)］中的二进制数转换成 BCD 码送到目标操作数［D(.)］中。如图 13-13a 所示指令示例，当 X020 触头闭合时，若此时数据寄存器 D0 中的二进制数值如图 13-13b 所示，则执行 BCD 指令后，输出继电器位组合元件的值分别用十进制、十六进制和 BCD 码表示，如图 13-13c、d、e 所示。

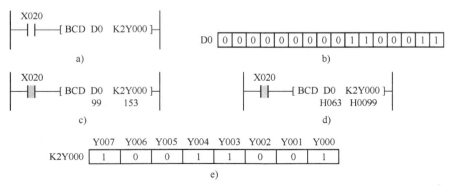

图 13-13　BCD 变换指令示例

a）BCD 指令示例　b）D0 中的二进制数值　c）十进制表示的数值
d）十六进制表示的数值　e）对应 BCD 码送入输出继电器中的表示

说明：BCD 变换指令可用于将 PLC 的二进制数据变为 LED 七段显示码所需的 BCD 码，故可直接用于带译码器的 LED 数码显示，如图 13-14 所示。

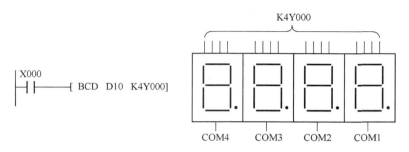

图 13-14　BCD 变换指令用于七段数码显示应用示例

3. 浮点数据转换（DEBCD，DEBIN，INT，FLT）

视频 13.10
数据转换指令

浮点数转换指令包括 DEBCD（将浮点数转换为科学计数法格式的数）、DEBIN（将科学计数法格式的数转换成浮点数）、INT（将浮点数转换为二进制数）和 FLT（将二进制数转换为浮点数）指令，它们的源操作数［S(.)］和目标操作数［D(.)］均为数据寄存器 D。浮点数和科学计数法格式的数都为 32 位数据。浮点数据转换指令用法示例如图 13-15 所示。

```
    X000
0   ┤├                                      ─[ DEBCD   D30    D50 ]
    X001
10  ┤├                                      ─[ DEBIN   D40    D70 ]
    X002
20  ┤├                                      ─[ DINT    D60    D80 ]
    X003
30  ┤├                                      ─[ FLT     D10    D20 ]

36                                                        ─[ END ]
```

图 13-15　浮点数据转换指令用法示例

13.5.2　基于功能指令的三相异步电动机丫/△减压起动运行控制

三相异步电动机丫/△减压起动运行控制的要求是：起动时，首先按丫联结减压起动，延时 10 s 后，丫联结分断；再延时 1 s 后，按△联结全压运行。按下停止按钮，电动机停止运转，任何时候过载时报警指示灯点亮提示。使用 PLC 的功能指令编写程序实现控制。

1. I/O 分配

（1）I/O 分配表

根据三相异步电动机丫/△减压起动运行控制要求，需要输入设备 3 个，即 2 个按钮和 1 个热继电器；输出设备 4 个，即 3 个用来控制电动机丫起动和△运行的交流接触器以及 1 个起动/报警指示灯。其 I/O 分配见表 13-4。

表 13-4　三相异步电动机丫/△减压起动运行 PLC 控制的 I/O 分配表

输　　入			输　　出		
电气符号	输入端子	功　　能	电气符号	输出端子	功　　能
FR	X000	过载保护	HL	Y000	起动/报警指示灯
SB1	X001	停止按钮	KM	Y001	电路总电源的交流接触器
SB2	X002	起动按钮	KMY	Y002	电动机丫起动的交流接触器
—	—	—	KM△	Y003	电动机△运行的交流接触器

（2）硬件接线图

基于功能指令的三相异步电动机丫/△减压起动运行 PLC 控制的硬件接线图如图 13-16
所示。

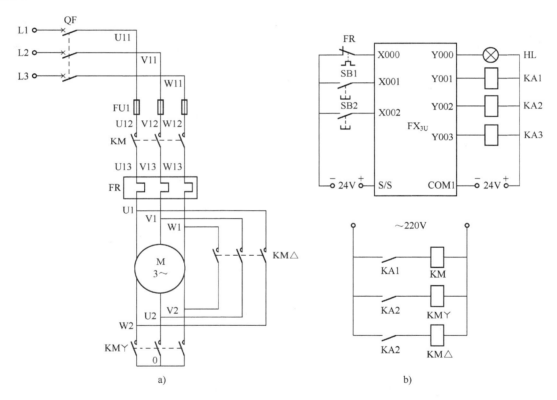

图 13-16　基于功能指令的三相异步电动机丫/△减压起动运行 PLC 控制的硬件接线图

a）主电路　b）PLC 的 I/O 接线图

2. 软件编程

基于功能指令的三相异步电动机丫/△减压起动运行 PLC 控制的梯形图程序如图 13-17
所示。

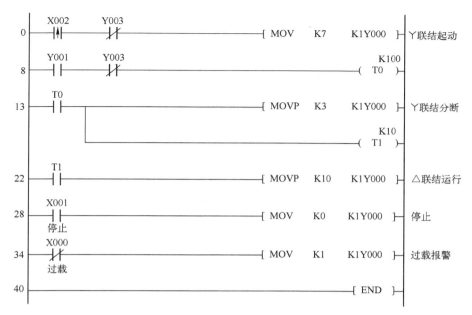

图 13-17 基于功能指令的三相异步电动机 Y/△
减压起动运行 PLC 控制的梯形图程序

根据三相异步电动机 Y/△ 减压起动运行控制的要求，各种运行状态对应的输出端子组合见表 13-5。

表 13-5 各种运行状态对应的输出端子组合表

输出端子	Y003 （△运行）	Y002 （Y起动）	Y001 （电路总电源）	Y000（起动/ 报警指示灯）	十进制数值
Y联结起动	0	1	1	1	7
Y联结分断	0	0	1	1	3
△联结运行	1	0	1	0	10
停止	0	0	0	0	0
过载报警	0	0	0	1	1

13.6 任务延展

1. 写出图 13-2 梯形图的指令程序。

2. 对于图 13-2，当要求信号灯频闪的频率不低于 10 Hz 时，请修改程序。

3. 如果有 6 个置数开关，图 13-2 的程序该如何修改？分析此时信号灯频闪的频率范围。

视频 13.11
Y/△减压起
动运行控制

任务 14 简易定时报时器的 PLC 控制

14.1 任务目标

- 会描述简易定时报时器 PLC 控制的工作过程。
- 掌握三菱 PLC 的比较类指令。
- 会利用实训设备完成音乐喷泉 PLC 控制电路的安装、编程、调试和运行等，会判断并排除电路故障。
- 会综合运用传送类、比较类功能指令编写程序。
- 具有诚实守信和遵守规章制度及生产安全的意识；具有精益求精的工匠精神和团队协作精神；具有分析和解决问题以及举一反三的能力；具有自我管理能力和职业生涯规划的意识。

14.2 任务描述

简易定时报时器的要求：设计一个 24 h 可任意设定定时功能的住宅报时器的控制程序，使用 PLC 的功能指令编写程序实现控制。

14.3 任务实施

利用实训设备完成简易定时报时器 PLC 控制电路的安装、编程、调试、运行及故障排除。具体要求：以 15 min 为一个设定单位，①早晨 6：30，闹钟每秒钟响 1 次，10 s 后自动停止；②9：00~17：00，起动住宅报警系统；③晚上 18：00，打开住宅照明；④晚上 22：00，关闭住宅照明。

1. 简易定时报时器的 PLC 控制效果

2. I/O 分配

1）I/O 分配表。根据简易定时报时器的 PLC 控制要求以及便于调试，需要输入设备 3 个，即 1 个起停开关、1 个 15 min 分段试验开关和 1 个段数试验开关；需要输出设备 3 个，即闹钟、报警系统和照明系统。其 I/O 分配见表 14-1。

视频 14.1
展示控制效果

表 14-1 简易定时报时器 PLC 控制的 I/O 分配表

输　入			输　出		
电气符号	输入端子	功　能	电气符号	输出端子	功　能
SA0	X000	起停开关	HA	Y000	闹钟（蜂鸣器）
SA1	X001	15 min 分段试验开关	HL1	Y001	住宅报警系统（实训室用指示灯模拟）
SA2	X002	段数试验开关	HL2	Y002	住宅照明系统（实训室用指示灯模拟）

2）硬件接线图。简易定时报时器 PLC 控制的硬件接线图如图 14-1 所示。

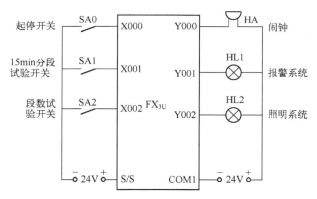

视频 14.2　I/O
分配及接线

图 14-1　简易定时报时器 PLC 控制的硬件接线图

3. 软件编程

简易定时报时器的 PLC 控制梯形图程序如图 14-2 所示。

图 14-2　简易定时报时器的 PLC 控制梯形图程序

4. 工程调试

在断电状态下连接好电缆，将 PLC 运行模式选择开关拨到"STOP"位置，使用编程软件编程并下载到 PLC 中。将 PLC 运行模式选择开关拨到"RUN"位置进行观察。如果出现故障，学生应独立检修，直到排除故障。调试完成后整理器材。

视频 14.3
编写程序

14.4　任务知识点

14.4.1　简易定时报时器的 PLC 控制过程

简易定时报时器 PLC 控制的硬件接线图和梯形图程序分别如图 14-1 和图 14-2 所示。PLC 控制过程如下。

图 14-2 梯形图程序中第 1 逻辑行，M8013 为周期 1s 的脉冲，M8011 为周期 0.01s 的脉冲，当接通图 14-1 中的 SA1 开关，输入继电器 X001 的触头闭合时，计数器 C0 开始计数，每隔 0.01s 加 1，因此，9s 后计数次数到，则程序中第 2 逻辑行 C0 的动合触头闭合，C1 计数为 1。由于 900s 即 15 min，故 X001 和 M8011 是用来作为 15min 试验用的开关和时间脉冲。

程序中第 2 逻辑行 M8012 为周期 0.1s 的脉冲，当接通 SA2 开关输入继电器 X002 的触头闭合时，C1 开始计数，每隔 0.1s 加 1，因此，9.6s 后计数次数到，则程序中第 4 逻辑行 C1 的动合触头闭合。由于 96×15 min 刚好是 24 h，故 X002 和 M8012 是用来作为 24 h 段数试验用的开关和时间脉冲。

验证之后，分断 SA1 和 SA2。此时接通 SA0，输入继电器 X000 的触头闭合，C0 开始计数，每隔 1s 加 1，因此，900s 也就是 15 min 后，程序中第 2 逻辑行中 C0 的动合触头闭合，C1 计数为 1，同时第 3 逻辑行 C0 被自身复位为 0，又重新开始下一个 15 min 的计数。如此循环 96 次，即 24 h 后，第 4 逻辑行 C1 被自身复位为 0，又重新开始下一个 24 h 的循环计数。

第 5 逻辑行表示，当 PLC 上电时，程序就将段数计数器 C1 的当前值依次与设定分段值进行比较。其中 5 个段数设定值常数 K26、K36、K68、K72、K88 分别乘以 15 min，就代表了 24 h 中的 6:30、9:00、17:00、18:00 和 22:00。此逻辑行中，3 个比较指令和 1 个区间比较指令中的目标操作数，分别是 M1、M4、M7 和 M20，实际上都自动占用了 3 个辅助继电器，分别是 M1(M1、M2、M3)，M4(M4、M5、M6)，M7(M7、M8、M9)，M20(M20、M21、M22)。

其中，M2、M5、M8 和 M21 分别表示段数计数值 C1 与设定值相等时，其值为 1。因此，当 M2 为 1 时，第 6 逻辑行表示早上 6:30 到了，闹钟间隔 1s 响 1 次，共计响 10s；当 M5 为 1 时，第 7 逻辑行表示晚上 18:00 到了，住宅照明系统打开；当 M8 为 1 时，第 8 逻辑行表示晚上 22:00 到了，住宅照明系统关闭；当 M21 为 1 时，第 9 逻辑行表示在上午 9:00 到下午 17:00 之间，住宅进入报警状态。

14.4.2　比较类指令（CMP，ZCP，触头比较指令）

1. 比较指令（CMP）

比较指令的助记符、指令代码、指令格式、操作数、指令功能及程序步见表 14-2。

表 14-2　比较指令的助记符、指令代码、指令格式、操作数、指令功能及程序步

指令名称	助记符	指令代码	指令格式	操作数		指令功能	程序步
				源操作数[S(.)]	目标操作数[D(.)]		
比较指令	CMP	FNC10	(D)CMP(P) [S1(.)] [S2(.)] [D(.)]	K、H、KnX、KnY、KnM、KnS、T、C、D、V、Z	Y、M、S、D（不可用于变址）	比较两个源操作数的大小关系，把比较结果送到目标操作数中	16 位占用 7 步；32 位占用 13 步

两个数相比较有 3 种结果，当[S1(.)]的值>[S2(.)]的值时，[D(.)]的值为 1；当[S1(.)]的值=[S2(.)]的值时，[D(.)+1]的值为 1；当[S1(.)]的值<[S2(.)]的值时，[D(.)+2]的值为 1。即目标操作数的地址被自动占用 3 个来存储比较结果。

比较指令应用示例如图 14-3 所示。当 X000 触头闭合时，常数 K100 与计数器 C20 的当前值进行比较，比较的结果存放到 M0、M1、M2 三个辅助继电器中。当 K100 大于 C20 的当前值时，M0 自动置 1，此时 Y000 线圈吸合；当 K100 等于 C20 的当前值时，M1 自动置 1，此时 Y001 线圈吸合；当 K100 小于 C20 的当前值时，M2 自动置 1，此时 Y002 线圈吸合。需特别注意的是，每次比较只能有一种比较结果，即 M0~M2 只能有一个值为 1。当 X000 触头断开时，不执行 CMP 指令，此时 M0~M2 保持 X000 断开前的状态。因此，若要清除比较结果需要用 RST 或 ZRST 指令。

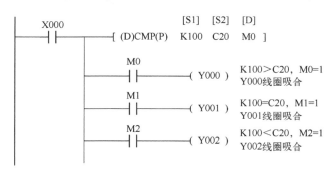

图 14-3　比较指令应用示例

2. 区间比较指令（ZCP）

区间比较指令的助记符、指令代码、指令格式、操作数、指令功能及程序步见表 14-3。

表 14-3　区间比较指令的助记符、指令代码、指令格式、操作数、指令功能及程序步

指令名称	助记符	指令代码	指令格式	操作数		指令功能	程序步
				源操作数[S(.)]	目标操作数[D(.)]		
区间比较指令	ZCP	FNC11	(D)ZCP(P) [S1(.)] [S2(.)] [S(.)] [D(.)]	K、H、KnX、KnY、KnM、KnS、T、C、D、V、Z	Y、M、S、D（不可用于变址）	将源操作数[S]的值与其他两个源操作数的值进行大小比较，把比较结果送到目标操作数中	16 位占用 9 步；32 位占用 17 步

此比较也有 3 种结果，当 [S(.)] 的值 < [S1(.)] 的值时，[D(.)] 的值为 1；当 [S(.)] 的值介于并等于 [S1(.)] 与 [S2(.)] 的值之间时，[D(.)+1] 的值为 1；当 [S(.)] 的值 > [S2(.)] 的值时，[D(.)+2] 的值为 1。需特别说明的是，源 [S1(.)] 的值不得大于源 [S2(.)] 的值。

区间比较指令应用示例如图 14-4 所示。当 X000 触头闭合时，将 C0 的当前值与常数 K50 和 K100 比较，比较的结果存放到 M0、M1、M2 中。若 C0 的当前值 < K50，M0 自动置 1，此时 Y000 线圈吸合；若 K50≤C0≤K100，M1 自动置 1，此时 Y001 线圈吸合；若 C0>K100，M2 自动置 1，此时 Y002 线圈吸合。

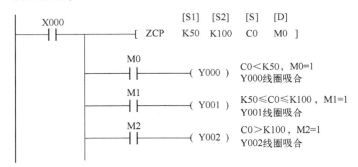

图 14-4　区间比较指令应用示例

3. 触头比较指令

触头比较指令相当于一个动合触头，分为 3 类，分别是取触头比较指令、串联触头比较指令和并联触头比较指令，其助记符、指令代码、指令格式、操作数、指令功能及程序步分别见表 14-4。

表 14-4　触头比较指令的助记符、指令代码、指令格式、操作数、指令功能及程序步

指令名称	助记符	指令代码	指令格式	源操作数 [S(.)]	指令功能	程序步
取触头比较指令	LD= , LD> LD< , LD<> LD<= , LD>=	FNC224, FNC225, FNC226, FNC228, FNC229, FNC230	├─[= [S1(.)] [S2(.)]] LD(D)= [S1(.)] [S2(.)]	K、H、KnX KnY、KnM KnS、T、C D、V、Z	与左母线连接，满足条件则触头闭合	16 位占用 5 步；32 位占用 9 步
串联触头比较指令	AND= , AND> AND< , AND<> AND<= , AND>=	FNC232, FNC233, FNC234, FNC236, FNC237, FNC238	X001 ├┤├─[> [S1(.)] [S2(.)]] AND(D)> [S1(.)] [S2(.)]		与其他触头串联连接，满足条件则触头闭合	
并联触头比较指令	OR= , OR> OR< , OR<> OR<= , OR>=	FNC240, FNC241, FNC242, FNC244, FNC245, FNC246	X002 ├┤├───────┤ ├─[<= [S1(.)] [S2(.)]]┤ OR(D)<= [S1(.)] [S2(.)]		与其他触头并联连接，满足条件则触头闭合	

触头比较指令均为连续执行型，其应用示例如图 14-5 所示。图 14-5a 表示计数器 C0 的当前值等于 K10 时，即计数值达到 10 次，触头闭合，输出继电器 Y000 线圈吸合；数据寄存器 D10 的值大于 K-30，则触头闭合，同时当 X000 触头闭合时，Y001 才被置位线圈吸合。图 14-5b 表示 X000 触头闭合且数据寄存器 D20 的值小于 K50 时，Y000 被复位线圈释放；当 X001 触头闭合或计数器 C0 当前值小于 K10 时，Y001 线圈吸合。

```
├─[ = C0 K10 ]──────────( Y000 )          ┤├─X000──[ < D20 K50 ]──[ RST Y000 ]

                    X000                    X001
├─[ > D10 K-30 ]─┤├──────[ SET Y001 ]     ┤├──────────────────────( Y001 )

                                           ├─[ >= K10 C0 ]

          a)                                                    b)
```

图 14-5 触头比较指令应用示例

14.4.3 传送与比较指令综合应用

传送与比较指令综合使用可以简化编程。图 14-6 是用传送与比较指令设计的交替点亮 12 盏彩灯的控制程序。其工作过程是：12 盏彩灯分别接到 12 个输出端子 Y0~Y7、Y10~Y13 上，当接通开关时输入端子 X000 闭合，系统开始工作，定时器 T0 线圈吸合开始计时。T0≤2 s 时，第 1~6 盏灯点亮；T0 为 2~4 s 时，第 7~12 盏灯点亮；T0≥4 s 时，12 盏灯全部点亮；T0=6 s 时，定时器 T0 动断触头断开，T0 线圈释放，又从 0 开始计时，如此循环，就实现了彩灯的交替工作。当分断开关时，输入继电器 X000 的动断触头恢复闭合状态，彩灯全部熄灭。各时间段运行时对应的输出端子状态表见表 14-5。

```
       X000    T0                                      K60
0     ─┤├──────┤/├────────────────────────────────( T0 )

5     ─[ <= T0 K20 ]──────────────[ MOV H3F   K3Y000 ]

15    ─[ > T0 K20 ] [ < T0 K40 ]──[ MOV H0FC0 K3Y000 ]

30    ─[ >= T0 K40 ]──────────────[ MOV H0FFF K3Y000 ]

       X000
40    ─┤/├────────────────────────[ MOV K0    K3Y000 ]

46    ─────────────────────────────────────────[ END ]
```

视频 14.6 传送与比较指令综合应用

图 14-6 传送与比较指令统合应用示例

表 14-5 各时间段运行时对应的输出端子状态表

时 间	输出端子状态												十六进制数值
	Y013	Y012	Y011	Y010	Y007	Y006	Y005	Y004	Y003	Y002	Y001	Y000	
0~2 s	0	0	0	0	0	0	1	1	1	1	1	1	H3F
2~4 s	1	1	1	1	1	1	0	0	0	0	0	0	H0FC0
4~6 s	1	1	1	1	1	1	1	1	1	1	1	1	H0FFF

14.5　知识点拓展

14.5.1　高速计数器指令（HSCS，HSCR，HSZ）

1. 比较置位指令（高速计数器）（HSCS）

比较置位指令的助记符、指令代码、指令格式、操作数、指令功能及程序步见表 14-6。

表 14-6　比较置位指令的助记符、指令代码、指令格式、操作数、指令功能及程序步

指令名称	助记符	指令代码	指令格式	操作数 源操作数 [S(.)]	目标操作数 [D(.)]	指令功能	程序步
比较置位指令	HSCS	FNC53	DHSCS [S1(.)] [S2(.)] [D(.)]	S1：K、H、KnX、KnY、KnM、KnS、T、C、D、Z S2：C235～C255	Y、M、S、D（不可用于变址）、P（使用计数器中断时，指定中断指针）	当[S2(.)]指定的计数器的当前值等于[S1(.)]指定的设定值时，[D(.)]指定的输出用中断方式立即置位	32位占用13步

比较置位指令（高速计数器）是 32 位专用指令，其应用示例如图 14-7 所示。PLC 处于运行状态，当高速计数器 C235 计数到指定值 100 时，输出继电器 Y000 线圈立即吸合，而不再受扫描周期的影响。

图 14-7　比较置位指令（高速计数器）应用示例

2. 比较复位指令（高速计数器）（HSCR）

比较复位指令的助记符、指令代码、指令格式、操作数、指令功能及程序步见表 14-7。

表 14-7　比较复位指令的助记符、指令代码、指令格式、操作数、指令功能及程序步

指令名称	助记符	指令代码	指令格式	操作数 源操作数 [S(.)]	目标操作数 [D(.)]	指令功能	程序步
比较复位指令	HSCR	FNC54	DHSCR [S1(.)] [S2(.)] [D(.)]	S1：K、H、KnX、KnY、KnM、KnS、T、C、D、Z S2：C235～C255	Y、M、S、D（不可用于变址）、与 S2(.)相同的计数器	当[S2(.)]指定的计数器的当前值等于[S1(.)]指定的设定值时，[D(.)]指定的输出用中断方式立即复位	32位占用13步

比较复位指令（高速计数器）是 32 位专用指令，其应用示例如图 14-8 所示。PLC 处于运行状态，当高速计数器 C235 计数到指定值 200 时，输出继电器 Y010 线圈立即释放，而不再受扫描周期的影响。

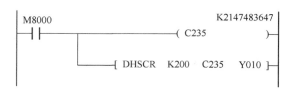

图 14-8　比较复位指令（高速计数器）应用示例

3. 区间比较指令（高速计数器）（HSZ）

区间比较指令的助记符、指令代码、指令格式、操作数、指令功能及程序步见表 14-8。

表 14-8　区间比较指令的助记符、指令代码、指令格式、操作数、指令功能及程序步

指令名称	助记符	指令代码	指令格式	操作数		指令功能	程序步
				源操作数 [S(.)]	目标操作数 [D(.)]		
区间比较指令	HSZ	FNC55	DHSZ [S1(.)] [S2(.)] [S(.)] [D(.)]	S1，S2：K、H、KnX、KnY、KnM、KnS、T、C、D、Z S：C235~C255	Y、M、S、D（不可用于变址）	[S(.)]<[S1(.)]，[D(.)]为1；[S1(.)]≤[S(.)]≤[S2(.)]，[D(.)+1]为1；[S(.)]>[S2(.)]，[D(.)+2]为1，用中断方式立即执行	32位占用17步

区间比较指令（高速计数器）是 32 位专用指令，比较与外部输出均使用中断方式进行处理，而不再受扫描周期的影响。

视频 14.7
高速处理指令

14.5.2　信号报警器置位与复位指令（ANS，ANR）

信号报警器置位与复位指令的助记符、指令代码、指令格式、操作数、指令功能及程序步见表 14-9。

表 14-9　信号报警器置位与复位指令的助记符、指令代码、指令格式、操作数、指令功能及程序步

指令名称	助记符	指令代码	指令格式	操作数			指令功能	程序步
				源操作数 [S(.)]	其他操作数 [m]	目标操作数 [D(.)]		
信号报警器置位指令	ANS	FNC46	ANS [S(.)] [m] [D(.)]	T（T0~T199）	信号报警器 S（S900~S999）	D、K、H（1~32767（100ms 单位））	驱动信号报警器动作	16 位占用7 步
信号报警器复位指令	ANR	FNC47	ANR(P)	—	—	—	复位正在动作的信号报警器	16 位占用1 步

信号报警器置位与复位指令都是 16 位指令，其应用示例如图 14-9 所示。信号报警器有效 M8049，如果被驱动，则监控有效，即 S900~S999 中动作状态的最小编号被存入特殊数据寄存器 D8049 中（在监看窗口中查看值）。信号报警器动作 M8048，如果 M8049 被驱动，当 S900~S999 中任意一个动作时，则 M8048 动作，即表明有故障。通过外部故障诊断程序修复故障后，用复位按钮 X007 使动作状态复位，X007 每接通一次，小编号的动作状态被依次复位。

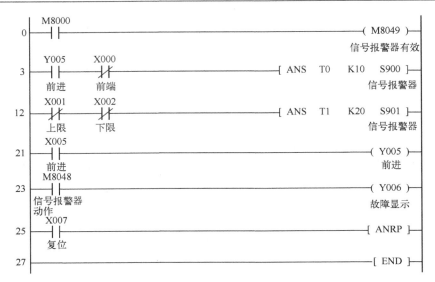

图 14-9　信号报警器置位与复位指令应用示例

14.6　任务延展

1. 写出图 14-2 梯形图的指令程序。
2. 若中午 12:00 时启动定时器，程序如何编写？
3. 若每晚 22:00 时闹钟响 10 s，每秒响 1 次，请写出程序。

14.7　实训 5　音乐喷泉的 PLC 控制

1. 实训目的

1）掌握利用传送类指令、比较类指令、定时器和计数器等进行综合编程的方法。

2）掌握音乐喷泉 PLC 控制电路的安装、编程、调试和运行等，会判断并排除电路故障。

2. 实训设备

可编程控制器实训装置 1 台、通信电缆 1 根、计算机 1 台、音乐喷泉实训挂箱 1 个、实训导线若干、万用表 1 只。

3. 实训内容

音乐喷泉控制的面板如图 14-10 所示。

1）起动开关"SD"为 ON 时，LED 指示灯依次循环显示 1→2→3…→8→1、2→3、4→5、6→7、8→1、2、3→4、5、6→7、8→1→2…，模拟当前喷泉"水流"状态。

2）起动开关"SD"为 OFF 时，LED 指示灯停止显示，系统停止工作。

3）整理器材。实训完成后，整理好所用器材、工具，按照要求放置到规定位置。

4. 实训思考

1）此程序可以用传送类指令和比较类指令结合定时器进行程序的编写，也可以结合计数器进行程序的编写，分别是如何实现的？

2）当分断起动开关后，可否让程序走完最后一个状态再停止？

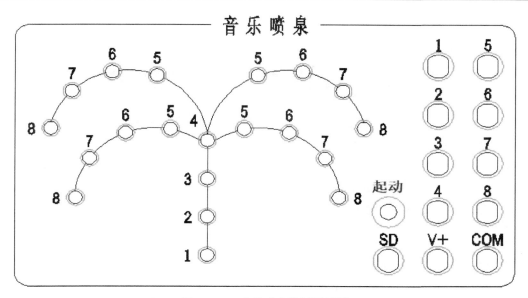

图 14-10　音乐喷泉控制面板图

5. 实训报告

撰写实训报告。

任务 15　4 站小车呼叫的 PLC 控制

15.1　任务目标

- 会描述 4 站小车呼叫 PLC 控制的工作过程。
- 掌握三菱 PLC 的算术与逻辑运算指令、编码指令和七段译码指令。
- 会利用实训设备完成 4 站小车呼叫 PLC 控制电路的安装、编程、调试和运行等，会判断并排除电路故障。
- 会综合运用所学功能指令编写程序。
- 具有诚实守信和遵守规章制度及生产安全的意识；具有精益求精的工匠精神和团队协作精神；具有结合实际分析和解决问题的能力。

15.2　任务描述

4 站小车呼叫的示意图如图 15-1 所示，控制要求：小车可以停靠 4 个站，小车所停位置号小于呼叫号时，小车慢速右行至呼叫号处停车；小车所停位置号大于呼叫号时，小车快速左行至呼叫号处停车；小车所停位置号等于呼叫号时，小车原地不动。位置显示单元实时显示当前小车所处位置。使用 PLC 的功能指令编写程序实现控制。

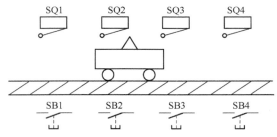

图 15-1　4 站小车呼叫示意图

15.3　任务实施

4 站小车呼叫的控制系统实训设备及控制面板界面如图 15-2 所示，利用此实训设备完成 4 站小车呼叫 PLC 控制电路的安装、编程、调试、运行及故障排除。

1. 4 站小车呼叫的 PLC 控制效果

2. I/O 分配

1）I/O 分配表。根据 4 站小车呼叫的 PLC 控制要求，需要输入设备 8 个，即 4 个呼叫按钮和 4 个控制位置信号的传感器；需要输出设备 7 个，即 2 个用来控制直流电动机正反转运行的接触器、2 个控制速度的继电器和 3 个位置数码显

视频 15.1
展示控制效果

示端子。其 I/O 分配见表 15-1。

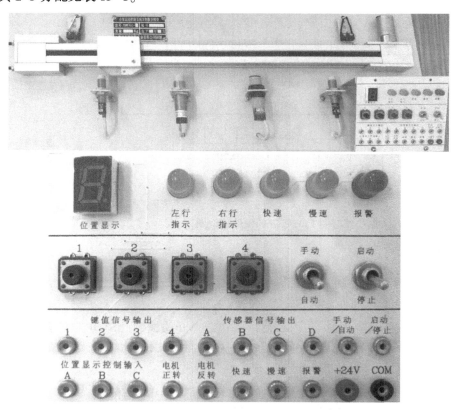

图 15-2 4 站小车呼叫控制系统的实训设备及控制面板界面图

表 15-1 4 站小车呼叫 PLC 控制的 I/O 分配表

输　　入			输　　出		
电气符号/ 面板端子	输入端子	功能	电气符号/ 面板端子	输出端子	功能
SB1/1	X000	1 号位呼叫	KA1/电机正转	Y000	直流减速电动机正转左行 继电器
SB2/2	X001	2 号位呼叫	KA2/电机反转	Y001	直流减速电动机反转右行 继电器
SB3/3	X002	3 号位呼叫	KA3/快速	Y004	电动机快速左行继电器 （电源端附加+24 V 电压）
SB4/4	X003	4 号位呼叫	KA4/慢速	Y005	电动机慢速右行继电器 （电源端附加+12 V 电压）
SQ1/A	X004	1 号位置信号/左侧电感式 传感器信号	位置显示控制 A	Y010	位置数码显示
SQ2/B	X005	2 号位置信号/电容式传感 器信号	位置显示控制 B	Y011	位置数码显示
SQ3/C	X006	3 号位置信号/光电式传感 器信号	位置显示控制 C	Y012	位置数码显示
SQ4/D	X007	4 号位置信号/右侧电感式 传感器信号	—	—	—
SA	X010	启动/停止开关	—	—	—

2）硬件接线图。4 站小车呼叫 PLC 控制的硬件接线图如图 15-3 所示。

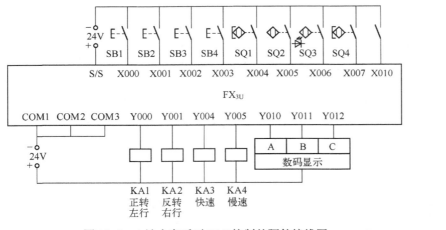

视频 15.2 I/O
分配及接线

图 15-3 4 站小车呼叫 PLC 控制的硬件接线图

3. 软件编程

4 站小车呼叫的 PLC 控制梯形图程序如图 15-4 所示。

4. 工程调试

在断电状态下连接好电缆，将 PLC 运行模式选择开关拨到 "STOP" 位置，使用编程软件编程并下载到 PLC 中。将 PLC 运行模式选择开关拨到 "RUN" 位置进行观察。如果出现故障，学生应独立检修，直到排除故障。调试完成后整理器材。

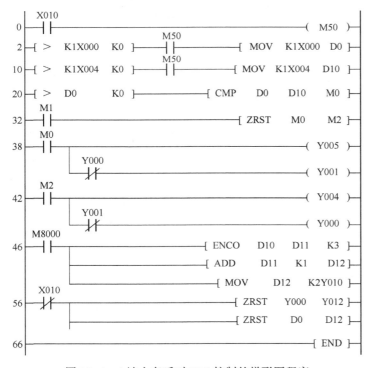

视频 15.3
编写程序

视频 15.4
调试程序

图 15-4 4 站小车呼叫 PLC 控制的梯形图程序

15.4　任务知识点

15.4.1　4 站小车呼叫的 PLC 控制过程

4 站小车呼叫 PLC 控制的硬件接线图和梯形图程序分别如图 15-3 和图 15-4 所示，PLC 控制过程如下。

当 PLC 上电时，程序默认小车停靠在 1 号位置，位置显示单元的值为 1。若此时任意按下图 15-3 中 1 个呼叫按钮，则图 15-4 梯形图程序中第 1 逻辑行的触头比较指令满足条件闭合，执行传送指令，即把呼叫值传送给数据寄存器 D0，假设此时按下 4 号位呼叫按钮 SB4，则 D0 的值为 8。第 2 逻辑行的触头比较指令是小车停靠的位置号，当满足条件闭合时，则把位置值传送给数据寄存器 D10，假设此时小车停靠在 1 号位置，则 D10 的值为 1。

第 3 逻辑行表示只要有呼叫信号，就会比较呼叫值和小车停靠位置值的大小关系，当呼叫值大于小车停靠位置值时，程序将执行第 5 逻辑行指令，即小车慢速右行；当呼叫值小于小车停靠位置值时，程序将执行第 6 逻辑行指令，即小车快速左行；当呼叫值等于小车停靠位置值时，程序将执行第 4 逻辑行指令，即小车原地不动。根据假设，此时 D0 的值大于 D10 的值，故小车将慢速右行，从第 1 号位置右行至第 4 号位置。

每来一个扫描周期，第 7 逻辑行将首先对小车到达的位置号进行编码，编码号存放到数据寄存器 D11 中，由于编码号是从 0 开始编号的，不太符合人们的常规习惯，因此接下来用 ADD 加法指令对编码号依次加 1，再将编码的值通过传送指令赋值给显示单元显示出来，即位置显示。小车在运行过程中，只要没有到达呼叫的位置，显示单元只是依次显示经过的位置，但小车不会停止运行，直到到达呼叫位置时，小车才会停止运行。根据假设，小车将依次慢速右行经过 2 号、3 号位置并通过显示单元显示位置值，但小车不会停留，最后停留并显示在 4 号位置。

15.4.2　算术与逻辑运算指令（ADD，SUB，MUL，DIV，INC，DEC，WAND，WOR，WXOR）

1. 加法指令（ADD）

加法指令的助记符、指令代码、指令格式、操作数、指令功能及程序步见表 15-2。

表 15-2　加法指令的助记符、指令代码、指令格式、操作数、指令功能及程序步

指令名称	助记符	指令代码	指令格式	操作数		指令功能	程序步
				源操作数 [S(.)]	目标操作数 [D(.)]		
加法指令	ADD	FNC20	(D)ADD(P) [S1(.)] [S2(.)] [D(.)]	K、H、KnX、KnY、KnM、KnS、T、C、D、V、Z	KnY、KnM、KnS、T、C、D、V、Z	两个源操作数进行二进制加法后，结果送到目标操作数中	16 位占用 7 步；32 位占用 13 步

加法指令是代数运算，如 5+(-8)=-3。加法指令有 3 个常用标志，M8020 为零标志，M8021 为借位标志，M8022 为进位标志。如果运算结果为 0，则零标志 M8020 自动置 1；如果运算结果超过 32767（16 位）或 2147483647（32 位），则进位标志 M8022 置 1；如果运算结果小于-32767（16 位）或-2147483647（32 位），则借位标志 M8021 置 1。

加法指令的源操作数和目标操作数可以用相同的元件号，如图 15-5 所示。图 15-5a 为连续执行方式，加法的结果在每个扫描周期都会改变；图 15-5b 为脉冲执行方式，只执行一次。大家可以根据需要选择加法指令的执行方式。

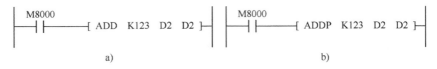

图 15-5　加法指令应用示例

a）连续执行方式　b）脉冲执行方式

2. 减法指令（SUB）

减法指令的助记符、指令代码、指令格式、操作数、指令功能及程序步见表 15-3。

表 15-3　减法指令的助记符、指令代码、指令格式、操作数、指令功能及程序步

指令名称	助记符	指令代码	指令格式	操作数		指令功能	程序步
				源操作数 [S(.)]	目标操作数 [D(.)]		
减法指令	SUB	FNC21	(D)SUB(P) [S1(.)] [S2(.)] [D(.)]	K、H、KnX、KnY、KnM、KnS、T、C、D、V、Z	KnY、KnM、KnS、T、C、D、V、Z	源操作数[S1]的值以代数形式减去[S2]的值，结果送到目标操作数中	16 位占用 7 步；32 位占用 13 步

减法指令中，各种标志位的动作、连续执行方式和脉冲执行方式的差异均与加法指令相同。

3. 乘法指令（MUL）

乘法指令的助记符、指令代码、指令格式、操作数、指令功能及程序步见表 15-4。

表 15-4　乘法指令的助记符、指令代码、指令格式、操作数、指令功能及程序步

指令名称	助记符	指令代码	指令格式	操作数		指令功能	程序步
				源操作数 [S(.)]	目标操作数 [D(.)]		
乘法指令	MUL	FNC22	(D)MUL(P) [S1(.)] [S2(.)] [D(.)]	K、H、KnX、KnY、KnM、KnS、T、C、D、Z	KnY、KnM、KnS、T、C、D、Z（仅限于 16 位运算）	两个源操作数进行二进制乘法后，结果送到目标操作数中	16 位占用 7 步；32 位占用 13 步

MUL 分为 16 位和 32 位两种情况，源操作数是 16 位时，目标操作数为 32 位，即用[D+1]和[D]存放；源操作数是 32 位时，目标操作数是 64 位，即用[D+3]~[D]存放。最高位为符号位，0 为正，1 为负。

乘法指令应用示例如图 15-6 所示，图 15-6a 为 16 位运算，当输入继电器 X000 触头闭合时，[D0]×[D2]→[D5、D4]；图 15-6b 为 32 位运算，当 X001 触头闭合时，[D1、D0]×[D3、D2]→[D7、D6、D5、D4]。

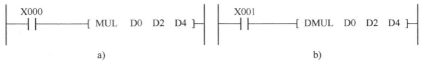

图 15-6　乘法指令应用示例

a）16 位乘法运算　b）32 位乘法运算

如将位组合元件用于目标操作数时，限于K的取值，只能得到低32位的结果，不能得到高32位的结果。这时，应将数据移入字元件再进行计算。用字元件时，也不可能监视64位数据，只能分别监视高32位和低32位。

4. 除法指令（DIV）

除法指令的助记符、指令代码、指令格式、操作数、指令功能及程序步见表15-5。

表15-5 除法指令的助记符、指令代码、指令格式、操作数、指令功能及程序步

指令名称	助记符	指令代码	指令格式	操作数		指令功能	程序步
				源操作数[S(.)]	目标操作数[D(.)]		
除法指令	DIV	FNC23	(D)DIV(P)[S1(.)][S2(.)][D(.)]	K、H、KnX、KnY、KnM、KnS、T、C、D、Z	KnY、KnM、KnS、T、C、D、Z（仅限于16位运算）	源操作数[S1]为被除数、[S2]为除数，商送到目标操作数[D]、余数送到[D+1]中	16位占用7步；32位占用13步

除法指令应用示例如图15-7所示，图15-7a为16位运算，当输入继电器X000触头闭合时，(D0)÷(D2)→商(D4)、余数(D5)。如当(D0)=19、(D2)=3时，则执行指令后(D4)=6、(D5)=1。图15-7b为32位运算，当输入继电器X001触头闭合时，(D1,D0)÷(D3,D2)→商(D5,D4)、余数(D7,D6)。商为0时，有运算错误，不执行指令。若[D]指定位元件，得不到余数。商和余数的最高位是符号位。被除数或除数中有一个为负数，则商为负数；被除数为负数时，余数为负数。

图15-7 除法指令应用示例
a）16位除法运算 b）32位除法运算

5. 加1、减1指令（INC，DEC）

加1、减1指令的助记符、指令代码、指令格式、操作数、指令功能及程序步见表15-6。

表15-6 加1、减1指令的助记符、指令代码、指令格式、操作数、指令功能及程序步

指令名称	助记符	指令代码	指令格式	目标操作数[D(.)]	指令功能	程序步
加1指令	INC	FNC24	(D)INC(P)[D(.)]	KnY、KnM、KnS、T、C、D、V、Z	目标操作数[D]的二进制数自动加1	16位占用3步；32位占用5步
减1指令	DEC	FNC25	(D)DEC(P)[D(.)]		目标操作数[D]的二进制数自动减1	

加1、减1指令分为16位和32位运算，也分为连续执行方式和脉冲执行方式。连续执行方式中，每个扫描周期都要加1、减1，所以务必引起注意。INC、DEC指令的运算结果不影响标志位M8020、M8021和M8022。

6. 逻辑字与、或、异或指令（WAND，WOR，WXOR）

逻辑字与、或、异或指令的助记符、指令代码、指令格式、操作数、指令功能及程序步见表15-7。

表 15-7　逻辑字与、或、异或指令的助记符、指令代码、指令格式、操作数、指令功能及程序步

指令名称	助记符	指令代码	指令格式	操作数		指令功能	程序步
				源操作数 [S(.)]	目标操作数 [D(.)]		
逻辑字与指令	WAND	FNC26	WAND(P) [S1(.)] [S2(.)] [D(.)] DAND(P) [S1(.)] [S2(.)] [D(.)]	K、H、KnX、KnY、KnM、KnS、T、C、D、V、Z	KnY、KnM、KnS、T、C、D、V、Z	源操作数 [S1]、[S2] 按位进行逻辑与运算，结果送到目标操作数[D]中	16 位占用 7 步；32 位占用 13 步
逻辑字或指令	WOR	FNC27	WOR(P) [S1(.)] [S2(.)] [D(.)] DOR(P) [S1(.)] [S2(.)] [D(.)]			源操作数 [S1]、[S2] 按位进行逻辑或运算，结果送到目标操作数[D]中	
逻辑字异或指令	WXOR	FNC28	WXOR(P) [S1(.)] [S2(.)] [D(.)] DXOR(P) [S1(.)] [S2(.)] [D(.)]			源操作数 [S1]、[S2] 按位进行逻辑异或运算，结果送到目标操作数[D]中	

　　逻辑字与、或、异或运算指令应用示例如图 15-8 所示，是用输入继电器的 K2X000 对输出继电器的 K2Y000 进行控制的示例程序。当输入继电器 X010 触头闭合时，K2X000 与 H0F 相"与"运算，实现 K2X000 低 4 位对 K2Y000 低 4 位的直接控制（状态保持），高 4 位被屏蔽。当输入继电器 X011 触头闭合时，K2X000 与 H0F 相"或"运算，实现 K2X000 高 4 位对 K2Y000 高 4 位的直接控制（状态保持），低 4 位被置 1。当输入继电器 X012 触头闭合时，K2X000 与 H0F 相"异或"运算，实现 K2X000 低 4 位对 K2Y000 低 4 位的取反控制（状态取反），高 4 位直接控制（状态保持）。

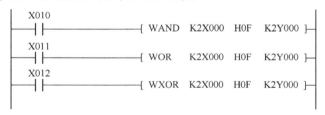

图 15-8　逻辑字与、或、异或运算指令应用示例

视频 15.5　算术与逻辑运算指令

15.4.3　编码指令（ENCO）

　　编码指令的助记符、指令代码、指令格式、操作数、指令功能及程序步见表 15-8。

表 15-8　编码指令的助记符、指令代码、指令格式、操作数、指令功能及程序步

指令名称	助记符	指令代码	指令格式	操作数			指令功能	程序步
				源操作数 [S(.)]	目标操作数 [D(.)]	其他操作数[n(.)]		
编码指令	ENCO	FNC42	ENCO(P) [S(.)] [D(.)] [n(.)]	T、C、D、V、Z（字软元件） X、Y、M、S（位软元件）	T、C、D、V、Z	K、H	将源操作数[S]中最高位为 1 的位号送到 n 位目标操作数[D]中	16 位占用7 步

　　编码指令的源操作数[S(.)]有字软元件和位软元件两种类型。[S(.)]为字软元件时，指令功能是将源操作数[S(.)]中最高位为 1 的位号送到[n(.)]位目标操作数[D(.)]中，由于字软元件最大为 16 位数，因此 $n \leqslant 4$。[S(.)]为位软元件时，指令功能是将 2^n 位源操作数

[S(.)]中最高位为1的位号送到[n(.)]位目标操作数[D(.)]中,规定 n≤8,所以此时源操作数最多有256位。两种类型的源操作数[S(.)]中,如果有多个位为1,则根据其他操作数[n(.)]的值,取 2^n 范围内最高位为1那位有效,忽略其他位;如果[S(.)]全为0,则运算错误。

编码指令源操作数为位软元件的应用示例如图15-9所示。图中指令的含义是,将 M10 开始的8位位元件中最高位为1的位号送到数据寄存器 D0 中。假设 M17~M10 各位的值如图所示,其中值为1的位有且只有1位,位于第3位,则执行指令后,D0 中只需用低3位来存放位号,其余13位的值均为0,即编码的结果 D0 就为3。

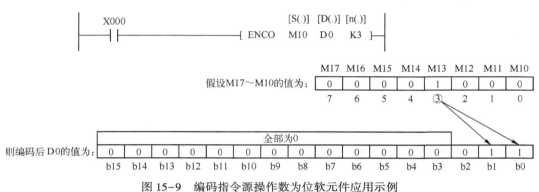

图 15-9 编码指令源操作数为位软元件应用示例

编码指令源操作数为字软元件的应用示例如图15-10所示。图15-10a 中指令的含义是,将

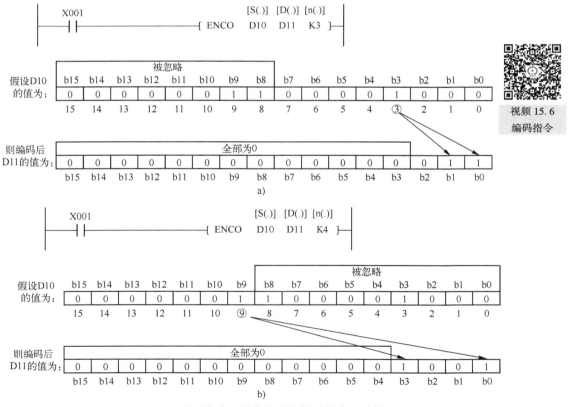

图 15-10 编码指令源操作数为字软元件应用示例

a) 指定目标操作数位数小于实际的情况 b) 指定目标操作数位数等于实际的情况

数据寄存器 D10 中最高位为 1 的位号送到数据寄存器 D11 的低 3 位中；图 15-10b 中指令的含义是，将 D10 中最高位为 1 的位号送到 D11 的低 4 位中。假设图 15-10a、b 中 D10 的值均相同，最高位为 1 的位是第 9 位，其二进制值是 1001。执行图 15-10a 指令后，由于 D11 只能用低 3 位来存放位号，而此时需要 4 位，所以程序将忽略高 8 位中最高位为 1 的位号，而取低 8 位中最高位为 1 的位号，即编码的结果 D11 为 3。执行图 15-10b 指令后，满足存放的位数，只取最高位为 1 的位号而将其他为 1 的位号忽略，即编码的结果 D11 为 9。

15.4.4 七段译码指令（SEGD）

七段译码指令的助记符、指令代码、指令格式、操作数、指令功能及程序步见表 15-9。

表 15-9 七段译码指令的助记符、指令代码、指令格式、操作数、指令功能及程序步

指令名称	助记符	指令代码	指令格式	操作数 源操作数 [S(.)]	操作数 目标操作数 [D(.)]	指令功能	程序步
七段译码指令	SEGD	FNC73	SEGD(P) [S(.)] [D(.)]	K、H、KnX、KnY、KnM、KnS、T、C、D、V、Z	KnY、KnM、KnS、T、C、D、V、Z	将源操作数[S(.)]的低 4 位十六进制数（0~F）译成七段码显示的数据送到目标操作数[D(.)]中	16 位占用 5 步

七段译码指令应用示例如图 15-11 所示，数码管显示数字 5。七段数码管的七段管与输出继电器的对应关系见表 15-10，即要显示数字 5，输出继电器 Y007~Y000 的位状态为 01101101。SEGD 指令的译码范围为十六进制数字 0~9、A~F 中的一位。

图 15-11 七段译码指令应用示例

视频 15.7 七段译码指令

表 15-10 七段管与输出继电器的对应关系

输出继电器	Y007	Y006	Y005	Y004	Y003	Y002	Y001	Y000
七段数码管	—	g	f	e	d	c	b	a
数字 5 对应的二进制	0	1	1	0	1	1	0	1

15.5 知识点拓展

15.5.1 九秒倒计时钟的 PLC 控制

九秒倒计时钟控制要求：接通起动开关，数码管显示"9"，随后每隔 1 s，显示数字减 1，减到"0"时，起动蜂鸣器报警，分断起动开关时停止显示。使用 PLC 的功能指令编写程序实现控制。

1. I/O 分配

（1）I/O 分配表

根据九秒倒计时钟的 PLC 控制要求，需要输入设备 1 个，即起停开关；需要输出设备 8 个，即 1 个蜂鸣器和 7 段数码显示管。其 I/O 分配见表 15-11。

表 15-11　九秒倒计时钟 PLC 控制的 I/O 分配表

输　入			输　出		
电气符号	输入端子	功　能	电气符号	输出端子	功　能
SA	X000	起停开关	数码显示管 a~g	Y000~Y006	七段数码管
—	—	—	HA	Y010	蜂鸣器报警

（2）硬件接线图

九秒倒计时钟 PLC 控制的硬件接线图如图 15-12 所示。

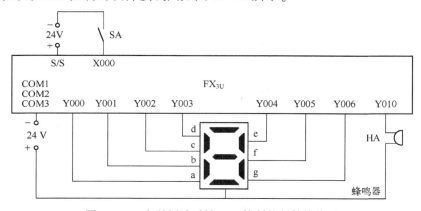

图 15-12　九秒倒计时钟 PLC 控制的硬件接线图

2. 软件编程

九秒倒计时钟 PLC 控制的梯形图程序如图 15-13 所示。

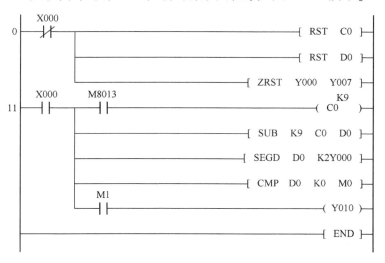

图 15-13　九秒倒计时钟 PLC 控制的梯形图程序

视频 15.8　九秒倒计时钟的 PLC 控制

15.5.2 外部设备 I/O 指令（FROM，TO）

外部设备 I/O 指令是 PLC 的输入/输出与外部设备进行数据交换的指令，这些指令通过最小的程序与外部布线，可以进行复杂的控制。

BFM（特殊单元缓冲存储器）的读出指令和写入指令的助记符、指令代码、指令格式、操作数、指令功能及程序步见表 15-12。

表 15-12　BFM 读出指令和写入指令的助记符、指令代码、指令格式、操作数、指令功能及程序步

指令名称	助记符	指令代码	指令格式	操作数		指令功能	程序步
				其他操作数 [m1]、[m2]、[n]	目标/源操作数 [D(.)]/[S(.)]		
BFM 读出指令	FROM	FNC78	(D)FROM(P)[m1][m2][D(.)][n]	[m1]、[m2]、[n]：K、H 其中，m1 = 0 ~ 7; 16 位 m2 = 0 ~ 32766, 32 位 m2 = 0 ~ 32765; 16 位 n = 1 ~ 32767, 32 位 n = 1 ~ 16383	[D]：KnY、KnM、KnS、T、C、D、V、Z	将 BFM 的内容读到 PLC 中	16 位占用 9 步；32 位占用 17 步
BFM 写入指令	TO	FNC79	(D)TO(P)[m1][m2][S(.)][n]		[S]：K、H、KnX、KnY、KnM、KnS、T、C、D、V、Z	从 PLC 向 BFM 写入数据	

1) 特殊单元模块号[m1]：给 PLC 连接的特殊模块定义模块号码，从离基本单元最近的模块开始按 No. 0→No. 1…顺次编号，共 8 个模块号。

2) 缓冲存储器(BFM)号[m2]：特殊模块中有 RAM 存储器，这叫作缓冲存储器，16 位编号为#0 ~ #32766，32 位编号为#0 ~ #32765，其内容根据各模块的控制目的而定。

3) 传送点数[n]：用 n 指定传送的数据量。

BFM 读出指令和写入指令的应用示例如图 15-14 所示。当 X000 触头闭合时，从特殊单元模块 No. 1 的缓冲存储器(BFM)#29 中读出 16 位数据传送至可编程控制器的 K4M0 中。当 X001 触头闭合时，向特殊单元模块 No. 1 的缓冲存储器(BFM)#13、#12 写入可编程控制器(D1、D0)的 32 位数据。

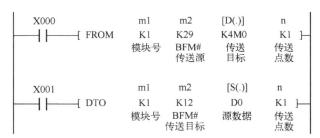

图 15-14　BFM 读出指令和写入指令应用示例

视频 15.9　外部设备 I/O 指令

15.6　任务延展

1. 修改图 15-4 的程序，实现延时 2 s 左、右行，延时的同时增加报警，运行后报警停止。
2. 如何给图 15-4 所示程序增加手动运行的程序，实现手动向左、向右运行？
3. 设计一个 8 站小车呼叫的控制程序，控制要求与本实训相同。

15.7　实训 6　数码显示的 PLC 控制

1. 实训目的

1）掌握译码指令的使用及编程方法。

2）掌握 LED 数码显示控制系统的安装、调试和运行等，会判断并排除电路故障。

2. 实训设备

可编程控制器实训装置 1 台、通信电缆 1 根、计算机 1 台、数码显示面板 1 个、实训导线若干、万用表 1 只。

3. 实训内容

数码显示面板如图 15-15 所示。

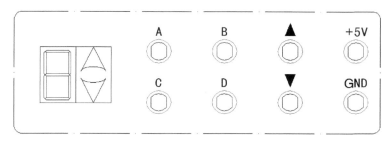

图 15-15　数码显示面板图

1）置位开关 K0 为 ON 时，LED 数码显示管依次循环显示 0、1、2、3、…、9。

2）置位开关 K0 为 OFF 时，LED 数码显示管停止显示，系统停止工作。

3）整理器材。实训完成后，整理好所用器材、工具，按照要求放置到规定位置。

4. 实训思考

该如何实现倒计时显示？

5. 实训报告

撰写实训报告。

任务 16 霓虹灯闪烁的 PLC 控制

16.1 任务目标

- 会描述霓虹灯闪烁 PLC 控制的工作过程。
- 掌握三菱 PLC 的循环移位指令和单向移位指令。
- 会利用实训设备完成装配流水线 PLC 控制电路的安装、编程、调试和运行等，会判断并排除电路故障。
- 会综合运用所学功能指令编写程序。
- 具有质量意识、环保意识、安全意识、规范意识和爱岗敬业的责任意识；具有精益求精的工匠精神和团队协作精神；具有运用多种方法编写程序的创新思维。

16.2 任务描述

霓虹灯闪烁的控制要求：某广场需安装 8 盏霓虹灯 HL1~HL8，当接通起停开关时，要求 HL1~HL8 以正序每隔 1 s 依次轮流点亮，当 HL8 点亮后，停 2 s；然后，反向逆序每隔 1 s 再轮流点亮，当 HL1 再点亮后，停 2 s，重复上述过程。当分断起停开关时，霓虹灯全部停止工作。使用 PLC 的功能指令编写程序实现控制。

16.3 任务实施

利用实训设备完成霓虹灯闪烁 PLC 控制电路的安装、编程、调试、运行及故障排除。

视频 16.1
展示控制效果

1. 霓虹灯闪烁的 PLC 控制效果

2. I/O 分配

1）I/O 分配表。根据霓虹灯闪烁的 PLC 控制要求，需要输入设备 1 个，即起停开关；需要输出设备 8 个，即 8 盏指示灯。其 I/O 分配见表 16-1。

表 16-1 霓虹灯闪烁 PLC 控制的 I/O 分配表

输　　入			输　　出		
电气符号	输入端子	功　　能	电气符号	输出端子	功　　能
SA	X000	起停开关	HL1~HL8	Y000~Y007	8 盏指示灯

2）硬件接线图。霓虹灯闪烁 PLC 控制的硬件接线图如图 16-1 所示。

3. 软件编程

霓虹灯闪烁的 PLC 控制梯形图程序如图 16-2 所示。

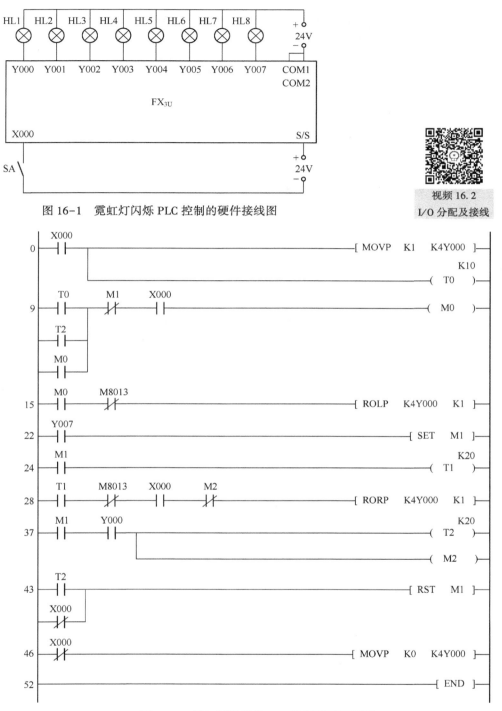

图 16-1 霓虹灯闪烁 PLC 控制的硬件接线图

视频 16.2
I/O 分配及接线

图 16-2 霓虹灯闪烁的 PLC 控制梯形图程序

4. 工程调试

在断电状态下连接好电缆，将 PLC 运行模式选择开关拨到"STOP"位置，使用编程软件编程并下载到 PLC 中。将 PLC 运行模式选择开关拨到"RUN"位置进行观察。如果出现故障，学生应独立检修，直到排除故障。调试完成后整理器材。

视频 16.3　编写程序

视频 16.4　调试程序

16.4　任务知识点

16.4.1　霓虹灯闪烁的 PLC 控制过程

霓虹灯闪烁 PLC 控制的硬件接线图和梯形图程序分别如图 16-1 和图 16-2 所示，PLC 控制过程如下。

当接通图 16-1 中的起停开关 SA 时，图 16-2 程序中所有的输入继电器 X000 动合触头闭合、动断触头断开。

第 1 逻辑行中，将数值 1 传送给 16 位输出继电器 Y000~Y007、Y010~Y017，即 Y000 线圈吸合，指示灯 HL1 亮，同时定时器 T0 计时 1 s。当 T0 计时时间到，第 2 逻辑行的辅助继电器 M0 线圈吸合并自锁，同时第 3 逻辑行的 M0 触头闭合，特殊辅助继电器 M8013 为 1 s 的时钟脉冲，即每隔 1 s 执行一次循环左移指令，16 位输出继电器按照 Y000→Y001→…→Y017 顺序依次移动，即每次亮 1 盏灯，指示灯的运行状态见表 16-2。当执行到第 4 逻辑行的 Y007 为 1 时，即第 8 盏灯亮，辅助继电器 M1 线圈吸合，第 5、7 逻辑行的 M1 动触头闭合，定时器 T1 开始计时 2 s；第 2 逻辑行的 M1 动断触头断开，M0 线圈释放，第 3 逻辑行的 M0 触头断开，停止循环左移。

表 16-2　霓虹灯闪烁 PLC 控制的指示灯运行状态表

Y017	Y016	Y015	Y014	Y013	Y012	Y011	Y010	Y007	Y006	Y005	Y004	Y003	Y002	Y001	Y000
—	—	—	—	—	—	—	—	HL8	HL7	HL6	HL5	HL4	HL3	HL2	HL1
0	0	0	0	0	0	0	0	0	0	0	0	0	0	0	1
0	0	0	0	0	0	0	0	0	0	0	0	0	0	1	0
0	0	0	0	0	0	0	0	0	0	0	0	0	1	0	0
0	0	0	0	0	0	0	0	0	0	0	0	1	0	0	0
0	0	0	0	0	0	0	0	0	0	0	1	0	0	0	0
0	0	0	0	0	0	0	0	0	0	1	0	0	0	0	0
0	0	0	0	0	0	0	0	0	1	0	0	0	0	0	0
0	0	0	0	0	0	0	0	1	0	0	0	0	0	0	0
0	0	0	0	0	0	0	0	0	1	0	0	0	0	0	0
0	0	0	0	0	0	0	0	0	0	1	0	0	0	0	0
0	0	0	0	0	0	0	0	0	0	0	1	0	0	0	0
0	0	0	0	0	0	0	0	0	0	0	0	1	0	0	0
0	0	0	0	0	0	0	0	0	0	0	0	0	1	0	0
0	0	0	0	0	0	0	0	0	0	0	0	0	0	1	0
0	0	0	0	0	0	0	0	0	0	0	0	0	0	0	1

　　当 T1 计时时间 2 s 到时，第 6 逻辑行的 T1 触头闭合，每隔 1 s 执行一次循环右移指令，16 位输出继电器按照 Y017→Y016→…→Y000 顺序依次移动，即每次亮 1 盏灯，指示灯的运行状态见表 16-2。当第 1 盏灯点亮时，第 7 逻辑行的 Y000 触头闭合，定时器 T2 的线圈吸合开始计时，同时辅助继电器 M2 的线圈吸合，第 6 逻辑行的 M2 的动断触头断开，停止右移。

　　当 T2 计时时间 2 s 到时，第 8 逻辑行的 T2 触头闭合，M1 线圈释放，第 2 逻辑行的 M1 动断触头恢复闭合状态，M0 线圈又吸合，第 3 逻辑行又开始执行循环左移指令；同时，第 7 逻辑行的 M1 动合触头恢复断开状态，M2 线圈释放，第 6 逻辑行的 M2 恢复闭合状态，为后面的循环右移作准备，程序如此循环。

视频 16.5
PLC 控制过程

　　任何时候分断起停开关 SA 时，程序中所有的输入继电器 X000 恢复到初始状态。第 9 逻辑行将 0 赋值给输出继电器 Y000～Y007、Y010～Y017，即全部灯熄灭；第 8 逻辑行复位 M1 和第 6 逻辑行的 X000 断开，目的是停止第 6 逻辑行的循环右移；第 2 逻辑行的 X000 断开，目的是停止第 3 逻辑行的循环左移。

16.4.2　循环移位指令（ROR，ROL，RCR，RCL）

1. 循环右移/左移指令（ROR，ROL）

　　循环右移/左移指令的助记符、指令代码、指令格式、操作数、指令功能及程序步见表 16-3。

表 16-3　循环右移/左移指令的助记符、指令代码、指令格式、操作数、指令功能及程序步

指令名称	助记符	指令代码	指令格式	操作数		指令功能	程序步
				源操作数 [D(.)]	目标操作数 [n(.)]		
循环右移指令	ROR	FNC30	(D)ROR(P) [D(.)] [n(.)]	KnY、KnM、KnS、T、C、D、V、Z	D、K、H	使[D]中各位数据向右循环移 n 位	16 位占用 5 步；32 位占用 9 步
循环左移指令	ROL	FNC31	(D)ROL(P) [D(.)] [n(.)]			使[D]中各位数据向左循环移 n 位	

　　循环右移指令 ROR 应用示例如图 16-3 所示。当输入继电器 X000 从 OFF→ON 每变化一次时，则执行一次循环右移指令，即将数据寄存器 D0 中各位数据向右循环移 4 位，其结果再存入 D0 中，同时最后一位还被存入进位标志 M8022 中。图中，循环移位前（D0）为 H1302，则执行"RORP　D0　K4"指令后，（D0）为 H2130，进位标志位（M8022）为 0。

　　循环左移指令 ROL 应用示例如图 16-4 所示。同理，当输入继电器 X000 从 OFF→ON 每变化一次时，则执行一次循环左移指令。

　　特别说明，执行这两条指令时，如果目标操作数为位组合元件，则只有 K4（16 位指令）或 K8（32 位指令）才有效，如 K4M0 或 K8M0。

2. 带进位的循环右移/左移指令（RCR，RCL）

　　带进位的循环右移/左移指令的助记符、指令代码、指令格式、操作数、指令功能及程序步见表 16-4。

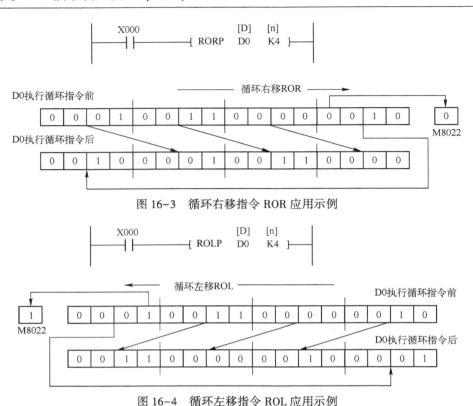

图 16-3　循环右移指令 ROR 应用示例

图 16-4　循环左移指令 ROL 应用示例

表 16-4　带进位的循环右移/左移指令的助记符、指令代码、指令格式、操作数、指令功能及程序步

指令名称	助记符	指令代码	指令格式	操作数		指令功能	程序步
				源操作数 [D(.)]	目标操作数 [n(.)]		
带进位循环右移指令	RCR	FNC32	(D)RCR(P) [D(.)] [n(.)]	KnY、KnM、KnS、T、C、D、V、Z	D、K、H	使[D]中各位数据与进位标志一起向右或向左循环移 n 位	16 位占用 5 步；32 位占用 9 步
带进位循环左移指令	RCL	FNC33	(D)RCL(P) [D(.)] [n(.)]				

带进位的循环右移指令 RCR 应用示例如图 16-5 所示。当输入继电器 X000 从 OFF→ON 每变化一次时，则执行一次右移位指令，即将数据寄存器 D0 中各位数据与进位标志 M8022 一起（16 位指令时一共 17 位，32 位指令时一共 33 位），向右循环移 4 位，其结果再存入 D0 中。图中，循环移位前（D0）为 H0FF00、（M8022）为 1，则执行"RCRP　D0　K4"指令后，（D0）为 H1FF0、（M8022）为 0。

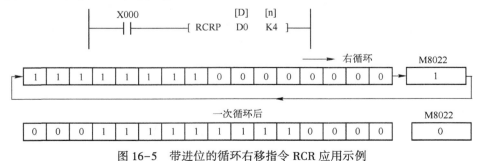

图 16-5　带进位的循环右移指令 RCR 应用示例

视频 16.6　循环移位指令

带进位的循环左移指令 RCL 应用示例如图 16-6 所示。同理，当输入继电器 X000 从 OFF
→ON 每变化一次时，则执行一次左移位指令。

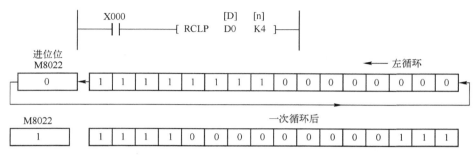

图 16-6　带进位的循环左移指令 RCL 应用示例

16.4.3　单向移位指令（SFTR，SFTL）

位右移/位左移指令的助记符、指令代码、指令格式、操作数、指令功能及程序步见表 16-5。

表 16-5　位右移/位左移指令的助记符、指令代码、指令格式、操作数、指令功能及程序步

指令名称	助记符	指令代码	指令格式	操作数			指令功能	程序步
				源操作数 [S(.)]	目标操作数 [D(.)]	其他操作数[n(.)]		
位右移指令	SFTR	FNC34	SFTR(P) [S(.)] [D(.)] [n1(.)] [n2(.)]	X、Y、M、S、D（不可用于变址）	Y、M、S	K、H、n2≤n1≤1024	将 n2 位 [S] 中的数据右移或左移进 n1 位 [D] 中	16 位占用 7 步
位左移指令	SFTL	FNC35	SFTL(P) [S(.)] [D(.)] [n1(.)] [n2(.)]					

位右移/位左移指令均是 16 位专用指令。位右移指令 SFTR 应用示例如图 16-7 所示。当
输入继电器 X010 从 OFF→ON 每变化一次时，则执行一次位右移指令，即将 4 位（X3~X0）
的值右移进 16 位（M15~M0）中，此时（M3~M0）溢出，（M7~M4）→（M3~M0），（M11
~M8）→（M7~M4），（M15~M12）→（M11~M8），（X3~X0）→（M15~M12）。

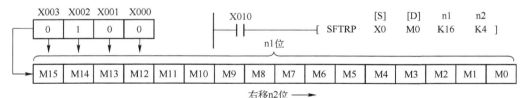

图 16-7　位右移指令 SFTR 应用示例

位左移指令 SFTL 应用示例如图 16-8 所示。同理，当输入继电器 X010 从 OFF→ON 每变
化一次时，则执行一次位左移指令。

说明：1）[S] 为移位的源操作数的最低位，[D] 为被移位的目标操作数的最低位。n1 为
目标操作数个数，n2 为源操作数个数。

2）位右移就是源操作数从目标操作数的高位移入 n2 位，目标操作数各位向低位方向移
n2 位，目标操作数中的低 n2 位溢出，源操作数各位状态不变；位左移就是源操作数从目标操
作数的低位移入 n2 位，目标操作数各位向高位方向移 n2 位，目标操作数中的高 n2 位溢出，

源操作数各位状态不变。

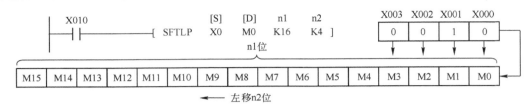

图 16-8　位左移指令 SFTL 应用示例

3）在指令连续执行方式中，每一个扫描周期都会移位一次。在实际控制中，常采用脉冲执行方式。

视频 16.7
单向移位指令

16.5　知识点拓展

16.5.1　条件跳转指令（CJ）

条件跳转指令的助记符、指令代码、指令格式、操作数、指令功能及程序步见表 16-6。

表 16-6　条件跳转指令的助记符、指令代码、指令格式、操作数、指令功能及程序步

指令名称	助记符	指令代码	指令格式	操作数 其他操作数 [n(.)]	指令功能	程序步
条件跳转指令	CJ	FNC00	CJ(P) P[n(.)]	指针 P：P0~P4095（P63 为 END 跳转）	用来选择执行指定的程序段，跳过其他程序段	16 位占用 3 步

条件跳转指令 CJ 是 16 位专用指令，其应用示例如图 16-9 所示。图中，当输入继电器 X000 触头闭合时，执行"CJ　P0"指令，跳转到标号为"P0"处执行"手动程序"，即当 X001 或 X002 触头分别闭合时，可点动驱动 Y000 或 Y001 线圈吸合。当输入继电器 X000 触头断开时，不执行"CJ　P0"指令，而是顺序执行"自动程序"，即当 X003 的触头闭合时，首先驱动 Y000 线圈吸合并自锁，同时开始计时，5 s 后再驱动 Y001 线圈吸合，然后执行"CJ P1"指令，即跳过手动程序直接转到标号 P1 处结束。

说明：

1）FX$_{3U}$ 系列 PLC 的指针标号 P 有 128 点（P0~P127），用于分支和跳转程序。多条跳转指令可以使用相同的指针标号，但同一个指针标号只能出现一次，否则程序会出错。

视频 16.8　条件跳转指令 CJ

2）如果跳转条件满足，则执行跳转指令，程序跳到以指针标号 P 为入口的程序段开始执行；否则不执行跳转指令，按顺序执行下一条指令。

3）P63 是 END 所在的步序，在程序中不需要设置 P63。

4）如果用 M8000 动合触头作为跳转条件，则 CJ 变成无条件跳转指令。

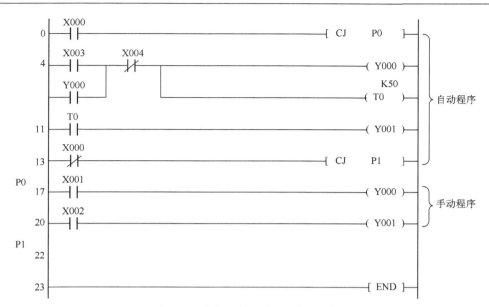

图 16-9　条件跳转指令 CJ 应用示例

16.5.2　主程序结束、子程序调用及返回指令（FEND，CALL，SRET）

在程序编制中，经常会遇到一些逻辑功能相同的程序段需要反复被执行，为了简化程序结构，可以将其编写成子程序，然后在主程序中根据需要反复调用。子程序指令包括子程序调用指令 CALL 和子程序返回指令 SRET。此时，主程序结束指令是 FEND，子程序所有指令放在FEND 指令之后。主程序结束指令及子程序调用和返回指令的助记符、指令代码、指令格式、操作数、指令功能及程序步见表 16-7。

表 16-7　主程序结束、子程序调用及返回指令的助记符、指令代码、指令格式、操作数、指令功能及程序步

指令 名称	助记 符	指令 代码	指令格式	操作数 其他操作数 [n(.)]	指令 功能	程序步
主程序结束指令	FEND	FNC06	FEND	无	表示主程序结束并返回 0 步程序。编写子程序和中断程序时使用	占用 1 步
子程序调用指令	CALL	FNC01	CALL(P) P[n(.)]	指针 P：P0～P4095（P63 不可使用）	用来选择执行指定的程序段，跳过其他程序段	16 位占用 3 步
子程序返回指令	SRET	FNC02	SRET	无	从子程序返回到主程序	占用 1 步

子程序调用指令 CALL 是 16 位专用指令，主程序结束指令和子程序返回指令是不需要驱动触头的独立指令，其应用示例如图 16-10 所示。图中，当输入继电器 X000 触头闭合时，执行"CALL　P10"指令，即程序转到标号 P10 处，依次执行子程序；当执行到"SRET"指令时，返回主程序，从步序号 4 开始继续执行主程序；当执行到"FEND"指令时，返回步序号 0 重新开始下一个扫描周期运行。当输入继电器 X000 触头断开时，则不执行子程序调用指令。

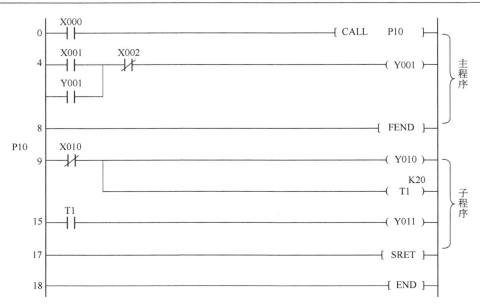

图 16-10　主程序结束指令、子程序调用和返回指令

【应用举例】设计报警电路控制要求：按下起动按钮（X000）后，报警指示灯（Y000）闪烁 1 s，即亮 0.5 s、灭 0.5 s，同时蜂鸣器（Y001）响；当指示灯闪烁 30 次后，灯灭且蜂鸣器停，间歇 5 s，如此循环 5 次后，自动停止。使用 PLC 的子程序调用方法编写程序实现控制。

分析：编程时，将重复的动作，即灯闪、蜂鸣器响作为子程序，放在 FEND 之后。主程序里用"CALL　P0"调用子程序。梯形图程序如图 16-11 所示，该程序的 I/O 分配表及接线图请自行分析。

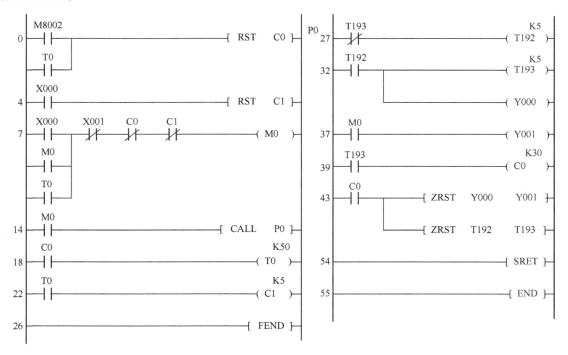

图 16-11　使用子程序调用的报警电路梯形图程序

说明：图中第 0～26 步为主程序，第 27～54 步为子程序。主程序中，M0 为控制子程序调用的控制触头，当 M0 闭合时，每个扫描周期调用子程序 1 次，共需调用子程序 5 次。注意在子程序中，使用了 T192、T193 定时器，它们在执行线圈指令或执行 END 时计时；计时达到设定值，则执行线圈指令或 END 指令，输出触头动作。因此，当子程序执行到 SRET 返回到第 18 步执行之后，Y000、Y001 仍为 ON，不停止。因此，设置了成批复位指令 ZRST，使 Y000、Y001 失电之后再返回到第 18 步执行。

视频 16.9　子程序指令

16.6　任务延展

1. 修改图 16-2 的梯形图程序，要求需安装 12 盏霓虹灯，其余控制要求相同，如何改写程序？

2. 某广场需安装 8 盏霓虹灯 HL1～HL8，当接通起停开关时，要求 HL1～HL8 以正序每隔 1 s 逐次点亮，当 8 盏灯全亮后，停 2 s；然后，反向逆序每隔 1 s 逐次熄灭，当 HL1 熄灭后，停 2 s，重复上述过程。当分断起停开关时，霓虹灯全部停止工作。使用 PLC 的功能指令编写程序实现控制。

16.7　实训 7　装配流水线的 PLC 控制

1. 实训目的

1）掌握移位指令的使用及编程方法。

2）掌握装配流水线控制系统的安装、编程、调试和运行等，会判断并排除电路故障。

2. 实训设备

可编程控制器实训装置 1 台、通信电缆 1 根、计算机 1 台、装配流水线实训挂箱 1 个、实训导线若干、万用表 1 只。

3. 实训内容

装配流水线控制的面板如图 16-12 所示。总体控制要求：系统中的操作工位 "A" "B" "C"，运料工位 "D" "E" "F" "G" 及仓库操作工位 "H" 能对工件进行循环处理。

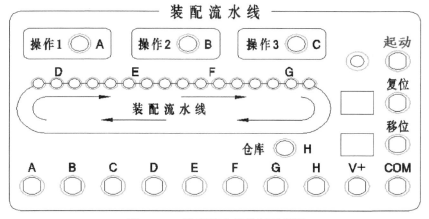

图 16-12　装配流水线控制面板图

具体控制要求如下：

1）接通"起动"开关，工件经过运料工位"D"送至操作工位"A"，在此工位完成加工后再由运料工位"E"送至操作工位"B"……，依次传送及加工，直至工件被送至仓库操作工位"H"，由该工位完成对工件的入库操作，循环处理。

2）分断"起动"开关，系统加工完最后一个工件入库后，自动停止工作。

3）按下"复位"按钮，无论此时工件位于任何工位，系统均能复位至起始状态，即工件又重新开始从运料工位"D"处开始运送并加工。

4）按下"移位"按钮，无论此时工件位于任何工位，系统均能进入单步移位状态，即每按一次"移位"按钮，工件前进一个工位。当需要取消单步移位时，按下"复位"按钮即可进入自动循环移位。

5）整理器材。实训完成后，整理好所用器材、工具，按照要求放置到规定位置。

4. 实训思考

1）总结移位指令的使用方法。

2）采用单向移位指令和循环移位指令编写程序时有何区别？

5. 实训报告

撰写实训报告。

模块四　PLC 与变频器

任务 17　变频器控制电动机的正、反转运行

17.1　任务目标

- 会描述变频器控制电动机正、反转运行的工作过程。
- 掌握变频器调速的工作原理。
- 会正确操作三菱变频器并设定变频器的参数。
- 会利用实训设备完成变频器控制电动机正反转电路的安装、变频器参数设定、调试和运行等，会判断并排除电路故障。
- 具有诚实守信和遵守规章制度及生产安全的意识；具有精益求精的工匠精神和团队协作精神；具有分析和解决问题以及举一反三的能力。

17.2　任务描述

变频器控制电动机正、反转运行的要求：通过变频器参数的设定，控制电动机的起动/停止、正转/反转，并能运用操作面板改变电动机起动的点动运行频率和加减速时间。

17.3　任务实施

利用实训设备完成变频器控制电动机正反转电路的安装、变频器参数设定、调试、运行及故障排除。具体要求：电动机实现点动正、反转，变频器参数设定见表 17-1。

表 17-1　变频器参数设定表

变频器参数	出　厂　值	设　定　值	功　能　说　明
Pr. 1	50	50	上限频率（50 Hz）
Pr. 2	0	0	下限频率（0 Hz）
Pr. 7	5	10	加速时间（10 s）
Pr. 8	5	10	减速时间（10 s）
Pr. 9	0	0.35	电子过电流保护（0.35 A）
Pr. 160	9999	0	扩张功能显示选择
Pr. 79	0	3	PU 和外部组合操作模式 1
Pr. 178	60	60	STF 正向起动信号
Pr. 179	61	61	STR 反向起动信号

1. 变频器控制电动机正、反转运行的控制效果

2. I/O 分配

1）I/O 分配表。根据变频器控制电动机正、反转运行的控制要求，需要输入设备 2 个，即按钮；需要输出设备 1 个，即电动机。其 I/O 分配见表 17-2。

视频 17.1
展示控制效果

表 17-2 变频器控制电动机正、反转运行的 I/O 分配表

输　入			输　出		
电气符号	变频器输入端子	功　能	电气符号	变频器输出端子	功　能
SB1	STF	正转起动	M（3~）	U	驱动电动机运转
SB2	STR	反转起动		V	
—	—	—		W	

2）硬件接线图。变频器控制电动机正、反转运行的硬件接线图如图 17-1 所示。

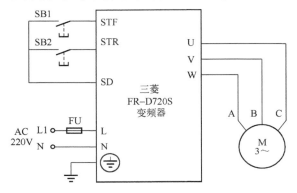

视频 17.2
I/O 分配及
接线

图 17-1　变频器控制电动机正、反转运行的硬件接线图

3. 变频器选型及参数设定

变频器选用三菱小型变频器 FR-D720S。根据本实训的要求，变频器的参数设定见表 17-1。

4. 工程调试

在断电状态下，按照变频器控制电动机正、反转运行的硬件接线图完成变频器的接线。启动变频器电源开关，按照变频器参数设定表正确设置变频器参数，设置完成后，按下正反转按钮进行观察。如果出现故障，学生应独立检修，直到排除故障。调试完成后整理器材。

视频 17.3　变频器参数设定

视频 17.4　工程调试

17.4　任务知识点

17.4.1　三相交流异步电动机的调速

1. 交流调速原理

三相交流电通入三相定子绕组后将产生一个旋转磁场，其同步转速 n 由定子电流的频率 f_1

和磁极对数 p 决定，即

$$n = \frac{60f_1}{p}$$

式中　n——同步转速（r/min）；

　　　f_1——电源频率（Hz）；

　　　p——磁极对数。

转子绕组由于切割磁力线产生相应感应电动势和感应电流，从而受到旋转磁场的作用而产生电磁力矩（即转矩），使转子跟随旋转磁场旋转，其转速 n_M 为

$$n_M = n(1-s) = \frac{60f_1}{p}(1-s)$$

式中　n_M——转子的转速，即电动机的转速（r/min）；

　　　s——转差率。

可见，三相交流异步电动机调速可通过改变 p、s、f_1 来实现。

2. 调速的基本方法

1）变极调速：改变磁级对数，即通过改变定子绕组的接法来实现，一般有三角形变双星形，单星形变双星形，都可以使磁极对数减少一半。

2）变转差率调速：只适用于绕线式异步电动机，通过改变电动机转子电路的有关参数实现。

3）变频调速：采用变频器对笼型异步电动机进行调速，具有调速范围广、静态稳定性好、运行效率高、使用方便、可靠性高和经济效益显著等优点，是最理想的调速方法。

3. 变频器的结构

变频器种类繁多，按变流环节分为交-直-交型和交-交型；按直流电路的储能环节分为电流型和电压型；按输出电压调制方式分为脉幅调制型（PAM），脉宽调制型（PWM）和正弦脉宽调制型（SPWM）；按控制方式分为 U/f 控制、转差频率控制和矢量控制变频器。

（1）外部结构

图 17-2 为三菱 FR-D720S 变频器外形图，主要由操作面板、前盖板、主机组成。操作面板又称为 PU 单元。

（2）内部结构

变频器内部结构如图 17-3 所示，主要包括整流器、逆变器、中间储能环节、控制电路（含主控电路、采样电路、驱动电路等）和控制电源等。

图 17-2　变频器外形图

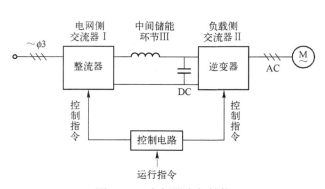

图 17-3　变频器内部结构

整流器：用于将交流电整流为直流电。

逆变器：是变频器最主要的部分之一，将整流输出的直流电转换为频率和电压都可调的交流电。

中间储能环节：对整流电路输出的直流电进行平滑。

主控电路：变频器的核心控制部分，完成对逆变器的开关控制，对整流器的电压控制及完成各种保护功能等。通常由运算电路、检测电路、控制信号的输入/输出电路和驱动电路等组成。

采样电路：实现电流采样、电压采样，提供控制和保护用的数据。

驱动电路：用于驱动各逆变管，目前常与主控电路在一起。

控制电源：为主控电路和外控电路提供稳压电源。

17.4.2　变频器的工作原理

变频器先通过整流器将工频交流电转换成直流电，然后通过逆变器再将直流电逆变成频率和电压均可控制的交流电，从而达到变频的目的。

1. 基本控制方式

三相异步电动机定子每相电动势的有效值为

$$E_1 = 4.44 k_{r1} f_1 N_1 \Phi_M$$

式中　E_1——每相定子绕组在气隙磁场中感应的电动势有效值（V）；

$\quad\quad f_1$——电动机定子频率（Hz）；

$\quad\quad N_1$——定子每相绕组有效匝数；

$\quad\quad k_{r1}$——与绕组有关的结构常数；

$\quad\quad \Phi_M$——每极磁通量（Wb）。

对异步电动机实现调速时，希望主磁通保持不变，因为若磁通太弱，铁心利用不充分，同样的转子电流下转矩减小，电动机的负载能力下降；若磁通太强，铁心发热，严重时会烧坏电动机。为此，应维持磁通量不变，即 E_1/f_1 = 常数。

2. 逆变的基本原理

（1）单相逆变

首先通过单相逆变桥的工作情况来看直流电如何"逆变"成交流电。单相逆变桥的构成如图 17-4 所示，图中将 4 个开关器件（VT1 ~ VT4）接成桥形电路，两端加直流电压 U，负载 Z 接至两"桥臂"的中点 a 与 b 之间，下面分析负载 Z 上是怎样得到交变电压和电流的。

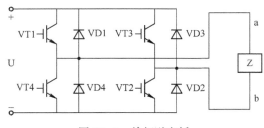

图 17-4　单相逆变桥

1）前半周期。令 VT1、VT2 导通，VT3、VT4 截止，则负载 Z 上所得的电压为 a "+"、b "-"，设这时的电压为 "+"。

2）后半周期。令 VT1、VT2 截止，VT3、VT4 导通，则负载 Z 上所得的电压为 a "-"、b "+"，电压的方向与前半周期相反，为 "-"。

当上述两种状态不断地反复交替进行时，负载 Z 上所得到的便是交变电压，这就是把直流电"逆变"成交流电的工作过程。通过改变前半周期和后半周期开关器件的导通和截止时间，即可改变负载 Z 上交变电压的频率大小。

（2）三相逆变

三相逆变桥的工作过程与单相逆变桥相同，只是三相之间互隔 T/3（T 是周期），即 V 相比 U 相滞后 T/3，W 相又比 V 相滞后 T/3，如图 17-5 所示。

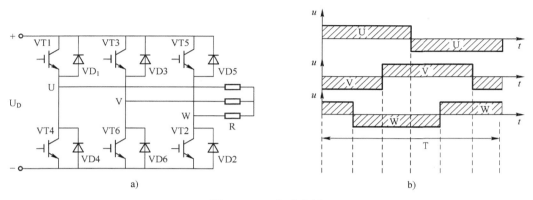

图 17-5　三相逆变桥

a）逆变电路　b）电压波形

由图 17-5，其具体的导通顺序如下。

第 1 个 T/6：VT1、VT6、VT5 导通，VT4、VT3、VT2 截止。

第 2 个 T/6：VT1、VT6、VT2 导通，VT4、VT3、VT5 截止。

第 3 个 T/6：VT1、VT3、VT2 导通，VT4、VT6、VT5 截止。

第 4 个 T/6：VT4、VT3、VT2 导通，VT1、VT6、VT5 截止。

第 5 个 T/6：VT4、VT3、VT5 导通，VT1、VT6、VT2 截止。

第 6 个 T/6：VT4、VT6、VT5 导通，VT1、VT3、VT2 截止。

总之，所谓"逆变"过程，就是若干个开关器件长时间不停息地交替导通和截止的过程。逆变器件必须满足的条件：能承受足够大的电压，能承受足够大的电流，允许长时间频繁地导通和截止。

3. 脉宽调制型变频器

脉宽调制（PWM）型变频器的主电路如图 17-6 所示。由图可知，PWM 型逆变器的主电路就是基本逆变电路。

（1）交-直部分

由 $VD_1 \sim VD_6$ 组成三相整流桥：用于将三相交流电转换成直流电。若电源的线电压为 u_L，则三相全波整流后平均直流电压为 $U_d = 1.35 u_L$，若三相交流电源的线电压为 380 V，则全波整流后的平均电压为 513 V。

滤波电容器 CF：电容器 CF 的功能是滤掉整流后的电压纹波。

电阻 RL 与开关 SL：为了保护整流桥，在变频器刚接通电源时，电路中串入限流电阻 RL，将电容器 CF 的充电电流限制在允许范围以内。开关 SL 的功能是当 CF 充电到一定程度时 SL 接通，将 RL 短路。

电源指示 HL：一是表示电源是否接通；二是在变频器切断电源后，反映滤波电容器 CF 上的电荷是否已经释放完毕。

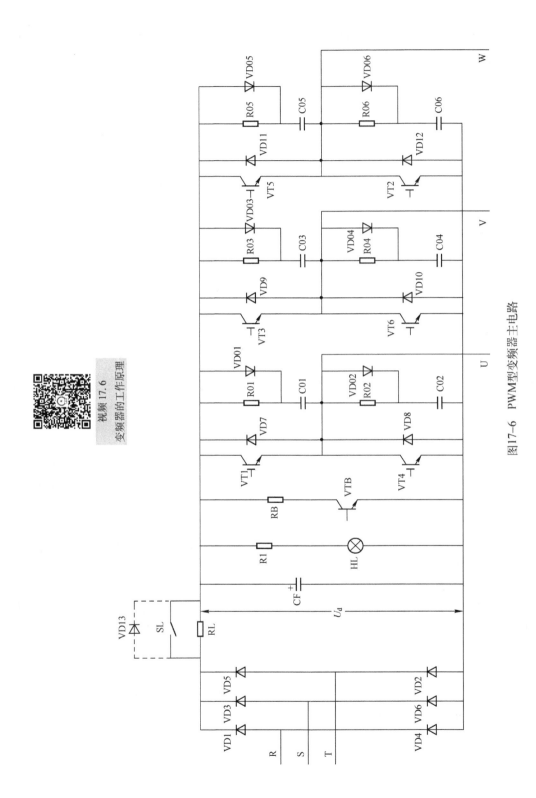

图17-6 PWM型变频器主电路

视频 17.6
变频器的工作原理

（2）直-交部分

1）逆变晶体管 VT1~VT6。逆变晶体管是变频器实现变频的具体执行器件，是变频器的核心部分。图中由 VT1~VT6 组成逆变桥，将 VD1~VD6 整流所得的直流电再转换为频率可调的交流电。

2）续流二极管 VD7~VD12。续流二极管的主要功能有如下几个方面。

① 电动机是电感性负载，其电流具有无功分量，VD7~VD12 为无功电流返回直流电源时提供通道。

② 当频率下降、电动机处于再生制动状态时，再生电流将通过 VD7~VD12 返回直流电路。

③ 在 VT1~VT6 进行逆变的基本工作过程中，同一桥臂的两个逆变晶体管不停地交替导通和截止，在交替导通和截止的过程中，需要 VD7~VD12 提供通路。

（3）缓冲电路

1）C01~C06。每次逆变晶体管 VT1~VT6 由导通状态切换成截止状态的关断瞬间，集电极（C 极）和发射极（E 极）间的电压 U_{CE} 将迅速地由接近 0 V 上升至直流电压值。这过高的电压增长率将有可能导致逆变晶体管的损坏。为了减小 VT1~VT6 在每次关断时的电压增长率，在电路中接入了电容器 C01~C06。

2）R01~R06。每次 VT1~VT6 由截止状态切换成导通状态的接通瞬间，C01~C06 上所充的电压将向 VT1~VT6 放电。此放电电流的初始值很大，将叠加到负载电流上，导致 VT1~VT6 的损坏。R01~R06 的功能就是限制逆变晶体管在接通瞬间 C01~C06 的放电电流。

3）VD01~VD06。R01~R06 的接入会影响 C01~C06 在 VT1~VT6 关断时减小电压增长率的效果。为此接入 VD01~VD06，其功能是在 VT1~VT6 的关断过程中，使 R01~R06 不起作用；在 VT1~VT6 的接通过程中，又迫使 C01~C06 的放电电流流经 R01~R06。

（4）制动电阻和制动单元

1）制动电阻 RB。电动机在工作频率下降过程中将处于再生制动状态，拖动系统的动能将要反馈到直流电路中，使直流电压 U_d 不断上升，甚至可能达到危险的地步。因此，在电路中接入制动电阻 RB，用来消耗这部分能量，使 U_d 保持在允许范围内。

2）制动单元 VTB。由大功率晶体管 GTR 及其驱动电路构成制动单元 VTB。其功能是为放电电流流经 RB 提供通路。

17.4.3　变频器的 PU 操作

1. 变频器的主接线

变频器的主接线如图 17-7 所示。变频器的主接线一般有 6 个端子，其中：输入端子 R、S、T 接三相电源；输出端子 U、V、W 接三相电动机。特别注意：切记不能接反，否则，将损毁变频器。

有的变频器能以单相 220 V 作为电源，此时，单相电源接到变频器的 R 输入端和接地端，输出端子 U、V、W 仍输出三相对称的交流电，可接三相电动机。

三菱 FR-D720S 型变频器介绍：电源使用单相 220 V，使用简单、方便；功率范围是 0.4~7.5 kW；通用磁通矢量控制，1 Hz 时 150% 转矩输出；采用长寿命元器件；内置 Modbus-RTU 协议；内置制动晶体管；扩充 PID、三角波功能；带安全停止功能。

2. 操作面板

FR-D720S 型变频器一般通过操作面板或参数单元来操作（总称为 PU 操作），操作面板

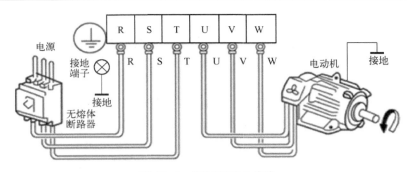

图 17-7　变频器的主接线

外形如图 17-8 所示，各按键及各显示符的功能见表 17-3。特别说明：操作面板不能从变频器上拆下。

表 17-3　FR-D700 型变频器操作面板各按键及显示符的功能表

序号	按键及显示符	功　　能
1	运行模式显示	PU：处在 PU 运行模式时亮灯；EXT：处在外部运行模式时亮灯；NET：处在网络运行模式时亮灯
2	单位显示	HZ：显示频率时亮灯；A：显示电流时亮灯；显示电压时熄灯；显示设定频率监视时闪烁
3	监视器	4 位 LED；显示频率、参数编号等
4	M 旋钮	用于变更频率设定、参数的设定值等
5	模式切换（MODE）	用于切换各设定模式，与"运行模式切换"同时按下可以用来切换各种运行模式
6	各设定的确定（SET）	用于频率和参数的设定
7	运行状态显示（RUN）	变频器动作中亮灯表示处在正转运行中；灯缓慢闪烁表示处在反转运行中；灯快捷闪烁表示有异常
8	参数设定模式显示（PRM）	处在参数设定模式时亮灯
9	监视器模式（MON）	处在监视模式时亮灯
10	停止运行（STOP/RESET）	停止运转指令，保护功能生效时，也可进行报警复位
11	运行模式切换（PU/EXT）	用于切换 PU/EXT，使用外部运行模式时按下此键，使表示外部运行模式的 EXT 处于亮灯状态
12	起动指令（RUN）	通过 Pr.40 的设定，可改变旋转方向

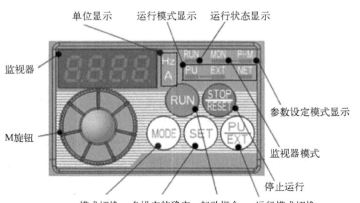

视频 17.7
变频器的主接线
及操作面板

图 17-8　FR-D720S 变频器的操作面板

3. 变频器的基本参数

（1）输出频率范围（Pr. 1、Pr. 2、Pr. 18）

Pr. 1 为上限频率，用 Pr. 1 设定输出频率的上限，即使有高于设定值的频率指令输入，输出频率也被钳位在上限频率。Pr. 2 为下限频率，用 Pr. 2 设定输出频率的下限。Pr. 18 为高速上限频率，当变频器在 120 Hz 以上运行时，用 Pr. 18 设定输出频率的上限。

（2）加、减速时间（Pr. 7、Pr. 8、Pr. 20）

Pr. 20 为加、减速基准频率。Pr. 7 为加速时间，即用 Pr. 7 设定从 0 Hz 加速到 Pr. 20 设定的频率时间；Pr. 8 为减速时间，即用 Pr. 8 设定从 Pr. 20 设定的频率减速到 0 Hz 的时间。

（3）电子过电流保护（Pr. 9）

Pr. 9 用来设定电子过电流保护的电流值，以防止电动机过热，故一般设定为电动机的额定电流值。

（4）起动频率（Pr. 13）

Pr. 13 为变频器的起动频率，即当起动信号为 ON 时的开始频率，如果设定变频器的运行频率小于 Pr. 13 的设定值时，则变频器将不能起动。

（5）适用负荷选择（Pr. 14）

Pr. 14 用于选择与负载特性最适宜的输出特性（V/F 特性）。当 Pr. 14 = 0 时，适用恒转矩负荷（如运输机械、台车等）；当 Pr. 14 = 1 时，适用低转矩负荷（如风机、水泵等）；当 Pr. 14 = 2 时，适用恒转矩升降（反转时转矩提升 0%）；当 Pr. 14 = 3 时，适用恒转矩升降（正转时转矩提升 0%）。

（6）点动运行（Pr. 15、Pr. 16）

Pr. 15 为点动运行频率，即处在 PU 和外部模式时的点动运行频率，并且一般把 Pr. 15 的设定值设定在 Pr. 13 值之上。Pr. 16 为点动加、减速时间的设定参数。

（7）参数写入/禁止选择（Pr. 77）

当 Pr. 77 = 0 时，仅在 PU 操作模式下，变频器处于停止时才能写入参数；当 Pr. 77 = 1 时，除 Pr. 75、Pr. 77、Pr. 79 外不可写入参数；当 Pr. 77 = 2 时，即使变频器处于运行状态也能写入参数。

（8）操作模式选择（Pr. 79）

当 Pr. 79 = 0 时，电源投入时为外部操作模式（简称 EXT，即变频器的频率和起、停均由外部信号控制端子来控制），但可操作面板切换为 PU 操作模式（简称 PU，即变频器的频率和起、停均由操作面板控制）；当 Pr. 79 = 1 时，为 PU 操作模式；当 Pr. 79 = 2 时，为外部操作模式；当 Pr. 79 = 3 时，为 PU 和外部组合操作模式 1，变频器的频率由操作面板控制，而起、停由外部信号控制端子来控制；当 Pr. 79 = 4 时，为 PU 和外部组合操作模式 2，变频器的频率由外部信号控制，而起、停由操作面板控制；当 Pr. 79 = 5 时，为程序控制模式。

视频 17.8
变频器的
基本参数

4. PU 单元的操作

（1）基本操作

1）外部运行模式和 PU 模式的切换，其操作如图 17-9 所示。

2）在 PU 模式下，按 MODE 键可改变 PU 显示模式，其操作如图 17-10 所示。

3）在监视模式下，按 SET 键可改变监视输出值的查看类型，其操作如图 17-11 所示。

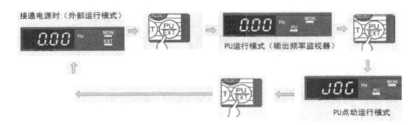

图 17-9　外部运行模式和 PU 模式的切换

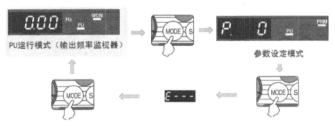

图 17-10　PU 显示模式的切换

图 17-11　监视模式下输出值查看类型的切换

视频 17.9
PU 单元的操作

（2）面板操作

1）改变参数 Pr.7 的操作方法见表 17-4。

表 17-4　改变参数 Pr.7 的操作方法

	操 作 步 骤	显 示 结 果
1	按 PU/EXT 键，选择 PU 操作模式	PU显示灯亮 0.00 PU
2	按 MODE 键，进入参数设定模式	PRM显示灯亮 P. 0 PRM
3	拨动设定旋钮，选择参数号码 P.7	P. 7
4	按 SET 键，读出当前的设定值	3.0
5	拨动设定旋钮，把设定值变为 4	4.0
6	按 SET 键，完成设定	闪烁 4.0 P. 7

2）改变参数 Pr. 160 的操作方法见表 17-5。

表 17-5　改变参数 Pr. 160 的操作方法

	操 作 步 骤	显 示 结 果
1	按 PU/EXT 键，选择 PU 操作模式	PU显示灯亮 0.00 PU
2	按 MODE 键，进入参数设定模式	PRM显示灯亮 P. 0 PRM
3	拨动 设定旋钮，选择参数号码 P. 160	P.160
4	按 SET 键，读出当前的设定值	9999
5	拨动 设定旋钮，把设定值变为 0	0
6	按 SET 键，完成设定	闪烁 0 P.160

3）参数清零的操作方法见表 17-6。

表 17-6　参数清零的操作方法

	操 作 步 骤	显 示 结 果
1	按 PU/EXT 键，选择 PU 操作模式	PU显示灯亮 0.00 PU
2	按 MODE 键，进入参数设定模式	PRM显示灯亮 P. 0 PRM
3	拨动 设定旋钮，选择参数号码 ALLC	ALLC 参数全部清除
4	按 SET 键，读出当前的设定值	0
5	拨动 设定旋钮，把设定值变为 1	1
6	按 SET 键，完成设定	闪烁 1 ALLC

注：无法显示 ALLC 时，将 Pr. 160 设为"0"；无法清零时，将 Pr. 79 改为"1"。

4）用操作面板设定频率运行的操作方法见表 17-7。

表 17-7　设定频率运行的操作方法

	操 作 步 骤	显 示 结 果
1	按 PU/EXT 键，选择 PU 操作模式	PU显示灯亮 0.00 PU

（续）

操 作 步 骤	显 示 结 果
2	旋转⬡设定旋钮，把频率改为设定值	$\boxed{50.00}$ 闪烁约5s
3	按 SET 键，设定值频率	闪烁 $\boxed{50.00\ F}$
4	闪烁 3 s 后显示回到 0.0，按 RUN 键运行	⬇ 3s后 $\boxed{0.00}$ → $\boxed{50.00}$ Hz
5	按 STOP/RESET 键，停止	$\boxed{50.00}$ → $\boxed{0.00}$ Hz

17.5　任务延展

1. 电动机停止和起动时间与变频器的哪些参数有关？

2. 利用变频器 PU 操作，实现电动机的连续运行和点动运行。

3. 利用变频器 PU 操作，实现电动机的调速控制：电动机起动后以 40Hz 频率运行，然后以 20 Hz 频率运行，最后停止。

任务 18　基于 PLC 的变频器外部端子的电动机正、反转控制

18.1　任务目标

- 会描述基于 PLC 的变频器外部端子的电动机正、反转运行的工作过程。
- 会描述变频器的 EXT 运行模式和 PU 操作模式的区别。
- 会利用实训设备完成基于 PLC 的变频器外部端子电动机正反转运行的安装、编程、调试和运行等，会判断并排除电路故障。
- 会综合运用 PLC 和变频器实现对多种电路的控制。
- 具有诚实守信和遵守规章制度及生产安全的意识；具有精益求精的工匠精神和团队协作精神；具有分析和解决问题以及举一反三的能力。

18.2　任务描述

基于 PLC 的变频器外部端子的电动机正、反转运行的要求：外部输入信号连接 PLC 的输入端子，PLC 的输出端子连接变频器的输入端，通过编写 PLC 程序和设定变频器参数，控制电动机的起动/停止、正转/反转，并能运用操作面板改变电动机起动的连续运行频率和加减速时间。

18.3　任务实施

利用实训设备完成基于 PLC 的变频器外部端子的电动机正反转电路的安装、变频器参数设定、编程、调试、运行及故障排除。具体要求：电动机实现连续正、反转，变频器参数设定见表 18-1。

表 18-1　变频器参数设定表

变频器参数	出厂值	设定值	功 能 说 明
Pr. 1	50	50	上限频率（50 Hz）
Pr. 2	0	0	下限频率（0 Hz）
Pr. 7	5	10	加速时间（10 s）
Pr. 8	5	10	减速时间（10 s）
Pr. 9	0	0. 35	电子过电流保护（0. 35 A）
Pr. 160	9999	0	扩张功能显示选择
Pr. 79	0	3	PU 和外部组合操作模式 1
Pr. 178	60	60	STF 正向起动信号
Pr. 179	61	61	STR 反向起动信号

1. 基于 PLC 的变频器外部端子的电动机正、反转运行的控制效果

2. I/O 分配

（1）I/O 分配表

根据基于 PLC 的变频器外部端子的电动机正、反转运行的控制要求，需要输入设备 3 个，即按钮；需要输出设备 2 个，即控制电动机正、反转。其 I/O 分配见表 18-2。

视频 18.1 展示控制效果

表 18-2　基于 PLC 的变频器外部端子的电动机正、反转运行的 I/O 分配表

输　入			输　出		
电气符号	PLC 输入端子	功能	变频器输入端子	PLC 输出端子	功能
SB1	X000	正转起动	STF	Y000	电动机正转
SB2	X001	反转起动	STR	Y001	电动机反转
SB3	X002	停止	—	—	—

（2）硬件接线图

基于 PLC 的变频器外部端子的电动机正、反转运行的硬件接线图如图 18-1 所示。

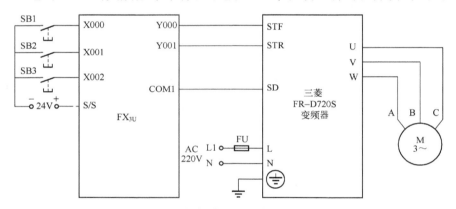

图 18-1　基于 PLC 的变频器外部端子的电动机正、反转运行的硬件接线图

视频 18.2 I/O 分配及接线

3. 变频器选型及参数设定

变频器选用三菱小型变频器 FR-D720S。根据本实训的要求，变频器的参数设定见表 18-1。

4. 软件编程

基于 PLC 的变频器外部端子的电动机正、反转运行的梯形图程序如图 18-2 所示。

5. 工程调试

在断电状态下，按照基于 PLC 的变频器外部端子的电动机正、反转运行的硬件接线图，完成外部开关、PLC、变频器和电动机的接线。启动变频器电源开关，按照变频器参数设定表正确设置变频器参数；将 PLC 运行模式选择开关拨到"STOP"

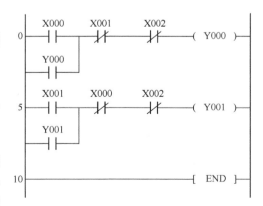

图 18-2　基于 PLC 的变频器外部端子的电动机正、反转运行的梯形图程序

位置，使用编程软件编程并下载到 PLC 中。将 PLC 运行模式选择开关拨到 "RUN" 位置进行观察。如果出现故障，学生应独立检修，直到排除故障。调试完成后整理器材。

视频 18.3
编写程序

18.4　任务知识点

视频 18.4
变频器的
EXT 运行模式

18.4.1　变频器的 EXT 运行模式

1. 外部端子

变频器外部端子如图 18-3 所示，有关端子的说明见表 18-3。

表 18-3　变频器外部端子说明

类型		端子记号	端子名称	说　　　明	
输入信号	起动及功能设定	STF	正转起动	STF 处于 ON 为正转，处于 OFF 停止。程序运行模式时，为程序运行开始信号（ON 开始，OFF 停止）	当 STF 和 STR 信号同时处于 ON 时，相当于给出停止指令
		STR	反转起动	STR 信号处于 ON 为反转，处于 OFF 为停止	
		STOP	起动保持选择	使 STOP 信号处于 ON，可以选择起动信号自保持	
		RH、RM 和 RL	多段速度选择	用 RH、RM 和 RL 信号的组合可以选择多段速度	输入端子功能选择（Pr. 180 ~ Pr. 186）用于改变端子功能
		JOG	点动模式选择	JOG 信号 ON 时选择点动运行（出厂设定），用起动信号（STF 和 STR）可以点动运行	
		RT	第 2 加/减速时间选择	RT 信号处于 ON 时选择第 2 加/减速时间。设定了第 2V/F（基底频率）时，也可以用 RT 信号处于 ON 时选择这些功能	
		MRS	输出停止	MRS 信号为 ON（20 ms 以上）时，变频器输出停止。用电磁制动停止电动机时，用于断开变频器的输出	
		RES	复位	使端子 RES 信号处于 ON（0.1 s 以上）时，然后断开，可用于解除保护回路动作的状态	
		AU	电流输入选择	只在端子 AU 信号处于 ON 时，变频器才可用直流 4 ~ 20 mA 作为频率设定信号	输入端子功能选择（Pr. 180 ~ Pr. 186）用于改变端子功能
		CS	瞬时停电再起动选择	CS 信号预先处于 ON 时，瞬时停电再恢复时变频器便可自动起动。但用这种运行方式时必须设定有关参数，因为出厂时设定为不能再起动	
		SD	公共输入端（漏型）	输入端子和 FM 端子的公共端。直流 24 V、0.1 A（PC 端子）电源的输出公共端	
		PC	直流 24 V 电源和外部晶体管公共端触头输入公共端（源型）	当连接晶体管输出（集电极开路输出），例如 PLC，将晶体管输出用的外部电源公共端接到这个端子时，可以防止因漏电引起的误动作，该端子可用于直流 24 V、0.1 A 电源输出。当选择源型时，该端子作为触头输入的公共端	

（续）

类型		端子记号	端子名称	说　明	
模拟信号	频率设定	10E	频率设定用电源	DC 10 V，允许负荷电流 10 mA	按出厂设定状态连接频率设定电位器时，与端子 10 连接。当连接到 10E 时，需改变端子 2 的输入规格
		10			
		2	频率设定（电压）	输入 DC 0~5 V（或 DC 0~10 V）时，5 V（10 V）对应为电大输出频率，输入/输出频率成比例。用操作面板进行输入直流 0~5 V（出厂设定）和 0~10 V 的切换。输入阻抗 10 KΩ 时，允许最大电压为直流 20 V	
		5	频率设定公共端	频率设定信号端子和模拟信号输出公共端子	
		4	频率设定（电流）	DC 4~20 mA，20 mA 为最大输出频率，输入/输出频率成比例。只在端子 AU 信号处于 ON 时，该输入信号有效。输入阻抗 250 Ω 时，允许最大电流为 30 mA	
		1	辅助频率设定	输入 DC −5~5 V 或 DC −10~10 V 时，端子 2 或 4 的频率设定信号与这个信号相加。用 Pr.73 设定不同的参数进行输入 DC −5~5 V 或 DC −10~10 V（出厂设定）的选择。输入阻抗 10 kΩ 时，允许电压±20 V	
输出信号	触头	A、B 和 C	异常输出	指示变频器因保护功能动作而输出停止的转换触头，AC 200 V、0.3 A，DC 30 V、0.3 A。异常时：B−C 间不导通（A−C 间导通），正常时：B−C 间导通（A−C 间不导通）	
	集电极开路	RUN	变频器正在运行	变频器输出频率为起动频率（出厂时为 0.5 Hz，可变更）以上时为低电平，正在停止或正在直流制动时为高电平[①]。允许负荷为 DC 24 V、0.1 A	输出端子功能选择（Pr.190~Pr.195）用于改变端子功能
		SU	频率到达	输出频率达到设定频率的±10%（出厂设定，可变更）时为低电平，正在加/减或停止时为高电平[②]。允许负荷为 DC 24 V、0.1 A	
		OL	过负荷报警	当失速保护功能动作时为低电平，失速保护解除时为高电平[①]，允许负荷为 DC 24 V、0.1 A	
		IPF	瞬时停电	瞬时停电，电压不足保护动作时为低电平[①]，允许负荷为 DC 24 V、0.1 A	
		FU	频率检测	输出频率为任意设定的检测频率以上时为低电平，以下时为高电平[①]，允许负荷为 DC 24 V、0.1 A	
		SE	集电极开路输出公共端	端子 RUN、SU、OL、IPF 和 FU 的公共端子	
	脉冲	FM	指示仪表用	可以从 16 种监视项目中选一种作为输出[②]，例如输出频率，输出信号与监视项目的大小成比例	出厂设定的输出项目：频率允许负荷电流 1 mA，60 Hz 时 1440 脉冲/s
	模拟	AM	模拟信号输出		出厂设定的输出项目：频率输出信号 0 到 DC 10 V 时，允许负荷电流 1 mA
通信	RS −485	PU	PU 接口	通过操作面板的接口，进行 RS−485 通信。遵守标准：EIA RS−485 标准；通信方式：多任务通信；通信速率：最大 19200 bit/s；最长距离：500 m	

说明：① 低电平表示集电极开路输出用的晶体管处于 ON（导通状态），高电平为 OFF（不导通状态）。
② 变频器复位中不被输出。

2. 外部运行操作

变频器既可以通过 PU 单元控制运行，也可以通过外部端子控制运行。下面主要介绍通过外部端子控制电动机的点动运行和连续运行。

（1）点动运行

变频器需用外部信号控制点动运行时，接线如图 18−4 所示，应将 Pr.79 设为 2，此时

EXT 灯亮，变频器由外部端子输入信号控制。点动频率由 Pr. 15 决定，加、减速时间由 Pr. 16 决定。此时，按下 SB1，电动机正向点动；按下 SB2，电动机反向点动。

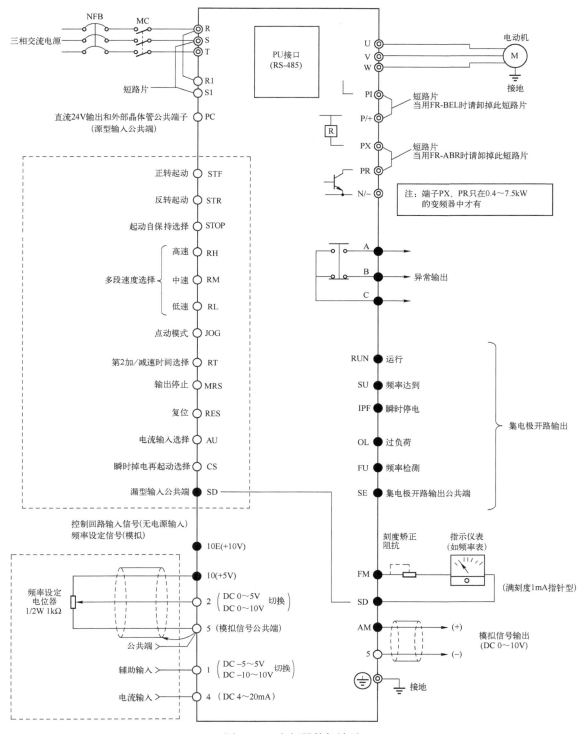

图 18-3　变频器外部端子

注：◎为主回路端子，○为控制回路输入端子，●为控制回路输出端子。

（2）连续运行

变频器需用外部信号控制连续运行时，接线如图 18-5 所示，应将 Pr. 79 设为 2。当按下按钮 SB1 并松开时，电动机正向转动，转动电位器 RP 时，电动机速度变大或变小，达到调速目的；当按下停止按钮 SB0 时，电动机停止运行。当按下按钮 SB2 并松开时，电动机反向转动，转动电位器 RP 时，电动机速度变大或变小；按下停止按钮 SB0 时，电动机停止运行。

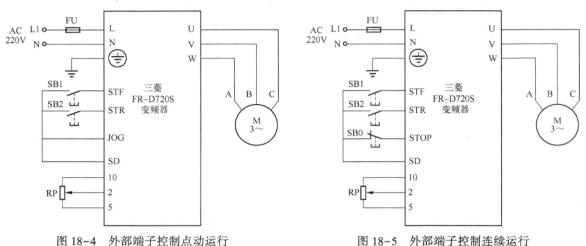

图 18-4 外部端子控制点动运行   图 18-5 外部端子控制连续运行

18.4.2 变频器的组合操作

变频器的组合操作就是通过 PU 单元和外部控制端子上的输入信号来共同控制电动机。

1. 组合运行方式

变频器的组合运行通常有两种方式，一种是用 PU 单元来控制变频器的运行频率，用外部信号来控制变频器的起停，称为 PU 和外部组合操作模式 1；另一种是用 PU 单元来控制变频器的起停，用外部信号来控制变频器的运行频率，称为 PU 和外部组合操作模式 2。

如需用外部信号起动电动机，而频率用 PU 单元来调节时，则必须将"操作模式选择（Pr. 79）"设定为 3，此时，变频器的起停就由 STF（正转）或 STR（反转）端子与 SD 端子的合/断来控制，变频器的运行频率就通过 PU 单元直接设定或通过 PU 单元由相关参数来设定。

相反，如需用 PU 单元控制变频器的起停，用外部信号调节变频器的频率时，则必须将"操作模式选择（Pr. 79）"设定为 4，此时，变频器的起停就由 PU 单元的 RUN 和 STOP 来控制，变频器的运行频率就通过外部端子 2、5（电压信号）或 4、5（电流信号）的输入信号来控制。如果外部输入信号是电压信号，则必须加到端子 2（正极）、5（负极）；如果外部输入信号是电流信号，则必须加到端子 4（输入）、5（输出），且必须短接 AU（电流输入选择）与 SD 端子。

2. 参数设置

变频器的组合运行除了设定 Pr. 79（等于 3 或 4）以外，还要设置一些常用参数。当 Pr. 79 = 4 时，通常还需要设置 Pr. 73，通过改变 Pr. 73（出厂值为 1）的设定值，可以选择模拟输入端子的规格、超调功能和靠输入信号的极性变换电动机的正、反转等。

【应用举例】变频器多段调速，其控制要求是：用 PLC 和变频器控制交流电动机工作，实现交流电动机的多段速度运行，交流电动机运行的转速变化如图 18-6 所示。

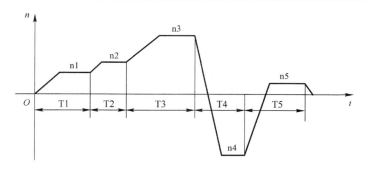

图 18-6　交流电动机运行的转速变化

① 根据交流电动机运行转速变化的情况，实现控制系统的单周期自动运行方式。要求按下起动按钮，交流电动机以 n1 起动，按照运行时间自行切换转速，直至 n5 结束。在运行的任何时刻，都可以通过按下停止按钮使电动机减速停止。各档速度、加速度及运行时间见表 18-4。

表 18-4　电动机转速变化情况表

段　别	n1	n2	n3	n4	n5
速度/(r/min)	600	900	1800	-2700	300
加速度/s	1.5	1.5	1.5	1.5	1.5
减速度/s	1	1	1	1	1
运行时间 T/s	4	3	5	4	5

② 利用"单速运行（调整）/自动运行"选择开关，可以实现单独选择任一档速度保持恒定运行；按下起动按钮，起动恒速运行，按下停止按钮，恒速运行停止，旋转方向都为正转。

③ 为了检修或调整方便，系统设有"点进"和"点退"功能。选择开关位于"单速运行（调整）"档，电动机选用 n1 转速运行。

（1）I/O 分配

1）I/O 分配表。根据变频器多段调速 PLC 的控制要求，需要输入设备 10 个，即转换开关和按钮；输出设备 5 个，即多段速度选择和控制电动机正、反转。其 I/O 分配见表 18-5。

表 18-5　变频器多段调速 PLC 控制的 I/O 分配表

输　入			输　出		
电气符号	PLC 输入端子	功能	变频器输入端子	PLC 输出端子	功能
SA1	X001	起动 1 速	RL	Y001	多段速度输入选择端
SA2	X002	起动 2 速	RM	Y002	
SA3	X003	起动 3 速	RH	Y003	
SA4	X004	起动 4 速	STF（正向）	Y004	电动机正转
SA5	X005	起动 5 速	STR（反向）	Y005	电动机反转
SB1	X006	点进	—	—	—
SB2	X007	点退	—	—	—
SB3	X010	停止	—	—	—

（续）

输	入		输	出	
电气符号	PLC 输入端子	功能	变频器输入端子	PLC 输出端子	功能
SB4	X011	起动	—	—	—
SA6	X015	单速运行（调整）/自动运行	—	—	—

2）硬件接线图。变频器多段调速 PLC 控制的硬件接线图如图 18-7 所示。

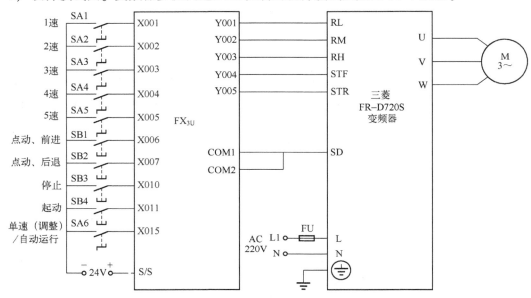

图 18-7　变频器多段调速 PLC 控制的硬件接线图

（2）变频器选型及参数设置

变频器选用三菱小型变频器 FR-D720S，变频器参数及多段速度设定情况见表 18-6。

表 18-6　变频器参数及多段速度设定

变频器参数	设定值	功能说明	STR	STF	RH	RM	RL
Pr. 1	50 Hz	上限频率	—	—	—	—	—
Pr. 2	0 Hz	下限频率	—	—	—	—	—
Pr. 3	50 Hz	基底频率	—	—	—	—	—
Pr. 7	1.5 s	加速时间	—	—	—	—	—
Pr. 8	1 s	减速时间	—	—	—	—	—
Pr. 9	0.35 A	电子过电流保护	—	—	—	—	—
Pr. 79	2	操作模式选择（外部）	—	—	—	—	—
Pr. 4	10 Hz	多段速度设定（1 速）	0	1	1	0	0
Pr. 5	15 Hz	多段速度设定（2 速）	0	1	0	1	0
Pr. 6	30 Hz	多段速度设定（3 速）	0	1	0	0	1
Pr. 24	45 Hz	多段速度设定（4 速）	1	0	0	1	1
Pr. 25	5 Hz	多段速度设定（5 速）	0	1	1	0	1

（3）软件编程

变频器多段调速 PLC 控制的梯形图程序如图 18-8 所示。图中，中间继电器 M0 表示起动信号，M1～M5 表示 5 种速度状态。在自动控制中，各个速度的转换是通过定时器的动合触头完成的；在每一种速度的恒速运行中，起动信号由选择开关 X015 的状态、多段速度开关 X001～X005 的任一状态及起动按钮决定；在点动控制中，通过点进按钮 X006 和选择开关 X015 的状态选择电动机点进的转速和方向；通过点退开关 X007 和选择开关 X015 的状态选择电动机点退的转速和方向。

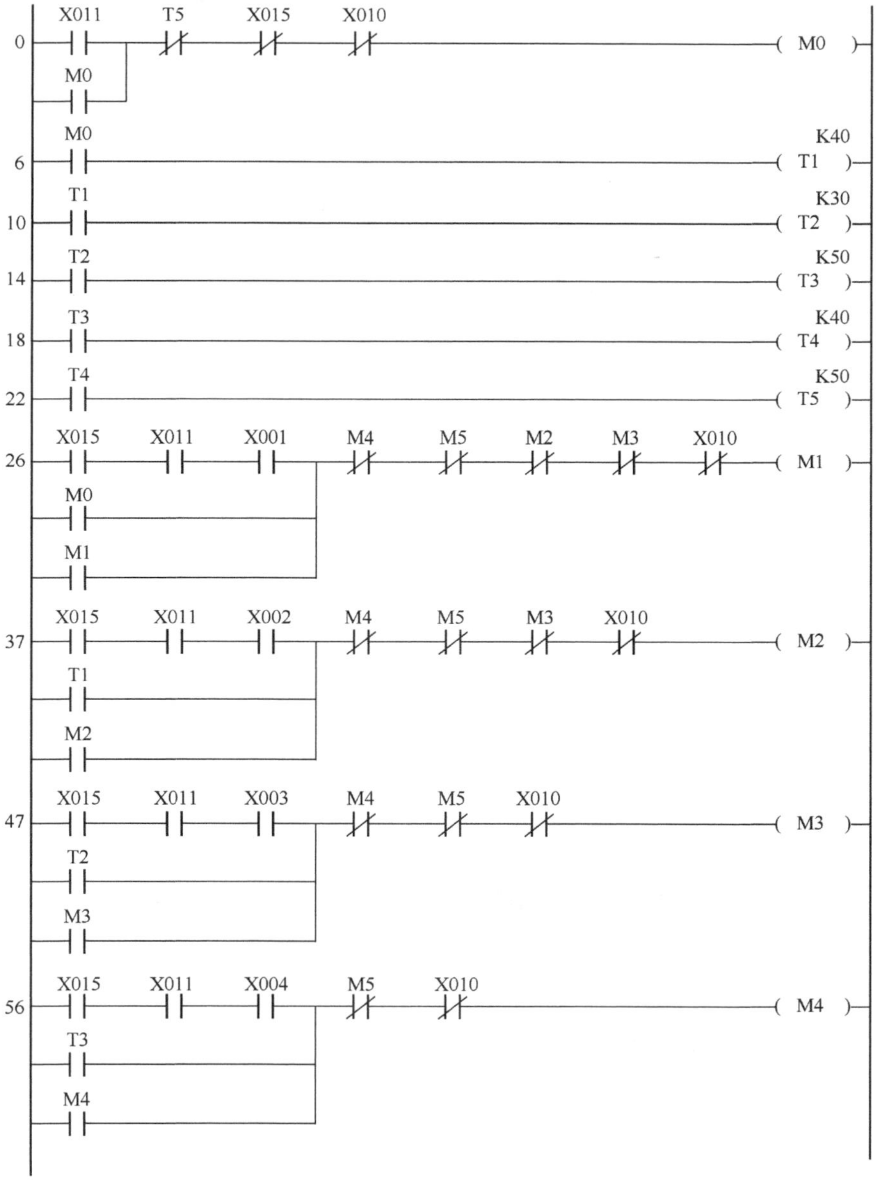

图 18-8　变频器多段调速 PLC 控制梯形图程序

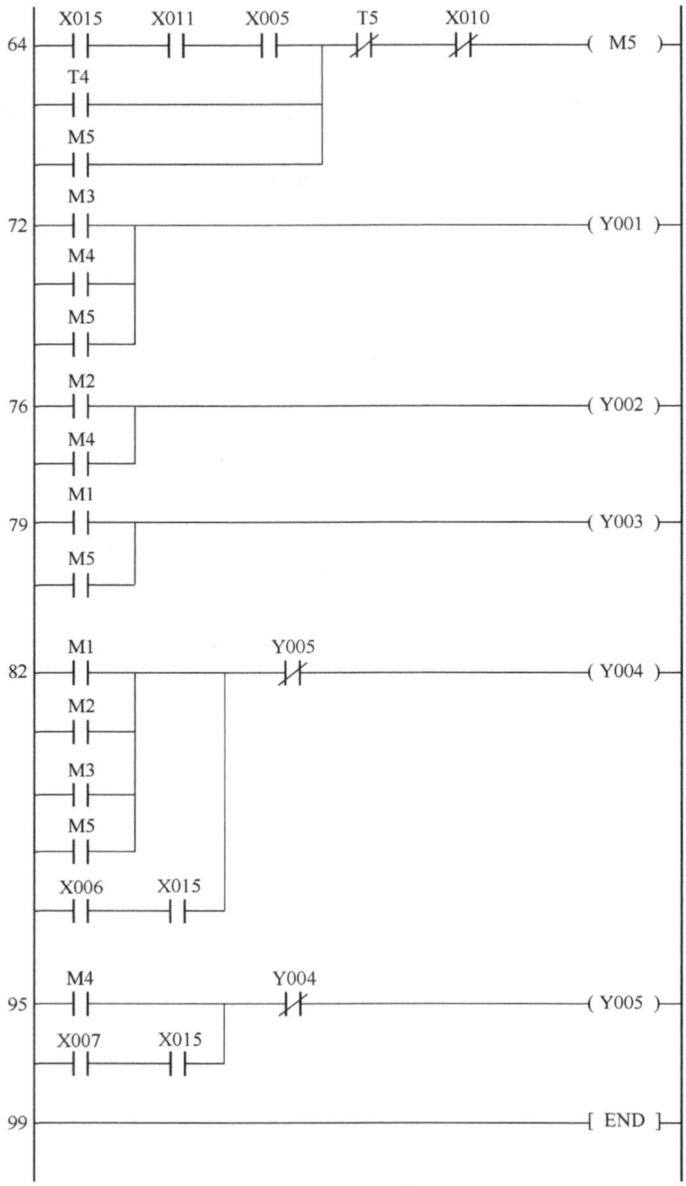

视频 18.5
变频器的组合操作

图 18-8　变频器多段调速 PLC 控制梯形图程序（续）

18.5　任务延展

1. 用外部端子控制如何实现电动机的连续运行和点动运行？
2. 用外部端子控制如何实现电动机的速度调节？
3. 电动机的正反转有哪几种控制方式？各有何优缺点？

模块五　电气控制系统的设计及其 PLC 控制实例

任务 19　CA6140 型车床的电气控制及 PLC 控制实训

19.1　任务目标

- 会描述 CA6140 型车床运行的继电器–接触器控制和 PLC 控制的工作过程。
- 掌握电气控制系统的分析方法。
- 会利用实训设备完成 CA6140 型车床运行两种控制电路的安装、调试和运行等，会判断并排除电路故障。
- 会综合应用电气控制系统的 PLC 改造方法进行其他电气控制电路的 PLC 改造。
- 具有质量意识、环保意识、安全意识、规范意识和爱岗敬业的责任意识以及信息素养、工匠精神、创新思维；具有自我管理能力和职业生涯规划的意识，有较强的集体意识和团队合作精神以及较强的交流表达能力；具有综合运用所学内容解决问题的能力。

19.2　任务描述

CA6140 型车床的电气控制要求：控制系统设置 3 台电动机，主轴电动机，带动主轴旋转和刀架做进给运动；冷却泵电动机；刀架快速移动电动机。起动总电源，电源指示灯亮；设置照明开关控制照明指示灯亮灭。

19.3　任务实施

19.3.1　CA6140 型车床运行的继电器–接触器控制

利用实训设备完成 CA6140 型车床运行继电器–接触器控制电路的安装、调试、运行及故障排除。

1. 绘制工程电路原理图

CA6140 型车床运行的继电器–接触器控制电路原理图如图 19-1 所示。

2. 选择元器件

1）编制器材明细表。该实训任务所需器材见表 19-1。

2）器材质量检查与清点。

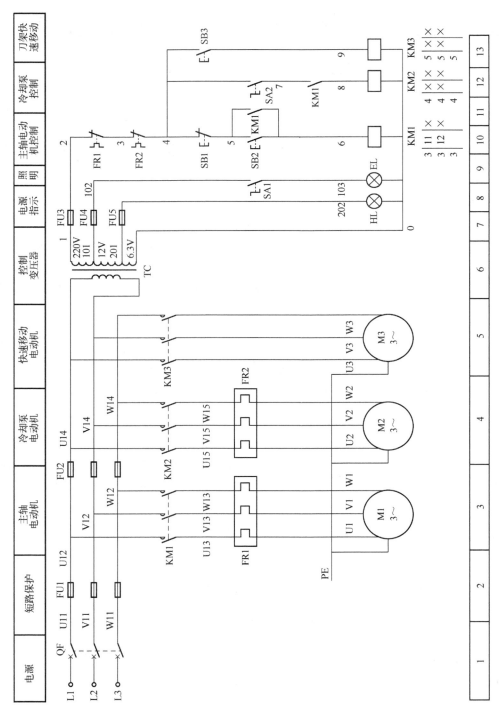

图19-1 CA6140型车床运行的继电器-接触器控制电路原理图

表 19-1　CA6140 型车床运行继电器-接触器控制电路的器材明细表

符　号	名　称	型号与规格	数量/个
QF	低压断路器	DZ108/20（0.63~1 A）	1
M1	主轴电动机	Y100L2-4	1
M2	冷却泵电动机	JO31-2	1
M3	快速移动电动机	Y100L2-4	1
KM1、KM2、KM3	交流接触器	LC1 D06 10（线圈 AC 380 V）	3
FR1、FR2	热继电器	JRS1D-25（整定电流 0.63~1.2 A）	2
FU1~FU5	熔断器及熔断芯	RT18-32/3P-3A	9
SA1、SA2	三位旋钮	LA42（B）X2-11/B	2
SB1~SB3	按钮	LA42（B）P-11	3
HL	指示灯	AD17-16/AC 220 V	1
EL	照明灯	ZSD-0	1
TC	控制变压器	BK-100	1

3. 安装、敷设电路

1）绘制工程布局布线图。

学习者根据电路原理图自行绘制。

2）安装、敷设电路。

3）通电检查及故障排除。

4）整理器材。

19.3.2　CA6140 型车床运行的 PLC 控制

利用实训设备完成 CA6140 型车床运行 PLC 控制电路的安装、编程、调试、运行及故障排除。

1. I/O 分配

（1）I/O 分配表

根据 CA6140 型车床电气控制要求，需要输入设备 7 个，即 3 个按钮、2 个开关和 2 个热继电器；需要输出设备 5 个，即用来控制 3 台电动机运行的交流接触器、1 个电源指示灯和 1 盏照明灯。其 I/O 分配见表 19-2。

表 19-2　CA6140 型车床运行 PLC 控制的 I/O 分配表

输　入			输　出		
电气符号	输入端子	功　能	电气符号	输出端子	功　能
SB1	X000	电动机 M1 停止按钮	KM1	Y000	主轴电动机运行交流接触器
SB2	X001	电动机 M1 起动按钮	KM2	Y001	冷却泵电动机运行交流接触器
SB3	X002	电动机 M3 点动按钮	KM3	Y002	快速移动电动机运行交流接触器
SA1	X003	照明开关	EL	Y004	照明灯
SA2	X004	电动机 M2 开关	HL	Y005	电源指示灯
FR1	X005	电动机 M1 过热保护	—	—	—
FR2	X006	电动机 M2 过热保护	—	—	—

（2）硬件接线图

CA6140 型车床运行 PLC 控制的硬件接线图如图 19-2 所示。

2. 软件编程

CA6140 型车床运行 PLC 控制的梯形图程序和指令表程序分别如图 19-3a、b 所示。

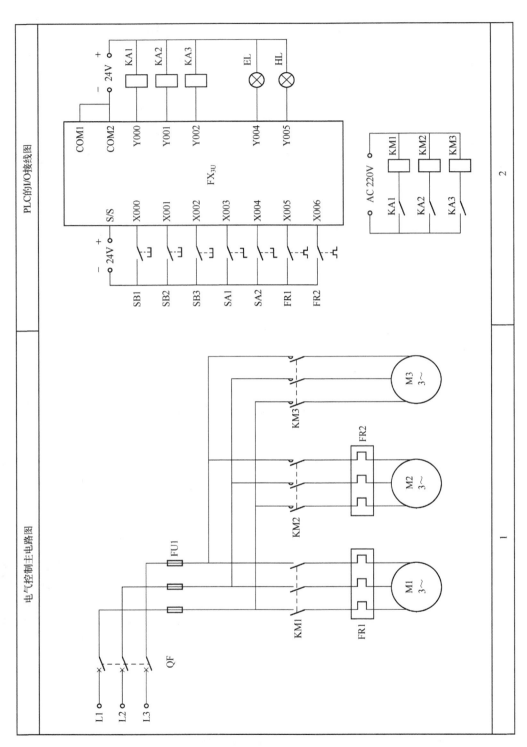

图19-2　CA6140型车床运行PLC控制的硬件接线图

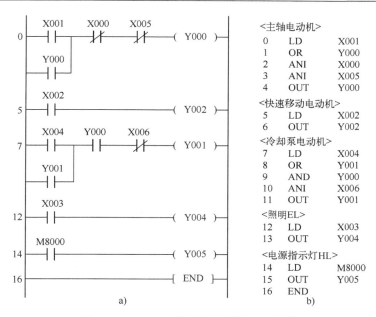

图 19-3　CA6140 型车床运行的 PLC 程序

a）梯形图程序　b）指令表程序

3. 工程调试

在断电状态下连接好电缆，将 PLC 运行模式选择开关拨到"STOP"位置，使用编程软件编程并下载到 PLC 中。启动电源，并将 PLC 运行模式选择开关拨到"RUN"位置进行观察。如果出现故障，学生应独立检修，直到排除故障。调试完成后整理器材。

19.4　任务知识点

19.4.1　电气控制系统的分析方法

电气控制系统的分析是在掌握了机械设备及电气控制系统的构成、运行方式、相互关系以及各电动机和执行电器的用途和控制等基本条件之后，才可对电气控制电路进行具体分析。分析的一般原则是：化整为零、顺藤摸瓜、先主后辅、集零为整、安全保护和全面检查。分析电气控制系统时，通常要结合有关技术资料，将控制电路"化整为零"，即以某一电动机或电器元件（如接触器或继电器线圈）为对象，从电源开始，自上而下，自左而右，逐一分析其接通或分断的关系（逻辑条件），并区分出主令信号、联锁条件和保护要求等。根据图区坐标标注的检索可以方便地分析出各控制条件与输出的因果关系。常用分析电气电路图的方法有两种：查线读图法和逻辑代数法。

1. 查线读图法

查线读图法（又称为直接读图法或跟踪追击法）是按照电气控制电路图，根据生产过程的工作步骤依次读图，一般按照以下步骤进行。

1）了解生产工艺与执行电器的关系。在分析电气电路前，首先要阅读设备说明书，从说明书中了解生产设备的构成、运动方式、相互关系以及各电动机和执行电器的用途和控制要求，电气原理图就是根据这些要求设计而成。重点掌握以下内容。

① 设备的构造，主要技术指标，机械、液压和气动部分的传动方式与工作原理。

② 电气传动方式，电动机及执行电器的数目、规格型号、安装位置、用途与控制要求。

③ 了解设备的使用方法，各操作手柄、开关、旋钮、指示装置的布置以及在控制电路中的作用。

④ 必须清楚地了解与机械、液压部分直接关联的电器（行程开关、电磁阀、电磁离合器、传感器等）的位置、工作状态及与机械、液压部分的关系，在控制中的作用等。

2）分析主电路。无论电路设计还是电路分析都是先从主电路入手。主电路的作用是保证整机拖动要求的实现。从主电路的构成可分析出电动机或执行电器的类型、工作方式，起动、转向、调速、制动等控制要求与保护要求等内容。

3）分析控制电路。主电路各控制要求是由控制电路来实现的，运用"化整为零""顺藤摸瓜"的原则，将控制电路按功能划分为若干个局部控制电路，从电源和主令信号开始，经过逻辑判断，写出控制流程，以简便明了的方式表达出电路的自动工作过程。

4）分析辅助电路。辅助电路包括执行元件的工作状态显示、电源显示、参数测定、照明和故障报警等。这部分电路具有相对独立性，起辅助作用但又不影响主要功能。辅助电路中很多部分受控制电路中的元件控制。

5）分析联锁与保护环节。生产机械对于安全性、可靠性有很高的要求，实现这些要求，除了合理地选择拖动、控制方案外，在控制电路中还设置了一系列电气保护和必要的电气联锁。在电气控制原理图的分析过程中，电气联锁与电气保护环节是一个重要内容，不能遗漏。

6）分析特殊控制环节。在某些控制线路中，还设置了一些与主电路、控制电路关系不密切，相对独立的某些特殊环节。如产品计数装置、自动检测系统、晶闸管触发电路、自动调温装置等。这些部分往往自成一个小系统，其读图分析的方法可参照上述分析过程，并灵活运用所学过的电子技术、变流技术、自控原理、检测与转换等知识逐一分析。

7）总体检查。经过"化整为零"，逐步分析了每一局部电路的工作原理以及各部分之间的控制关系之后，还必须用"集零为整"的方法检查整个控制电路，看是否有遗漏。特别要从整体角度去进一步检查和理解各控制环节之间的联系，以达到正确理解原理图中每一个电气元件的作用、工作过程及主要参数。

2. 逻辑代数法

逻辑代数法（又称为间接读图法）通过对电路的逻辑表达式的运算来分析电路，其关键是正确写出电路的逻辑表达式。

（1）电气元件的逻辑表示

电气控制系统由开关量构成控制时，电路状态与逻辑函数式之间存在对应关系。为将电路状态用逻辑函数式的方式描述出来，通常对电器作出如下规定。

1）用 KM、KA、SQ……分别表示动合触头，用 $\overline{KM}$、$\overline{KA}$、$\overline{SQ}$……分别表示动断触头。

2）触头闭合时，逻辑状态为"1"；触头断开时，逻辑状态为"0"；线圈得电时为"1"状态；线圈失电时为"0"状态。常用的表达方式如下。

① 线圈状态：当 KM = 1 时，接触器线圈处于得电吸合状态；当 KM = 0 时，接触器线圈处于失电释放状态。

② 触头处于非激励或非工作的状态：当 KM = 0 时，接触器为动合触头状态；当 $\overline{KM}$ = 1 时，接触器为动断触头状态；当 SB = 0 时，按钮为动合触头状态；当 $\overline{SB}$ = 1 时，按钮为动断触头状态。

（2）电路状态的逻辑表示

电路中触头的串联关系可用逻辑"与"，即逻辑乘（·）的关系表达；触头的并联关系可用逻辑"或"，即逻辑加（+）的关系表达。图 19-4 为"起保停"控制电路，其接触器 KM 线圈的逻辑函数式可写成：$f(KM) = \overline{SB1} \cdot (SB2 + KM)$。

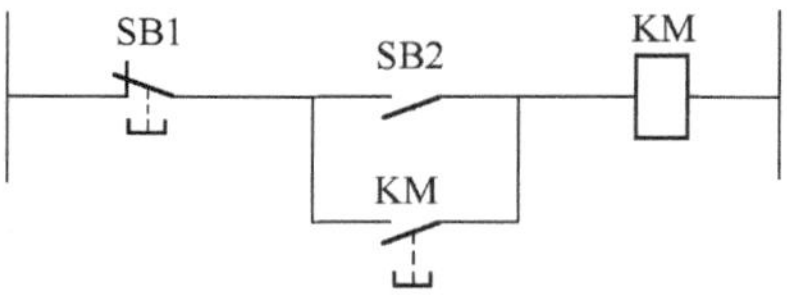

图 19-4　"起保停"控制电路

逻辑代数法读图的优点是：各电气元器件之间的联系和制约关系在逻辑表达式中一目了然，通过对逻辑函数的运算，一般不会遗漏或看错电路的控制功能，而且为电气线路的计算机辅助分析提供了方便。逻辑代数法读图的主要缺点是：对于复杂的电路，其逻辑表达式很烦琐。

19.4.2　CA6140 型车床电气控制系统的分析

CA6140 型车床运行的继电器-接触器控制电路如图 19-1 所示，其工作原理分析如下。

1. 主电路分析

主电路共有 3 台电动机。M1 为主轴电动机，带动主轴旋转和刀架作进给运动；M2 为冷却泵电动机；M3 为刀架快速移动电动机。三相交流电源通过低压断路器 QF 引入，主轴电动机 M1 由接触器 KM1 控制起动，热继电器 FR1 为主轴电动机 M1 的过载保护。冷却泵电动机 M2 由接触器 KM2 控制起动，热继电器 FR2 为冷却泵电动机 M2 的过载保护。接触器 KM3 为控制刀架快速移动电动机 M3 起动用，因快速移动电动机 M3 是短期工作，故可不设过载保护。

2. 控制电路分析

控制变压器 TC 二次侧输出 220 V 电压作为控制回路的电源。

1）主轴电动机 M1 的控制。按下起动按钮 SB2 后松开，接触器 KM1 的线圈得电吸合并自锁，KM1 主触头闭合，主轴电动机 M1 起动连续运转。按下停止按钮 SB1，电动机 M1 停转。

2）冷却泵电动机 M2 的控制。只能在接触器 KM1 得电吸合，主轴电动机 M1 起动后，合上开关 SA2 使接触器 KM2 线圈得电吸合，冷却泵电动机 M2 才能起动。

3）刀架快速移动电动机的控制。刀架快速移动电动机 M3 的起动是由安装在进给操纵手柄顶端的按钮 SB3 来控制，它与交流接触器 KM3 组成点动控制环节。将操纵手柄扳到所需的方向，压下按钮 SB3，接触器 KM3 得电吸合，电动机 M3 起动，刀架就向指定方向快速移动。

4）照明和信号灯电路。接通电源，控制变压器输出电压，HL 直接得电发光，作为电源信号灯。EL 为照明灯，将开关 SA1 闭合 EL 亮，将 SA1 断开，则 EL 熄灭。

19.4.3　电气控制系统的 PLC 改造

1. 转换法

转换法是用所选机型的 PLC 中功能相当的软元件，代替原继电器-接触器控制电路原理图中的元件，将继电器-接触器控制电路转换成 PLC 梯形图的方法。这种方法主要用于对旧设备、旧控制系统的技术改造。

2. 设计步骤

1）分析、熟悉原有的继电器-接触器控制电路的工作原理。

2）确定 I/O 点数、种类、选择 PLC 机型，并绘制硬件接线图。

3）继电器-接触器控制电路中的时间继电器和中间继电器分别用 PLC 中的定时器和辅助继电器代替。

4）对于不同回路的共同触头，可通过增加软触头来实现。

5）画出全部梯形图，最后进行简化和整理。

6）将编制好的程序先进行模拟调试，然后再进行现场联机调试。

任务 20 Z3040 型摇臂钻床的电气控制及 PLC 控制实训

20.1 任务目标

- 会描述 Z3040 型摇臂钻床运行的继电器–接触器控制和 PLC 控制的工作过程。
- 掌握电气控制系统的设计方法和保护环节的设计。
- 会利用实训设备完成 Z3040 型摇臂钻床运行两种控制电路的安装、调试和运行等，会判断并排除电路故障。
- 会综合应用电气控制系统的设计方法和保护环节进行简单电气控制系统的设计。
- 具有质量意识、环保意识、安全意识、规范意识和爱岗敬业的责任意识以及信息素养、工匠精神、创新思维；具有自我管理能力和职业生涯规划的意识，有较强的集体意识和团队合作精神以及较强的交流表达能力；综合运用所学内容解决问题的能力。

20.2 任务描述

Z3040 型摇臂钻床的电气控制要求：控制系统设置 4 台电动机，其中主轴电动机，带动主轴及进给传动系统运转；摇臂升降电动机，带动摇臂上升和下降；液压泵电动机，拖动液压泵供给液压装置压力油，实现设备松开和夹紧；冷却泵电动机，由转换开关直接控制。漏电保护开关用于控制照明指示灯亮灭；主轴起动、立柱及主轴箱的夹紧与松开均需要指示灯指示。

20.3 任务实施

20.3.1 Z3040 型摇臂钻床运行的继电器–接触器控制

利用实训设备完成 Z3040 型摇臂钻床运行继电器–接触器控制电路的安装、调试、运行及故障排除。

1. 绘制工程电路原理图

Z3040 型摇臂钻床运行的继电器–接触器控制电路原理图如图 20-1 所示。

2. 选择元器件

1）编制器材明细表。该实训任务所需器材见表 20-1。

表 20-1 Z3040 型摇臂钻床运行继电器–接触器控制电路的器材明细表

符 号	名 称	型号与规格	数量/个
QF	低压断路器	DZ108/2O（0.63~1A）	1

（续）

符　号	名　　称	型号与规格	数量/个
M1	主轴电动机	WDJ26	1
M2	摇臂升降电动机	Y100L2-4	1
M3	液压泵电动机	Y100L2-4	1
M4	冷却泵电动机	JO31-2	1
KM1~KM5	交流接触器	LC1 D06 10（线圈 AC 380 V）	5
YV	电磁阀	SA-11902（AC 220 V）	1
FR	热继电器	JRS1D-25（整定电流 0.63~1.2 A）	2
FU1、FU2	熔断器	RT18-32/3P-3A	4
SB1~SB6	按钮	LA42（B）P-11	6
HL1~HL3	指示灯	AD17-16/AC 220 V	3
EL	照明灯	ZSD-0	1
SA	三位旋钮（转换开关）	LA42（B）X3-22/B	1
SQ1~SQ4	行程开关	JWZA11H/LTH	4
KT	时间继电器	JS14A	1

2）器材质量检查与清点。

3. 安装、敷设电路

1）绘制工程布局布线图。学习者根据电路原理图自行绘制。

2）安装、敷设电路。

3）通电检查及故障排除。

4）整理器材。

20.3.2　Z3040 型摇臂钻床运行的 PLC 控制

利用实训设备完成 Z3040 型摇臂钻床运行 PLC 控制电路的安装、编程、调试、运行及故障排除。

1. I/O 分配

（1）I/O 分配表

根据 Z3040 型摇臂钻床电气控制要求，需要输入设备 12 个，即 6 个按钮、5 个行程开关和 1 个开关；需要输出设备 10 个，即用来控制 4 台电动机运行的 5 个交流接触器、1 个电磁阀、3 个电源指示灯和 1 盏照明灯。其 I/O 分配见表 20-2。

表 20-2　Z3040 型摇臂钻床运行 PLC 控制的 I/O 分配表

输　　入			输　　出		
电气符号	输入端子	功　　能	电气符号	输出端子	功　　能
SB1	X000	电动机 M1 停止按钮	YV	Y000	电磁阀 YV 动作
SB2	X001	电动机 M1 起动按钮	KM1	Y001	主轴电动机运行交流接触器
SB3	X002	摇臂上升按钮	KM2	Y002	摇臂升降电动机上升运行交流接触器

（续）

输 入			输 出		
电气符号	输入端子	功　能	电气符号	输出端子	功　能
SB4	X003	摇臂下降按钮	KM3	Y003	摇臂升降电动机下降运行 交流接触器
SB5	X004	主轴箱松开按钮	KM4	Y004	液压泵电动机正转松开运行 交流接触器
SB6	X005	主轴箱夹紧按钮	KM5	Y005	液压泵电动机反转夹紧运行 交流接触器
SQ1A	X006	摇臂上升限位行程开关 （三位旋钮开关）	HL1	Y007	主轴箱与立柱松开指示灯 HL1
SQ1B	X007	摇臂下降限位行程开关 （三位旋钮开关）	HL2	Y010	主轴箱与立柱夹紧指示灯 HL2
SQ2	X010	摇臂自动松开行程开关	HL3	Y011	主轴运行指示灯 HL3
SQ3	X011	摇臂自动夹紧行程开关	EL	Y012	照明灯
SQ4	X012	主轴箱与立柱夹紧 松开行程开关	—	—	—
QS	X013	照明开关	—	—	—

（2）硬件接线图

Z3040 型摇臂钻床运行 PLC 控制的硬件接线图如图 20-2 所示。

2. 软件编程

Z3040 型摇臂钻床运行 PLC 控制的梯形图程序如图 20-3 所示。

3. 工程调试

在断电状态下连接好电缆，将 PLC 运行模式选择开关拨到"STOP"位置，使用编程软件编程并下载到 PLC 中。启动电源，并将 PLC 运行模式选择开关拨到"RUN"位置进行观察。如果出现故障，学生应独立检修，直到排除故障。调试完成后整理器材。

20.4　任务知识点

20.4.1　Z3040 摇臂钻床电气控制系统的分析

1. 主电路设计

Z3040 型摇臂钻床摇臂的夹紧与放松由电动机配合液压装置自动进行，并有夹紧、放松指示。Z3040 型摇臂钻床共有 4 台电动机，除冷却泵电动机采用断路器直接起动外，其余 3 台电动机均采用接触器直接起动。

1）M1 是主轴电动机，由交流接触器 KM1 控制，只要求单方向旋转，主轴的正、反转由机械手柄操作。M1 装于主轴箱顶部，拖动主轴及进给传动系统运转。热继电器 FR 作为电动机 M1 的过载及断相保护，短路保护由低压断路器 QF 中的电磁脱扣装置来完成。

2）M2 是摇臂升降电动机，装于立柱顶部，用接触器 KM2 和 KM3 控制其正、反转。由于电动机 M2 是间断性工作，所以不设过载保护。

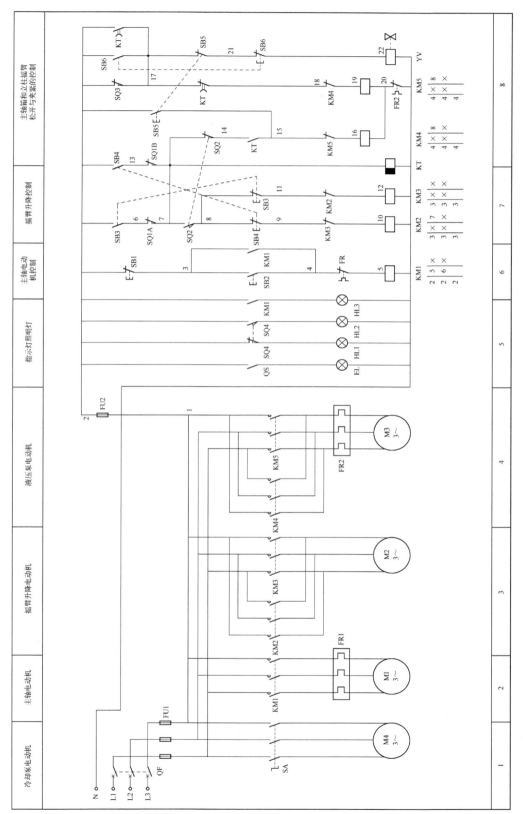

图20-1　Z3040型摇臂钻床运行的继电器器-接触器控制电路原理图

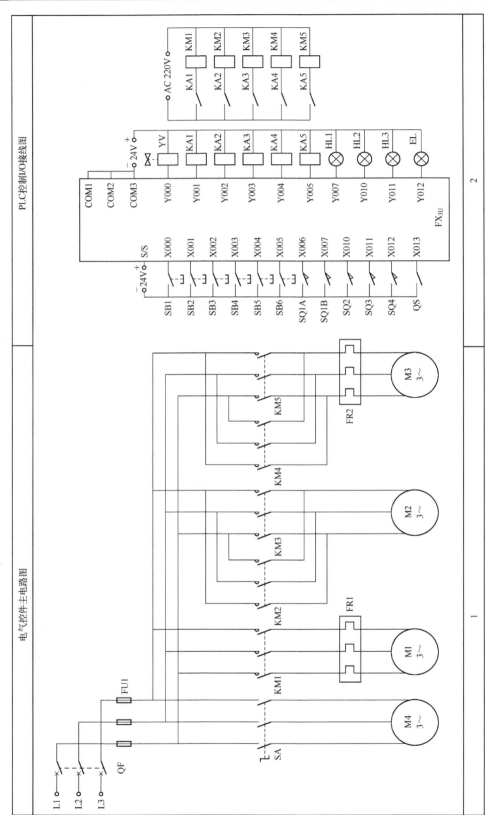

图20-2 Z3040型摇臂钻床运行PLC控制的硬件接线图

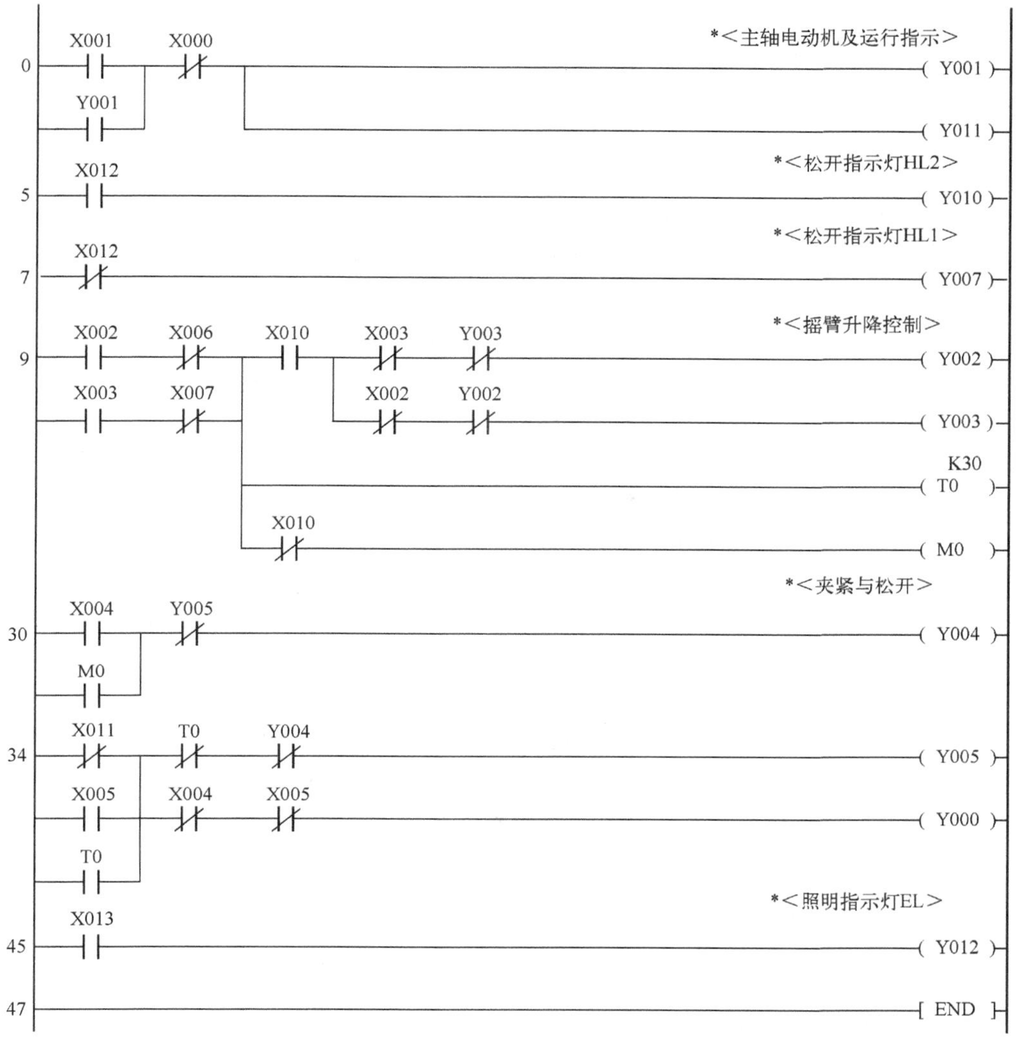

```
           X001    X000                              *<主轴电动机及运行指示>
      0    ┤├     ┤/├────────────────────────────────( Y001 )
           Y001
           ┤├──────────────┬─────────────────────────( Y011 )

           X012                                        *<松开指示灯HL2>
      5    ┤├──────────────────────────────────────( Y010 )

           X012                                        *<松开指示灯HL1>
      7    ┤/├─────────────────────────────────────( Y007 )

           X002    X006    X010    X003    Y003        *<摇臂升降控制>
      9    ┤├     ┤/├──┬──┤├───┤/├───┤/├──────────( Y002 )
           X003    X007 │         X002    Y002
           ┤├     ┤/├──┤         ┤├     ┤/├──────────( Y003 )
                        │                              K30
                        │                         ─────( T0 )
                        │  X010
                        └─┤/├──────────────────────────( M0 )

           X004    Y005                                *<夹紧与松开>
     30    ┤├──┬──┤/├──────────────────────────────( Y004 )
           M0  │
           ┤├──┘

           X011    T0     Y004
     34    ┤/├───┤/├──┬──┤/├──────────────────────────( Y005 )
           X005    X004 │   X005
           ┤├     ┤/├──┤  ┤/├──────────────────────────( Y000 )
           T0        │
           ┤├────────┘

                                                       *<照明指示灯EL>
           X013
     45    ┤├──────────────────────────────────────( Y012 )

     47    ──────────────────────────────────────────[ END ]
```

图 20-3　Z3040 型摇臂钻床运行的 PLC 梯形图程序

3）M3 是液压泵电动机，用接触器 KM4 和 KM5 控制其正、反转，该电动机的主要作用是拖动液压泵供给液压装置压力油，以实现摇臂、立柱以及主轴箱的松开和夹紧。

4）M4 是冷却泵电动机，电动机 M4 容量小，单方向旋转由转换开关 SA 直接控制，并实现短路、过载及断相保护。

5）摇臂升降电动机 M2 和液压油泵电动机 M3 共用低压断路器 QF 中的电磁脱扣器作为短路保护，电源配电盘在立柱前下部。冷却泵电动机 M4 装于靠近立柱的底座上，升降电动机 M2 装于立柱顶部，其余电气设备置于主轴箱或摇臂上。由于 Z3040 型摇臂钻床内、外柱间未装设汇流环，故在使用时，不要沿一个方向连续转动摇臂，以免发生事故。

6）主电路电源电压为交流 380 V，低压断路器 QF 作为电源引入开关。

2. 控制电路的设计

控制电路电源电压为交流 220 V，漏电保护器 QS 控制照明灯亮灭。

（1）主轴电动机 M1 的控制

按下起动按钮 SB2，接触器 KM1 线圈得电吸合并自锁，使主轴电动机 M1 起动运行，同时

"主轴起动"指示灯 HL3 亮。按下停止按钮 SB1，接触器 KM1 线圈失电释放，使主轴电动机 M1 停止运转，同时指示灯熄灭。

（2）摇臂升降控制

控制电路要保证在摇臂升降时，先使液压泵电动机起动运转，供出压力油，经液压系统将摇臂松开，然后才使摇臂升降电动机 M2 起动，拖动摇臂上升或下降。当移动到位后，又要保证 M2 先停止，再通过液压系统将摇臂夹紧，最后液压泵电动机 M3 停转。

按下上升按钮 SB3，时间继电器 KT 线圈得电吸合，其瞬时动合触头（14-15）闭合，接触器 KM4 线圈得电吸合，使 M3 正转，液压泵供出正向压力油。同时，KT 延时断开瞬时闭合动合触头（2-17）闭合，电磁阀 YV 线圈得电吸合，使压力油进入摇臂松开油腔，推动松开机构，使摇臂松开并压下行程开关 SQ2，其动断触头（7-14）断开，使接触器 KM4 线圈失电释放，M3 停止转动；同时，SQ2 动合触头（7-8）闭合，使接触器 KM2 线圈得电吸合，摇臂升降电动机 M2 正转，拖动摇臂上升。

当摇臂上升到所需位置时，松开按钮 SB3，接触器 KM2 和时间继电器 KT 的线圈均失电释放，摇臂升降电动机 M2 脱离电源，但还在惯性运转，经 1~3 s 延时后，摇臂完全停止上升，KT 的延时闭合瞬时断开动断触头（17-18）闭合，KM5 的线圈得电吸合，M3 反转，供给反向压力油。因摇臂目前是松开的，故 SQ3 的动断触头是闭合的，所以 YV 的线圈仍然吸合，使压力油进入摇臂夹紧油腔，推动夹紧机构使摇臂夹紧。夹紧后，压下 SQ3 使其触头断开，使得 KM5 和 YV 的线圈失电释放，从而使液压泵电动机 M3 停转，摇臂上升完毕。

摇臂下降，只需按下 SB4，使 KM3 得电，M2 反转，其控制过程与上升类似。

时间继电器 KT，是为保证夹紧动作务必在摇臂升降电动机完全停转后才动作而设定的，KT 延时时间的长短，应依据摇臂升降电动机切断电源到停止惯性运转的时间来调整。

组合开关 SQ1A 和 SQ1B 作为摇臂升降的超程限位保护。当摇臂上升到极限位置时，压下 SQ1A 使其断开，接触器 KM2 线圈失电释放，M2 停止运行，摇臂停止上升；当摇臂下降到极限位置时，压下 SQ1B 使其断开，接触器 KM3 线圈失电释放，M2 停止运行，摇臂停止下降。

行程开关 SQ2 保证摇臂完全松开后才能升降。摇臂夹紧后由行程开关 SQ3 动断触头的断开，实现液压泵电动机 M3 的停转。如果液压系统出现故障，使摇臂不能夹紧，或由于 SQ3 调整不当，都会使 SQ3 动断触头不能断开，而使液压泵电动机 M3 过载。因此，液压泵电动机虽是短时运转，但仍需要热继电器 FR 作过载保护。同时，在摇臂上升和下降的控制电路中采用了接触器联锁和复合按钮联锁，以确保电路安全工作。

（3）立柱和主轴箱的松开与夹紧控制

立柱和主轴箱的松开（或夹紧）同时进行，由复合按钮 SB5（或 SB6）进行控制。按下松开按钮 SB5，接触器 KM4 得电吸合，液压泵电动机 M3 正转，此时电磁阀 YV 的线圈不得电，压力油进入立柱和主轴箱的松开油腔，推动松紧机构使立柱和主轴箱同时松开。行程开关 SQ4 不受压，其动断触头闭合，指示灯 HL1 亮，表示立柱和主轴箱松开。松开 SB5，接触器 KM4 失电释放，液压泵电动机 M3 停转。立柱和主轴箱同时松开的操作结束。

立柱和主轴箱同时夹紧的工作原理与松开相似，只要按下 SB6，使接触器 KM5 得电吸合，液压泵电动机 M3 反转即可。

（4）冷却泵电动机 M4 的控制

通过接通或分断 QF，同时闭合或断开 SA，来操纵冷却泵电动机 M4 的起动或停止。

20.4.2　电气控制系统的设计方法

电气控制系统设计包括电气原理图设计和电气工艺设计两部分。电气原理图设计是为满足生产机械及其工艺要求而进行的电气控制设计；电气工艺设计是为电气控制装置本身的制造、使用、运行及维修的需要而进行的生产工艺设计。

1. 电气控制系统设计的基本内容

1）拟定电气设计任务书。

2）确定电气传动控制方案，选择电动机。

3）设计电气控制原理图。

4）选择电气元器件，制定明细表。

5）设计操作台、电气柜及非标准电气元器件。

6）设计电气设备布置总图、电气安装图以及电气接线图。

7）编写电气说明书和使用操作说明书。

2. 电气控制系统设计的原则

（1）电力拖动方案确定的原则

1）无电气调速要求电力拖动方案确定的原则。笼型异步电动机适用于起动不频繁的场合；绕线转子异步电动机适用于负载静转矩大的拖动装置。

2）有电气调速要求电力拖动方案确定的原则。调速范围 $D = 2 \sim 3$ m/min、调速级数 $\leqslant 2 \sim 4$，采用改变磁极对数的双速或多速笼型异步电动机；调速范围 $D < 2$ m/min，且不要求平滑调速，采用绕线转子异步电动机，短时或重复短时负载；调速范围 $D = 3 \sim 10$ m/min，且要求平滑调速，采用容量不大时可采用带滑差离合器的异步电动机，长期运转在低速时，也可考虑采用晶闸管直流拖动系统；调速范围 $D = 10 \sim 100$ m/min，采用直流拖动系统或交流调速系统。

3）电动机调速性质的确定。与生产机械的负载特性相适应，双速笼型异步电动机是当定子绕组由三角形联结改为双星形联结时，转速由低速升为高速，功率却变化不大，适用于恒功率传动；由星形联结改为双星形联结时，电动机输出转矩不变，适用于恒转矩传动；直流他励电动机改变电枢电压调速为恒转矩调速，而改变励磁调速为恒功率调速。恒转矩负载采用恒功率调速或恒功率负载采用恒转矩调速，将使电动机额定功率增大 D 倍（D 为调速范围），部分转矩未得到充分利用。

（2）控制方案确定的原则

1）控制方式与拖动需要相适应。控制逻辑简单、加工程序基本固定的情况，采用继电器触头控制方式较为合理；经常改变加工程序或控制逻辑复杂的情况，采用 PLC 较为合理。

2）控制方式与通用化程度相适应。加工一种或几种零件的专用设备，通用化程度低，可以有较高的自动化程度，宜采用固定的控制电路；单件、小批量且可加工形状复杂零件的通用设备，采用数字程序控制或 PLC 控制，可以根据不同加工对象设定不同的加工程序，有较好的通用性和灵活性。

3）控制方式应最大限度地满足工艺要求，如自动循环、半自动循环、手动调整、紧急快退、保护性联锁、信号指示和故障诊断等功能。

4）控制电路的电源应可靠。简单控制电路可直接用电网电源；电路较复杂的控制装置，可将电网电压隔离降压，以降低故障率；自动化程度较高的生产设备，可采用直流电源，有助于节省安装空间，便于同无触头元件连接，元件动作平稳，操作维修也较安全。

3. 电气控制系统的电路设计方法

先设计主电路，再设计控制电路、信号电路及局部照明电路等。

（1）电路设计要求

满足生产机械的工艺要求，能按照工艺的顺序准确而可靠地工作；电路结构力求简单，尽量选用常用的且经过实际考验过的电路；操作、调整和检修方便；具有各种必要的保护装置和联锁环节。

（2）电路设计方法

1）经验设计法：根据生产工艺的要求，按照电动机的控制方法，采用典型环节电路直接进行设计。

2）逻辑设计法：采用逻辑代数进行设计。

通过下面的例子来说明如何用经验设计法来设计某电气控制系统的电路。

【应用举例】某机床有左、右两个动力头，用以铣削加工，它们各由一台交流电动机拖动；另外有一个安装工件的滑台，由另一台交流电动机拖动。加工工艺是在开始工作时，要求滑台先快速移动到加工位置，然后自动变为慢速进给，进给到指定位置自动停止，再由操作者发出指令使滑台快速返回，回到原位后自动停车。要求两动力头电动机在滑台电动机正向起动后再起动，而在滑台电动机正向停车时同时停车。

主电路设计：动力头拖动电动机只要求单方向旋转，为使两台电动机同步起动，可用一个接触器 KM3 控制。滑台拖动电动机需要正、反转，则需用两个接触器 KM1、KM2 控制。滑台的快速移动由电磁铁 YA 改变机械传动链来实现，由接触器 KM4 来控制，如图 20-4 所示。

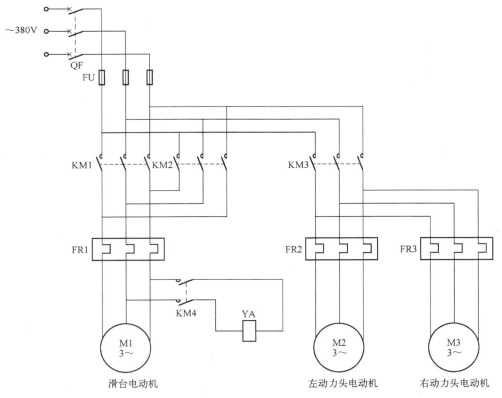

图 20-4 铣削加工主电路

控制电路设计：滑台电动机的正、反转分别用两个按钮 SB1 与 SB2 控制，停止则分别用 SB3 与 SB4 控制。由于动力头电动机在滑台电动机正转后起动，停车时同时停车，故可用接触器 KM1 的辅助动合触头控制 KM3 的线圈，如图 20-5a 所示。滑台的快速移动可采用电磁铁 YA 通电时，改变凸轮的变速比来实现。滑台的快速前进与返回分别用 KM1 与 KM2 的辅助触头控制 KM4，再由 KM4 触头去通断电磁铁 YA。滑台快速前进到加工位置时，要求慢速进给，因而在 KM1 触头控制 KM4 的支路上串联限位开关 SQ3 的动断触头。此部分的辅助电路如图 20-5b 所示。

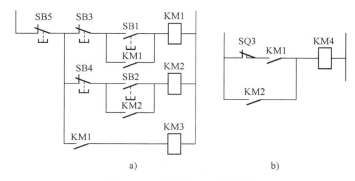

图 20-5　铣削加工控制电路

联锁与保护环节设计：用限位开关 SQ1 的动断触头控制滑台慢速进给到位时的停车；用限位开关 SQ2 的动断触头控制滑台快速返回至原位时的自动停车。接触器 KM1 与 KM2 之间应互相联锁，3 台电动机均应用热继电器做过载保护，如图 20-6 所示。

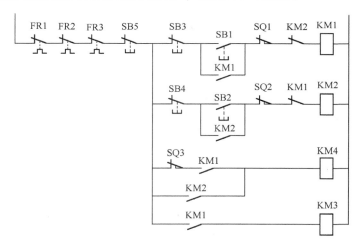

图 20-6　加联锁的控制电路

电路的完善：电路初步设计完后，可能还有不太合理的地方，因此需仔细校核。一共用了 3 个 KM1 的辅助动合触头，而一般的接触器只有两个辅助动合触头。因此，必须进行修改。从电路的工作情况可以看出，KM3 的辅助动合触头完全可以代替 KM1 的辅助动合触头去控制电磁铁 YA，修改后的辅助电路如图 20-7 所示。

（3）控制电路设计时应注意的问题

1）尽量减少连接导线。设计控制电路时，应考虑电气元器件的实际位置，尽可能地减少

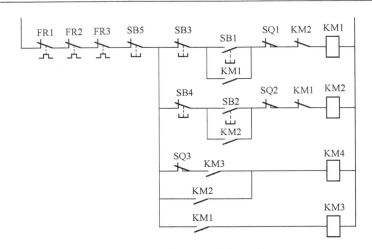

图 20-7　修改后的控制电路

配线时的连接导线，如图 20-8a 所示是不合理的。按钮一般是安装在操作台上，而接触器则是安装在电器柜内，这样接线就需要由电器柜二次引出连接线到操作台上，所以一般都将起动按钮和停止按钮直接连接，就可以减少一次引出线，如图 20-8b 所示。

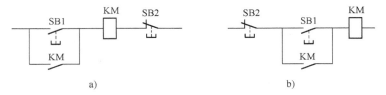

图 20-8　电气连接图
a）不合理　b）合理

2）正确连接电器的线圈。

① 电压线圈通常不能串联使用，如图 20-9a 所示。由于它们的阻抗不尽相同，会造成两个线圈上的电压分配不等。即使外加电压是同型号线圈电压的额定电压之和，也不允许。因为电器动作总有先后，当有一个接触器先动作时，其线圈阻抗增大，线圈上的电压降增大，从而使另一个接触器不能吸合，严重时还将使电路烧毁。

② 电感量相差悬殊的两个电器线圈，也不要并联连接。图 20-9b 中直流电磁铁 YA 与继电器 KA 并联，在接通电源时可正常工作，但在分断电源时，由于电磁铁线圈的电感比继电器线圈的电感大得多，所以分断电源时，继电器很快释放，但电磁铁线圈产生的自感电动势可能使继电器又吸合一段时间，从而造成继电器的误动作。解决方法可备用一个接触器的触头来控制，如图 20-9c 所示。

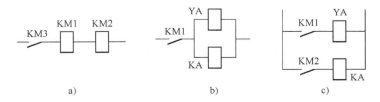

图 20-9　电磁线圈的串并联电路

　　3）控制电路中应避免出现寄生电路。寄生电路是电路动作过程中意外接通的电路。图 20-10 为具有指示灯 HL 和热保护的正、反向电路，正常工作时，能完成正反向起动、停止和信号指示。当热继电器 FR 动作时，电路就出现了寄生电路，如图 20-10 中虚线，使正向接触器 KM1 的线圈不能有效释放，起不到保护作用。

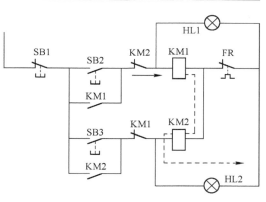

图 20-10　寄生电路

20.4.3　电气控制系统中的保护环节

1. 短路保护

　　电路发生短路时，短路电流会引起电气设备绝缘损坏和产生强大的电动力，使电动机和电路中的各种电气设备产生机械性损坏，图 20-11a 为采用熔断器做短路保护的电路。图 20-11b 为采用断路器做短路保护和过载保护的电路。

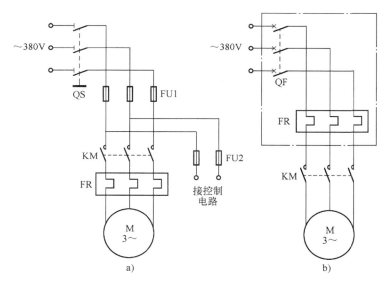

图 20-11　短路保护

　　1）若主电动机容量较小，主电路中的熔断器可同时作为控制电路的短路保护。

　　2）若主电动机容量较大，则控制电路一定要单独设置短路保护熔断器。

　　3）若主电路采用三相四线制或对变压器采用中性点接地的三相三线制的供电电路中，必须采用三相短路保护。

2. 过电流保护

　　不正确的起动和过大的冲击负载常引起电动机出现很大的过电流。过电流会导致电动机损坏，引起过大的电动机转矩，使机械的转动部件受到损坏。图 20-12a 是过电流保护用在绕线转子异步电动机的限流起动电路。图 20-12b 为笼型异步电动机工作时的过电流保护电路。工作原理：当电动机起动时，时间继电器 KT 的动断触头仍闭合，动合触头尚未闭合，过电流继电器 KI 的线圈不接入电路。起动结束后，KT 动断触头断开，动合触头闭合，KI 线圈得电，开始起保护作用。工作过程中，某种原因引起过电流时，TA 输出电压增加，KI 动作，其动断触头断开，电动机便停止运转。

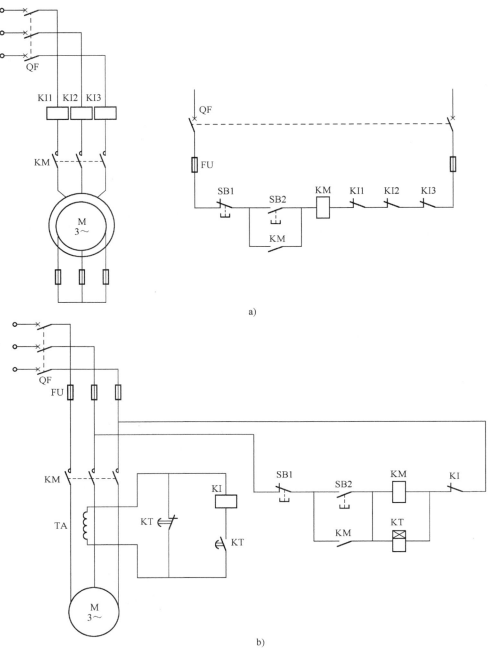

图 20-12 过电流保护

a）绕线转子电动机过电流保护 b）笼型电动机过电流保护

3. 过载保护

电动机长期超载运行，使其绕组的温升将超过额定值而损坏，常采用热继电器作为过载保护器件，如图 20-13 所示。由于热惯性的关系，热继电器不会受短路电流的冲击而瞬时动作。但当有 8~10 倍额定电流通过热继电器时，有可能使热继电器的发热元件烧坏。因此，在使用热继电器做过载保护时，还必须装有熔断器或过电流继电器以配合使用。

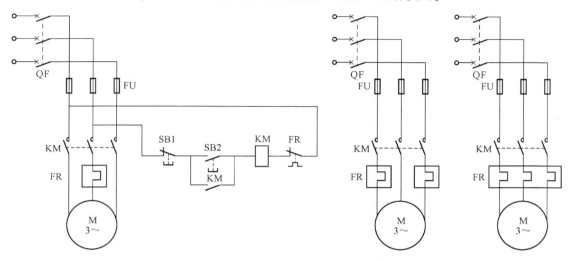

图 20-13　单相、两相、三相过载保护

4. 失电压保护

失电压保护是指防止电压恢复时电动机自起动的保护。通常采用接触器的自锁控制电路来实现，如图 20-14 所示。

按下按钮 SB1，接触器 KM 线圈得电吸合，其动合触头闭合。松开 SB1 按钮后，接触器线圈由于动合触头的闭合仍然吸合。当电源分断，接触器 KM 线圈失电释放时，其动合触头断开。故当恢复接通电源但未按下起动按钮 SB1 时，接触器 KM 线圈便不可能得电吸合。

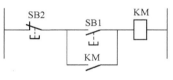

图 20-14　失电压保护

5. 欠电压保护

欠电压保护是指当电动机正常运转时，由于电压过分降低，将引起一些电器释放，造成控制电路工作失调，可能产生事故。因此，必须在电源电压降到一定值以下时切断电源，即为欠电压保护。一般常用电磁式电压继电器实现欠电压保护。当电源电压过低或消失时，电压继电器的线圈就会失电释放，从而切断控制回路，电压再恢复时，要重新起动才能工作。

任务 21 T68 型卧式镗床的电气控制及 PLC 控制实训

21.1 任务目标

- 会描述 T68 型卧式镗床运行的继电器–接触器控制和 PLC 控制的工作过程。
- 掌握电气控制系统的多种检修方法。
- 会利用实训设备完成 T68 型卧式镗床运行两种控制电路的安装、调试和运行等，会判断并排除电路故障。
- 会综合应用电气控制系统的检修方法进行故障排除。
- 具有质量意识、环保意识、安全意识、规范意识和爱岗敬业的责任意识以及信息素养、工匠精神、创新思维；具有自我管理能力和职业生涯规划的意识，有较强的集体意识和团队合作精神以及较强的交流表达能力；具有综合运用所学内容解决问题的能力。

21.2 任务描述

T68 型卧式镗床的电气控制要求：控制系统设置 2 台电动机，其中主轴电动机是双速笼型异步电动机，低速时接成△，高速时接成双丫，可实现正、反转，低速运转和点动控制时需加限流电阻；快速移动电动机只实现正、反转。控制系统还需要一个变压器，110 V 为控制电路的电源，24 V 为机床照明电源，6.3 V 为信号指示电源。

21.3 任务实施

21.3.1 T68 型卧式镗床运行的继电器–接触器控制

利用实训设备完成 T68 型卧式镗床运行继电器–接触器控制电路的安装、调试、运行及故障排除。

1. 绘制工程电路原理图

T68 型卧式镗床运行的继电器–接触器控制电路原理图如图 21-1 所示。

2. 选择元器件

1）编制器材明细表。该实训任务所需器材见表 21-1。

表 21-1 T68 型卧式镗床运行继电器–接触器控制电路的器材明细表

符 号	名 称	型号与规格	数量/个
QF	低压断路器	DZ108/2O（0.63~1 A）	1
KM1~KM7	交流接触器	LC1 D06 10（线圈 AC 380 V）	7

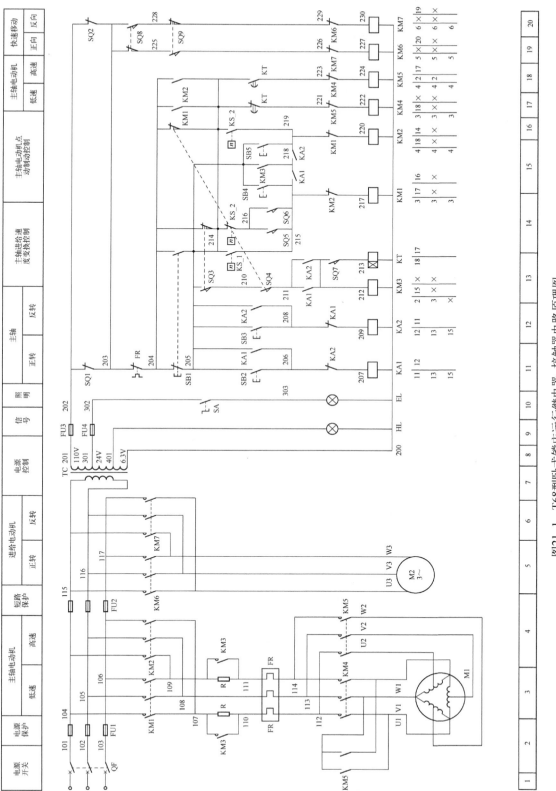

图21-1　T68型卧式镗床运行继电器-接触器电路原理图

（续）

符　号	名　称	型号与规格	数量/个
FR	热继电器	JRS1D-25（整定电流 0.63～1.2 A）	1
SB1	按钮	LA18—22，红	1
SB2~SB5	按钮	LA18—22，绿	4
SQ1~SQ9	行程开关	JLXK1—411	9
FU1~FU4	熔断器	RT18-32/3P-3A	8
KA1、KA2	电磁式继电器	DZ-15	2
KT	时间继电器	JS14A	1
M1	主轴电动机（双速）	WDJ26	1
M2	快速移动电动机	Y100L2-4	1
SA	三位旋钮	LA42（B）X3-22/B	1
HL	信号指示灯	AD17-16/AC 220 V	1
EL	照明灯	ZSD-0	1
KS	速度继电器	JFZ0-1，380 V，2 A	1

2）器材质量检查与清点。

3. 安装、敷设电路

1）绘制工程布局布线图。学习者根据电路原理图自行绘制。

2）安装、敷设电路。

3）通电检查及故障排除。

4）整理器材。

21.3.2　T68 型卧式镗床运行的 PLC 控制

利用实训设备完成 T68 型卧式镗床运行 PLC 控制电路的安装、编程、调试、运行及故障排除。

1. I/O 分配

（1）I/O 分配表

根据 T68 型卧式镗床电气控制要求，需要输入设备 18 个，即 5 个按钮、9 个行程开关、2 个速度继电器、1 个热继电器和 1 个照明开关；需要输出设备 8 个，即用来控制 2 台电动机运行的交流接触器和 1 盏照明灯。其 I/O 分配见表 21-2。

表 21-2　T68 型卧式镗床运行 PLC 控制的 I/O 分配表

输　入			输　出		
电气符号	输入端子	功　能	电气符号	输出端子	功　能
FR	X000	主轴电动机 M1 热继电器	KM1	Y000	主轴电动机 M1 正转运行交流接触器
SB1	X001	主轴电动机 M1 制动停止	KM2	Y001	主轴电动机 M1 反转运行交流接触器
SB2	X002	主轴电动机 M1 正转起动	KM3	Y002	制动电阻 R 短接交流接触器

（续）

输　入			输　出		
电气符号	输入端子	功　能	电气符号	输出端子	功　能
SB3	X003	主轴电动机 M1 反转起动	KM4	Y003	主轴电动机 M1 低速运转交流接触器
SB4	X004	主轴电动机 M1 正转点动	KM5	Y004	主轴电动机 M1 高速运转交流接触器
SB5	X005	主轴电动机 M1 反转点动	KM6	Y005	快速移动电动机 M2 正转运行交流接触器
SQ1	X006	联锁保护行程开关	KM7	Y006	快速移动电动机 M2 反转运行交流接触器
SQ2	X007	联锁保护行程开关	EL	Y007	照明灯
SQ3	X010	主轴变速行程开关	—	—	—
SQ4	X011	进给变速行程开关	—	—	—
SQ5	X012	进给变速行程开关	—	—	—
SQ6	X013	主轴变速行程开关	—	—	—
SQ7	X014	高低速转换行程开关	—	—	—
SQ8	X015	反向快速移动行程开关	—	—	—
SQ9	X016	正向快速移动行程开关	—	—	—
SA	X017	照明开关	—	—	—
KS_1	X020	M1 反转制动动合触头	—	—	—
KS_2	X021	M1 正转制动动合触头，动断触头为主轴变速和进给变速时的限速触头	—	—	—

（2）硬件接线图

T68 型卧式镗床运行 PLC 控制的硬件接线图主电路与图 21-1 的主电路完全相同，其与 PLC 连接的 I/O 接线图如图 21-2 所示。

2. 软件编程

T68 型卧式镗床运行 PLC 控制的梯形图程序如图 21-3 所示。

3. 工程调试

在断电状态下连接好电缆，将 PLC 运行模式选择开关拨到"STOP"位置，使用编程软件编程并下载到 PLC 中。启动电源，并将 PLC 运行模式选择开关拨到"RUN"位置进行观察。如果出现故障，学生应独立检修，直到排除故障。调试完成后整理器材。

21.4　任务知识点

21.4.1　T68 型卧式镗床的电气控制系统的分析

1. 主电路分析

如图 21-1 所示，T68 型卧式镗床的主电路处于 1~7 区，其中，M1 为主轴电动机，M2 为快速移动电动机。主电路由以下几部分组成。

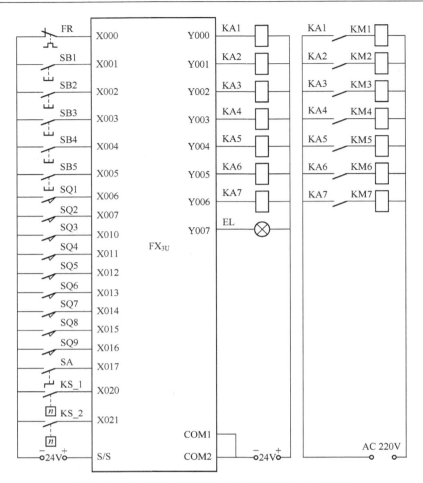

图 21-2　T68 型卧式镗床运行 PLC 控制的 I/O 接线图

1）主轴电动机 M1。主轴电动机 M1 的主电路处于 1～4 区，由交流接触器 KM1～KM5 控制，KM1 为主轴电动机 M1 的正转交流接触器，KM2 为 M1 的反转交流接触器，KM4 为 M1 的低速交流接触器，KM5 为 M1 的高速交流接触器，KM3 为限流电阻 R 的短接交流接触器，电阻 R 为 M1 的反接制动控制和点动控制时的限流电阻，FR 为 M1 的过载保护。当 KM1、KM3、KM4 同时闭合时，M1 做低速正向运行；当 KM1、KM3、KM5 同时闭合时，M1 做高速正向运行；当 KM2、KM3、KM4 同时闭合时，M1 做低速反向运行；当 KM2、KM3、KM5 同时闭合时，M1 做高速反向运行；当 KM1、KM4 闭合时，M1 串电阻正向低速运行；当 KM2、KM4 闭合时，M1 串电阻反向低速运行。

2）快速移动电动机 M2。快速移动电动机 M2 的主电路位于 5～6 区，由交流接触器 KM6、KM7 控制，其中 KM6 为 M2 的正转交流接触器，KM7 为 M2 的反转交流接触器。M2 是短时工作，所以不设置热继电器。

3）电源及保护。1 区的 QF 为机床的总电源开关，2 区的熔断器 FU1 为机床的总短路保护，4 区的熔断器 FU2 为快速移动电动机 M2 和控制电路的短路保护。7 区的 TC 为变压器，经降压后输出交流 110 V/24 V/6.3 V 电压作为控制电路的电源，其中，110 V 为控制电路的电源，24 V 为机床工作照明电源（EL），6.3 V 为功能信号指示电源（HL）。

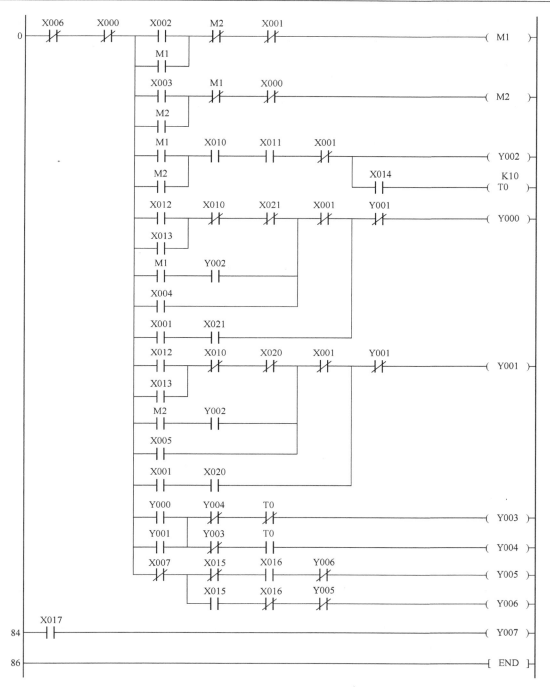

图 21-3 T68 型卧式镗床运行的 PLC 梯形图程序

2. 控制电路分析

控制电路包括了 M1 的点动控制、M1 的低速正反转控制、M1 的高速正反转控制、M1 的反接制动控制、M1 的速度变换控制及 M2 的正反转控制。

1）元器件的分布及功能。主轴电动机 M1 的控制电路位于 11 区～18 区。控制元器件的分布及功能如下：11 区的 SB2 为 M1 的正转起动按钮；12 区的 SB3 为 M1 的反转起动按钮，11

区的 SB1 为 M1 的制动停止按钮；14 区的 SB4 为 M1 的正转点动按钮；15 区的 SB5 为 M1 的反转点动按钮；13 区、14 区的 SQ3 为主轴变速行程开关；13 区、16 区的 SQ4 为进给变速行程开关；SQ3、SQ4 在正常情况下是被主轴变速操作手柄和进给变速操作手柄压合的；13 区的 SQ7 为高低速转换行程开关，由主轴电动机 M1 的高、低速变速手柄来控制它的闭合或断开；14 区的 SQ5 为进给变速行程开关；14 区的 SQ6 为主轴变速行程开关；19 区、20 区的 SQ8 为反向快速移动行程开关，SQ9 为正向快速移动行程开关；11 区的 SQ1 和 20 区的 SQ2 互为联锁保护行程开关，它们的作用是为了防止在工作台或主轴箱机动进给时又误将主轴或花盘刀具滑板也扳到机动进给的操作；14 区的速度继电器的动合触头 KS_1 为 M1 反转制动触头；14 区速度继电器的动断触头 KS_2 为主轴变速和进给变速时的速度限制触头；16 区速度继电器的动合触头 KS_2 为 M1 的正转制动触头。

2）主轴电动机 M1 的点动控制。主轴电动机 M1 的点动控制包括正转点动控制和反转点动控制，由正、反转交流接触器 KM1、KM2 及正、反转点动按钮 SB4、SB5 组成 M1 的正、反转点动控制电路。当需要 M1 正转点动时，按下 SB4，KM1 线圈得电吸合，KM1 在 17 区的动合触头闭合，接通 KM4 线圈的电源，KM1 与 KM4 的主触头闭合将 M1 的绕组接成△联结，且串联电阻 R 做正向低速运行；松开按钮 SB4，则 KM1、KM4 线圈失电释放，M1 停止正转，完成正转点动。同理可分析电动机 M1 的反转点动。

3）主轴电动机 M1 的低速正转控制。将机床高、底变速手柄扳至"低速"档，将 13 区的 SQ7 断开，而主轴变速与进给变速手柄处于推合状态，因此，SQ3、SQ4 是压合的。按下 11 区的正转起动按钮 SB2，KA1 线圈得电吸合并自锁，13 区及 15 区的 KA1 动合触头闭合。由于此时 13 区的 SQ3、SQ4 的动合触头是压合的，所以 KM3 线圈得电吸合（KT 线圈因 SQ7 断开而不能得电）。KM3 在 2~3 区的主触头闭合，短接限流电阻 R；KM3 在 15 区的动合触头闭合，KM1 线圈得电吸合，其在 3 区的主触头接通 M1 的正转电源；KM1 在 17 区的动合触头闭合，KM4 线圈得电吸合。KM4 的主触头闭合，将 M1 绕组接成△联结，即低速正转运行。

4）主轴电动机 M1 的低速反转控制。该控制过程与上述的低速正转控制相似。

5）主轴电动机 M1 的高速正转控制。将机床高、低变速手柄扳至"高速"档，将 13 区的 SQ7 压合，而主轴变速与进给变速手柄处于推合状态，因此，SQ3、SQ4 是压合的。按下 11 区的正转起动按钮 SB2，KA1 线圈得电吸合并自锁，13 区及 15 区的 KA1 动合触头闭合。由于此时 13 区的 SQ3、SQ4 的动合触头是压合的，所以 KM3 和 KT 线圈得电吸合。KM3 在 2~3 区的主触头闭合，短接限流电阻 R；KM3 在 15 区的动合触头闭合，KM1 线圈得电吸合，其在 3 区的主触头接通 M1 的正转电源；KM1 在 17 区的动合触头闭合，KM4 线圈得电吸合。KM4 的主触头闭合，将 M1 绕组接成△联结，即低速正转运行。经过一段时间后，通电延时继电器 KT 在 17 区的动断触头通电延时断开，切断 KM4 线圈电源，KM4 在 3 区的主触头断开；而 KT 在 18 区的动合触头通电延时闭合，接通 KM5 线圈电源。KM5 在 2~4 区的触头闭合将 M1 接成双 Y 联结，即高速正转运行，M1 由低速起动变为高速运行。由此可知，M1 的高速挡为两级起动控制，以减少电动机高速挡起动时的冲击。

6）主轴电动机 M1 的高速反转控制。该控制过程与上述的高速正转控制相似。

7）主轴电动机 M1 的正转停车制动控制。主轴电动机 M1 处于正向低速（或高速）运行时，KA1、KM1、KM3、KM4（或 KM5、KT）及 16 区的速度继电器的动合触头 KS_2 是闭合的。当需要 M1 正向运行制动停止时，按下 M1 的制动停止按钮 SB1，SB1 在 11 区的动断触头首先断开，切断 KA1 线圈的电源。KA1 在 13 区的动合触头断开，切断 KM3 和 KT 线圈的电源（KT 在 18 区的触头断开使 KM5 线圈失电释放）；KA1 在 15 区的动合触头断开，切断 KM1 线圈电源，KM1 主触头断开 M1 的正转电源。同时，KT 在 17 区的通电延时断开触头闭合，KM1 在 16 区的动断触头闭合，为 M1 正转反接制动做好准备。继而 SB1 在 14 区的动合触头被压下闭合，接通 KM2、KM4 线圈的电源。此时 KM2、KM4 的主触头闭合将 M1 接成△联结，并串电阻 R 反向运转，因此，M1 的正转速度迅速下降。当 M1 的正转速度下降至 100 r/min 时，速度继电器在 16 区的动合触头 KS_2 断开，KM2、KM4 线圈失电释放，完成 M1 的正转反接制动。

8）主轴电动机 M1 的反转停车制动控制。主轴电动机 M1 处于反向低速（或高速）运行时，KA2、KM2、KM3、KM4（或 KM5、KT）及 14 区的速度继电器的动合触头 KS_1 是闭合的。当需要 M1 反向运行制动停止时，按下 M1 的制动停止按钮 SB1，SB1 在 11 区的动断触头首先断开，切断 KA2 线圈的电源。KA2 在 13 区的动合触头断开，切断 KM3 和 KT 线圈的电源（KT 在 18 区的触头断开使 KM5 线圈失电释放）；KA2 在 15 区的动合触头断开，切断 KM2 线圈电源，KM2 主触头断开 M1 的反转电源。同时，KT 在 17 区的通电延时断开触头闭合，KM2 在 14 区的动断触头闭合，为 M1 反转反接制动做好准备。继而 SB1 在 14 区的动合触头被压下闭合，接通 KM1、KM4 线圈的电源。此时 KM1、KM4 的主触头闭合将 M1 接成△联结，并串电阻 R 正向运转，因此，M1 的反转速度迅速下降。当 M1 的反转速度下降至 100 r/min 时，速度继电器在 14 区的动合触头 KS_1 断开，KM1、KM4 线圈失电释放，完成 M1 的反转反接制动。

9）主轴变速控制。主轴变速可以在停车时进行，也可以在运行中进行。变速时拉出主轴变速操作盘的操作手柄，转动变速盘，选择速度后，再将变速操作手柄推回。拉出变速手柄时，相应的变速行程开关（即 SQ3）不受压；推回变速操作手柄时，相应的变速行程开关压合。

① 主轴停车变速。将主轴变速操作盘的操作手柄拉出（此时进给变速操作手柄未拉出，因此，SQ4、SQ5 受压），此时行程开关 SQ3 复位，14 区的 SQ3 动断触头闭合，13 区的 SQ3 动合触头断开，14 区的 SQ6 未受压而闭合，14 区的速度继电器的动断触头 KS_2 因 M1 未运行而闭合，因此，KM1、KM4 线圈得电吸合，M1 串电阻 R 低速正转。当正转速度达到 120 r/min 时，速度继电器在 14 区的 KS_2 断开，KM1 线圈失电释放，待速度降至 100 r/min 时，速度继电器在 16 区的动合触头 KS_2 断开，KM2 线圈失电释放，而 14 区的 KS_2 闭合，KM1 线圈又得电吸合，M1 又开始正转，如此反复（这种低速正转起动，而后又反接制动的缓慢转动有利于齿轮啮合），直到新的变速齿轮啮合好为止（期间 KM4 一直吸合）。此时将主轴变速手柄推回原位，14 区的 SQ6 断开，主轴电路被切断，SQ3 被重新压合。若按下 SB2，则 KA1、KM3、KM1、KM4 线圈得电吸合，M1 低速正转起动并以新的主轴速度运行。若按下 SB3，则 KA2、KM3、KM2、KM4 线圈得电吸合，M1 低速反转起动并以新的主轴速度运行。若选择了高速正（反）转运行，则 KA1（KA2）、KM3、KM1（KM2）、KM5 线圈得电吸合，其动作过程与上述相似。

② 主轴低速正转运行中变速。主轴低速正转运行时，KA1、KM1、KM3、KM4 线圈得电吸合，其余不得电。当主轴电动机 M1 在加工过程中需要变速时，将主轴变速操作盘的操作手柄拉出（此时进给变速操作手柄未拉出，因此，SQ4、SQ5 受压），此时行程开关 SQ3 复位，14 区的 SQ3 动断触头闭合，13 区的 SQ3 动合触头断开，14 区的 SQ6 未受压而闭合，速度继电

器在 16 区的动合触头 KS_2 已闭合（因 M1 的转速超过 120 r/min）。因此，KM3、KM1 线圈失电释放，而 KM2 线圈得电吸合（KM4 一直吸合），M1 串电阻 R 正转反接制动，M1 正转速度迅速下降。待速度降至 100 r/min 时，速度继电器在 16 区的动合触头 KS_2 断开，而 14 区的动断触头 KS_2 闭合，使得 KM2 线圈失电释放，而 KM1 线圈又得电吸合，M1 又开始正转，如此反复，直到新的变速齿轮啮合好为止（期间 KM4 一直吸合）。此时将主轴变速手柄推回原位，SQ6 断开，主轴电路被切断，SQ3 被重新压合，KM3、KM1 线圈得电吸合（期间 KA1 一直吸合），M1 正转起动，以新的主轴速度运行。主轴低速反转运行中变速及高速正（反）转运行中变速与上述过程相似。

10）进给变速控制。进给变速时，操作的是进给变速操作手柄，其控制的是 SQ4、SQ5，其余的与主轴变速过程相似。

11）快速移动电动机 M2 的控制电路。快速移动电动机 M2 的控制电路位于 19 区和 20 区。从 19 区和 20 区的电路中很容易看出，当快速移动操作手柄扳至"正向"位置时，操作手柄压合行程开关 SQ9，KM6 线圈得电吸合，M2 正向起动运行；当快速移动操作手柄扳至"中间"位置时，M2 停转。

21.4.2 电气控制系统的检修方法

一般的检查和分析方法有通电检查法、断电检查法等。

1. 通电检查法

检修时合上电源开关通电，适当配合一些按钮等操作，用试电笔、校灯、万用表电压档、短接法等进行检修。包括试电笔检修法、校灯检修法、电压的分阶测量法、电压的分段测量法、短接法（局部短接法和长短接法），分别如图 21-4～图 21-9 所示。

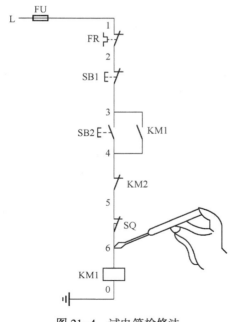

图 21-4　试电笔检修法

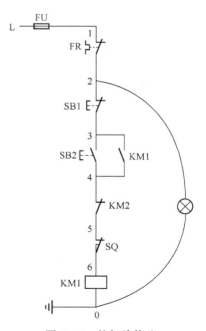

图 21-5　校灯检修法

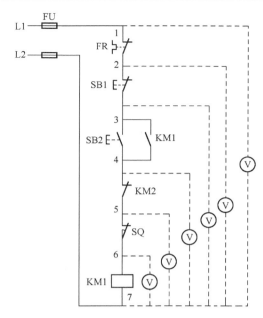

图 21-6　电压的分阶测量法

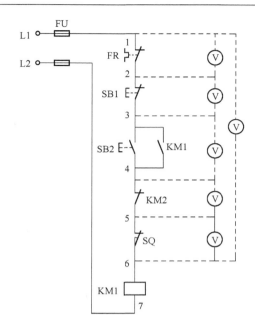

图 21-7　电压的分段测量法

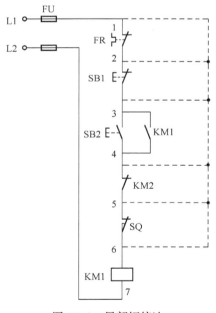

图 21-8　局部短接法

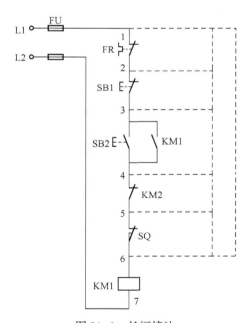

图 21-9　长短接法

2. 断电检查法

断电检查法必须先分断电源，并保证整个电路无电，然后用万用表电阻档、电池灯等判断故障点。包括电阻测量法（分阶测量法和分段测量法）、电池灯检测法（电器间的短路故障和电源间的短路故障），分别如图 21-10～图 21-12 所示。

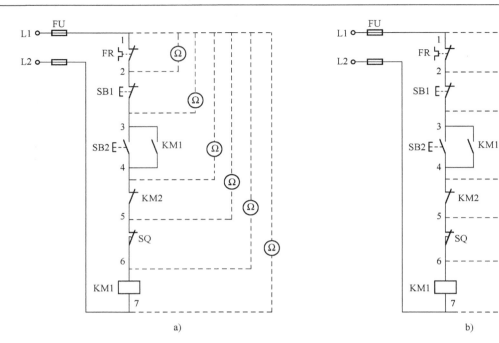

图 21-10　电阻测量法

a）分阶测量法　b）分段测量法

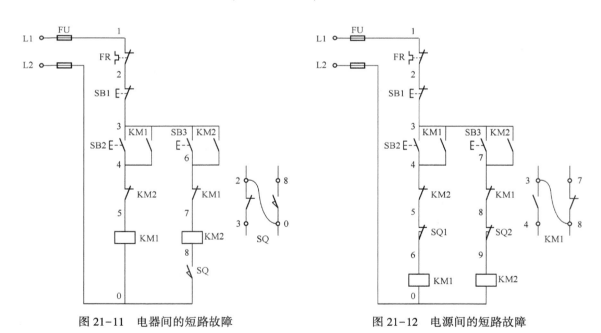

图 21-11　电器间的短路故障　　　　　图 21-12　电源间的短路故障

任务 22　药液配制投加系统

22.1　任务目标

- 会结合药液配制系统的工艺需求，设计配药投加系统。
- 会根据工艺需求、设备安全以及管理需求，设计和选择仪表。
- 会根据系统硬件选型，进行电气设计。
- 会根据工艺设备控制需求、安全需求，进行控制设计。
- 具有质量意识、环保意识、安全意识、规范意识和爱岗敬业的责任意识以及信息素养、工匠精神、创新思维；具有自我管理能力和职业生涯规划的意识，有较强的集体意识和团队合作精神以及较强的交流表达能力；具有综合运用所学内容解决问题的能力。

22.2　任务描述

药液配制投加系统的控制要求：药液 A 和稀释液按比例混合后，经提升泵送至配药投加池，与药液 B 根据最终浓度需求比例进行混合，然后通过搅拌器搅拌使药液混合均匀，再由计量泵按照设定流量计量进行投加。

22.3　任务实施

22.3.1　药液配制投加系统设计

1. 工艺图设计

根据药液配制投加系统的控制要求，设计工艺图如图 22-1 所示。药液 A 和稀释液按比例混合后，经提升泵送至配药投加池，与药液 B 根据最终浓度需求比例进行混合，然后通过搅拌器搅拌使药液混合均匀，再由计量泵按照设定流量计量进行投加。两组溶解池和配药投加池交替配药，实现无中断投加。本系统共有 3 个计量泵（2 用 1 备）。

2. 被控设备列表及信号分析

被控设备列表及信号分析见表 22-1。

表 22-1　被控设备列表及信号分析

序号	设备名称	数量	信　　号	控　　制
1	配药进/出药阀	11	开到位，关到位，故障，就地开阀命令，就地关阀命令	开，关
2	搅拌器	4	运行，故障，就地起动命令	起动（闭合运行，分开停止）
3	计量泵	3	运行，故障，频率，冲程，隔膜破裂，就地起动命令	起动，频率设定，冲程设定，风扇起动，计量泵变频器模式切换
4	投药管线阀	5	开到位，关到位，故障，就地开阀命令，就地关阀命令	开，关

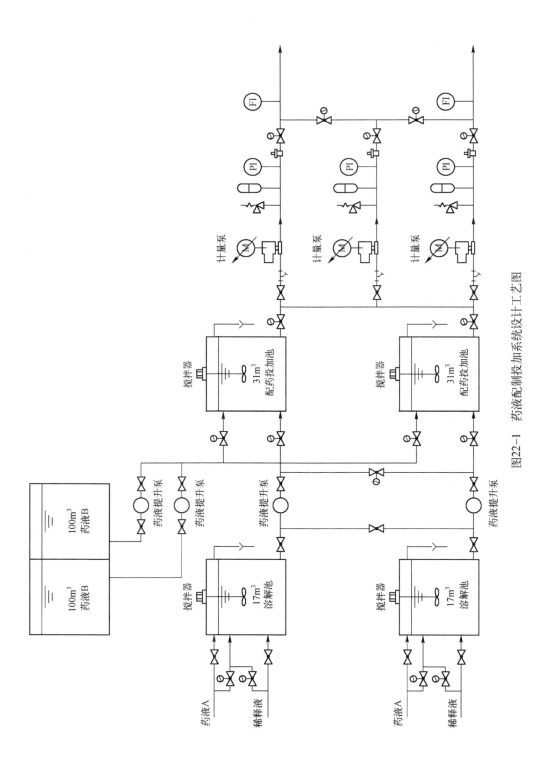

图22-1 药液配制投加系统设计工艺图

（续）

序号	设备名称	数量	信　号	控　制
5	提升泵	4	运行，故障，就地起动命令	起动
6	其他配药 控制信号	1	就地远程选择，就地一步化配药起动，就地一步化配药停止，报警复位	报警指示
7	其他投加药 控制信号	1	就地远程选择，报警复位	报警指示

3. 系统设计

本系统主要功能可以划分为：配药和投药，如图 22-2 所示。配药的操作主要在池体上，尤其是人工手动操作。根据系统功能，为方便操作及考虑被控设备数量，此系统设计为两套控制柜，药液配制部分一套，投加部分一套。配药浓度在实际生产中常根据需要发生改变，必须通过计算分析，并根据计算结果控制各种药剂配加量，才能精确控制配药浓度，因此本系统采用 PLC 控制。当配药投加池低液位时，计量泵必须停泵保护；当用作自动投药时，配药浓度可以对投药量精确控制，因此两套控制柜之间设计采用通信方式传递保护控制和配药浓度。

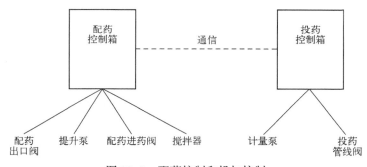

图 22-2　配药控制和投加控制

22.3.2　药液配制投加系统仪表设计

为精准配药浓度，通常采用流量计计量，其计量误差 1%~5%。其瞬时流量值用于投加量大小控制和多药剂同时进料配比控制，累计流量值用于多药剂分时进料配比控制和精准药剂用量计量。一般可以通过模拟量和脉冲量分别采集瞬时流量和累计流量，也可以选用带通信的流量计直接通过通信采集流量计的瞬时流量和累计流量，以通信方式能实现 PLC 采集值与仪表现场显示内容高度一致。

液位计用于对池体内液体总量的连续检测，既可以直观反映液位的实时情况，也可用于分析使用趋势等，还可兼做高液位报警保护和低液位报警保护。

在 PLC 系统出故障时，为持续生产，通常需要人工配药，要求液位计、流量计等提供就地显示。配置药品可能带有腐蚀性或强酸性、强碱性、强氧化性等化学特点，另外搅拌器工作时，容易损坏投入式液位测量设备。针对这些工作环境以及现场操作需求，液位计选用就地带显示的超声波液位计（非接触式仪表）。流量计等管道设备应具备抗氧化性等可以适应工作环境的特性。

根据系统检测需要，结合工艺图，按工艺顺序编号，具体仪表布置用 PID 图表示，如图 22-3 所示。

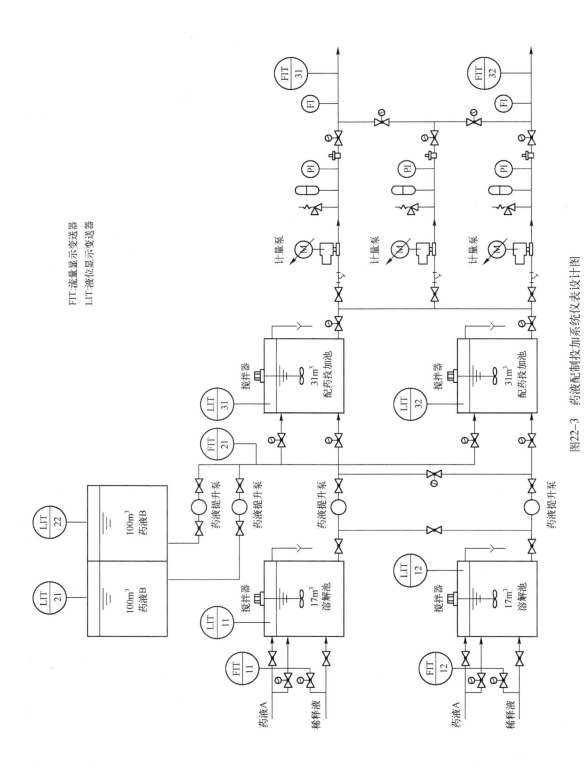

FIT:流量显示变送器
LIT:液位显示变送器

图22-3 药液配制投加系统仪表设计图

22.3.3 药液配制投加系统电气设计

1. PLC 控制器选择

根据设备控制信息量和仪表，确定 PLC 的 I/O 点数，并根据点数、通信方式、系统复杂程度选择 PLC。根据 22.3.1 节和 22.3.2 节的内容得知，PLC1（配药）的 I/O 点数为 DI83、DO31、AI9；PLC2（投加）的 I/O 点数为 DI45、DO20、AI8、AO6。按最低 10% 冗余考虑，PLC1 选择必须满足 DI92、DO35、AI10；PLC2 必须满足 DI50、DO22、AI9、AO7。

2. 原理图绘制

按照系统设计、仪表设计，结合电气安全、控制原理绘制原理图及配电图。计算并确定各级电气参数，如断路器额定电流、熔断器额定电流、热继电器动作电流等。汇总原理图中的材料和电缆，生成材料明细表和电缆明细表。

（1）PLC 供电设计

PLC 供电设计如图 22-4 所示。

（2）阀门控制电路

阀门控制电路如图 22-5 所示。

（3）潜水泵电动机控制电路

潜水泵电动机控制电路如图 22-6 所示。

（4）数字量输入输出控制电路

1）数字量输入控制电路如图 22-7 所示。

2）数字量输出控制电路如图 22-8 所示。

（5）模拟量输入控制电路

模拟量输入控制电路如图 22-9 所示。

22.3.4 药液配制投加系统程序设计

程序流程图表示生产过程中各个环节进行顺序的简图，是使用图形表示算法思路的一种极好的方法。下面以流程图的方式进行程序设计思路的描述。编制过程由粗到细、由浅入深，逐步深入完善。

1. 配药程序流程

配药程序流程图如图 22-10 所示。

2. 配药故障程序流程

配药故障程序流程如图 22-11 所示。

3. 投药程序流程

投药程序流程如图 22-12 所示。

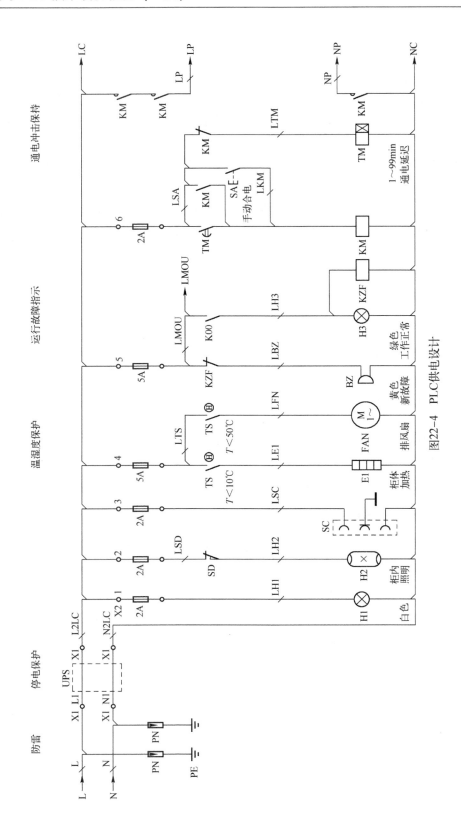

图22-4　PLC供电设计

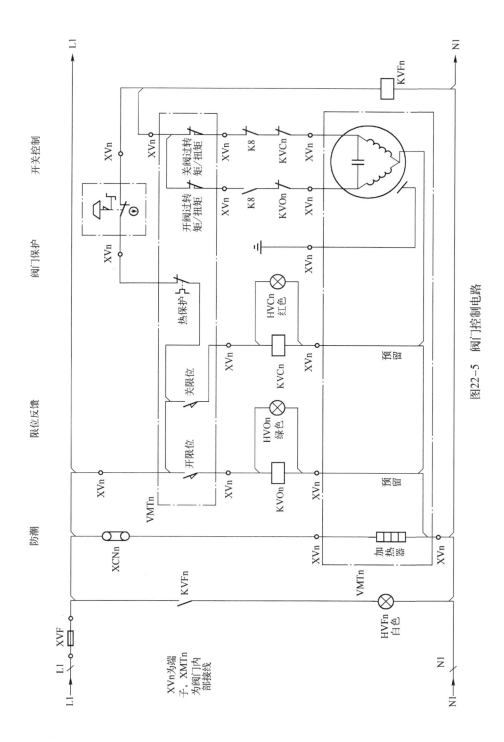

图22-5　阀门控制电路

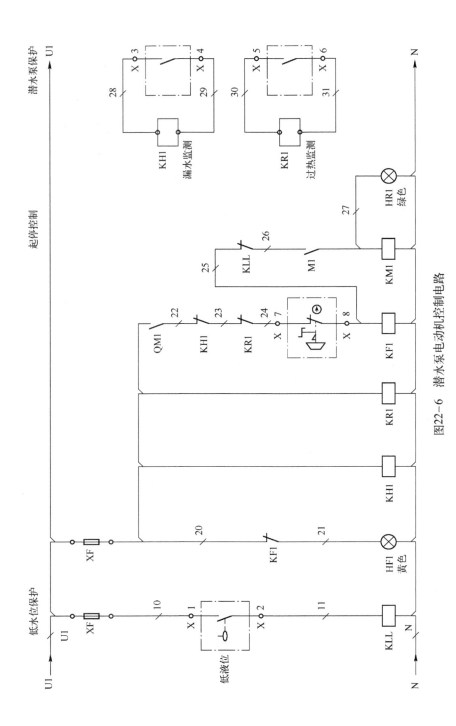

图22-6 潜水泵电动机控制电路

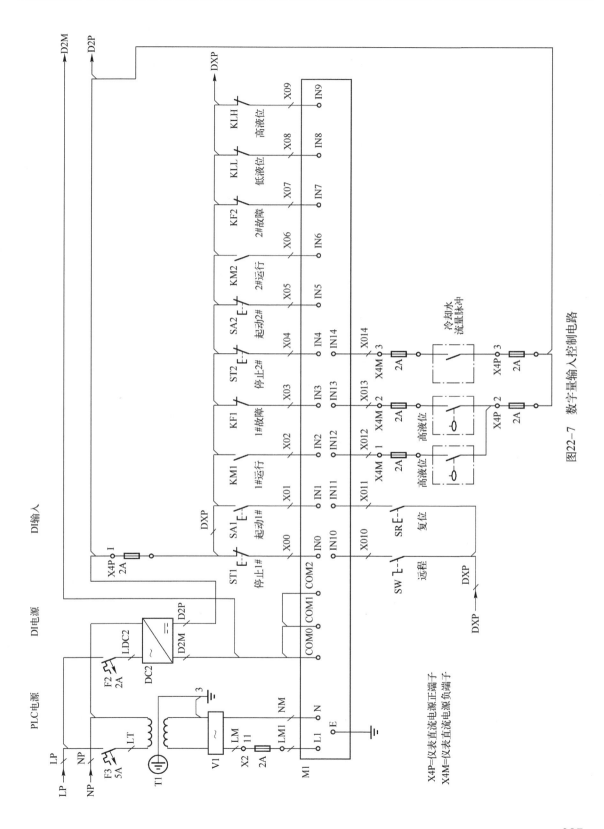

图22-7　数字量输入控制电路

X4P—仪表直流电源正端子
X4M—仪表直流电源负端子

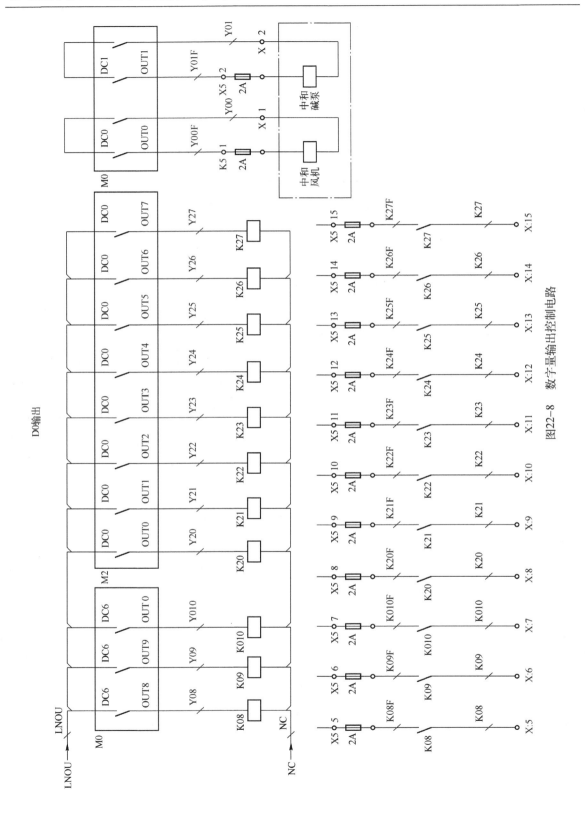

图22-8　数字量输出控制电路

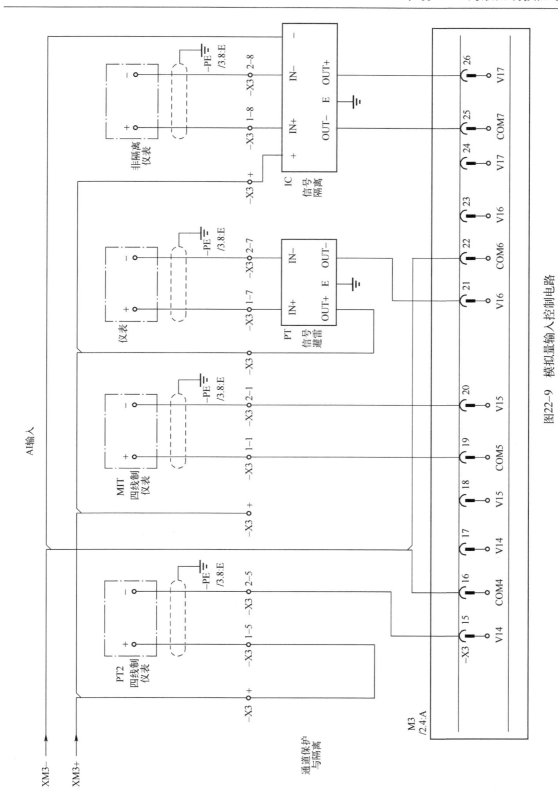

图22-9 模拟量输入控制电路

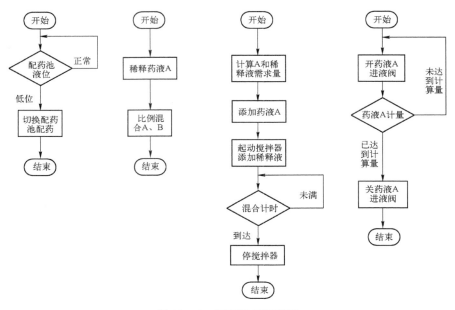

图 22-10　配药程序流程图

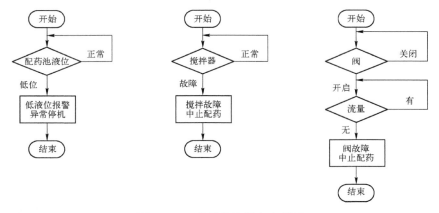

图 22-11　配药故障程序流程图

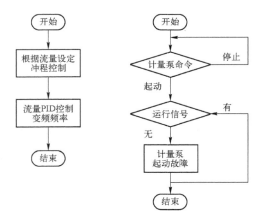

图 22-12　投药程序流程图

附　　录

附录 A　低压电器产品型号类组代号及派生代号

表 A-1　低压电器产品型号类组代号

代号	H	R	D	K	C	Q	J	L	Z	B	T	M	A
	名　称												
	刀开关和转换开关	熔断器	自动开关	控制器	接触器	起动器	控制继电器	主令电器	电阻器	变阻器	电压调整器	电磁铁	其他
A						按钮式		按钮					
B									板式元件				触电保护器
C		插入式				电磁			线状元件	悬臂式			插销
D	刀开关								铁铬铝带型元件		电压		灯具
E												阀用	
G				鼓形	高压				管型元件				接线盒
H	封闭式负荷开关	汇流排式											
J					交流	减压		接近开关					
K	开启式负荷开关							主令控制器					
L		螺旋式					电流			励磁			电铃
M		封闭式	灭弧										
P				平面	中频					频繁			
Q										起动		牵引	
R	熔断器式刀开关						热						
S	转换开关	快速	快速		时间	手动	时间	主令开关	烧结元件	石墨			
T	起动	有填充料管式		凸轮	通用		通用	脚踏开关	铸铁元件	起动调速			
U						油浸		旋钮		油浸起动	起动		
W			框架式				湿度	万能转换开关		液体起动		起动	
X	起动	限流	限流			星三角		行程开关	电阻器	滑线式			
Y	其他	其他	其他	其他	起动	其他	其他	起动	其他	其他		液压	
Z	组合开关		塑料外壳式		直流	综合	中间					制动	

表 A-2　低压电器产品型号派生代号

派生字母	含　义	派生字母	含　义
A, B, C, D, …	结构设计稍有改进或变化	H	开启式
C	插入式	M	密封式，无磁，母线式
J	交流，放溅式	Q	防尘式，手车式
Z	直流，自动复位，防震，重任务，正向	L	电流的
W	无灭弧装置，无极性	F	高返回，带分励脱扣
N	可逆，逆向	T	按（湿热带）临时措施制造（此项派生字母加注在全型号之后）
S	有锁住机构，手动复位，防水式，三相，3 个电源，双线圈	TH	湿热带型（此项派生字母加注在全型号之后）
P	电磁复位，防滴式，单相，两个电源	TA	干热带型
K	保护式，带缓冲装置		

附录 B　常见图形符号和文字符号

类别	名称	图形符号	文字符号	类别	名称	图形符号	文字符号
开关	单极控制开关		SA	位置开关	动合触头		SQ
	手动开关一般符号		SA		动断触头		SQ
	三极控制开关		QS		复合触头		SQ
	三极隔离开关		QS	按钮	动合按钮		SB
	三极负荷开关		QS		动断按钮		SB
	组合旋钮开关		QS		复合按钮		SB
	低压断路器		QF		急停按钮		SB
	控制器或操作开关		SA		钥匙操作式按钮		SB

（续）

类别	名称	图形符号	文字符号	类别	名称	图形符号	文字符号
接触器	线圈操作器件		KM	热继电器	热元件		FR
	动合主触头		KM		动合触头		FR
	动合辅助触头		KM		动断触头		FR
	动断辅助触头		KM	中间继电器	线圈		KA
时间继电器	通电延时线圈		KT		动合触头		KA
	断电延时线圈		KT		动断触头		KA
	瞬时闭合的动合触头		KT	电流继电器	过电流线圈	$I>$	KOC
	瞬时断开的动断触头		KT		欠电流线圈	$I<$	KUC
	延时闭合瞬时断开动合触头		KT		动合触头		KA
	延时断开瞬时闭合动断触头		KT		动断触头		KA
	延时闭合瞬时断开动断触头		KT	电压继电器	过电压线圈	$U>$	KOV
	延时断开瞬时闭合动合触头		KT		欠电压线圈	$U<$	KUV
电磁操作器	电磁铁的一般符号	或	YA		动合触头		KV
	电磁吸盘		YH		动断触头		KV

（续）

类别	名称	图形符号	文字符号	类别	名称	图形符号	文字符号
电磁操作器	电磁离合器		YC	电动机	三相笼型异步电动机		M
	电磁制动器		YB		三相绕线转子异步电动机		M
	电磁阀		YV		他励直流电动机		M
非电信号控制的继电器	速度继电器动合触头		KS		并励直流电动机		M
	压力继电器动合触头		KP		串励直流电动机		M
电子式无触头低压电器	接近开关动合触头		SQ	熔断器	熔断器		FU
发电机	发电机		G	变压器	单相变压器		TC
	直流测速发电机		TG		三相变压器		TM
灯	信号灯（指示灯）		HL	互感器	电压互感器		TV
	照明灯		EL		电流互感器		TA
接插器	插头和插座		X 插头 XP 插座 XS		电抗器		L
	蜂鸣器		HA		电喇叭		HA

附录 C FX$_{3U}$ 系列 PLC 常用软元件、基本指令和步进梯形图指令

FX$_{3U}$ 系列 PLC 常用的软元件有输入继电器（X）、输出继电器（Y）、定时器（T）、计数器（C）、辅助继电器（M）、状态继电器（S）、数据寄存器（D）、变址寄存器（V/Z）等。其中输入继电器和输出继电器用八进制数字编号，其他都采用十进制数字编号。

表 C FX$_{3U}$ 系列 PLC 基本指令和步进梯形图指令

符号	名称	功　能	操作元件	程序步
LD	取	动合触头与左母线连接，逻辑运算起始	X、Y、M、S、T、C	1
LDI	取反	动断触头与左母线连接，逻辑运算起始	X、Y、M、S、T、C	1
OUT	输出	驱动线圈的输出指令，将运算结果输出到指定的继电器	Y、M、S、T、C	Y、M：1；S、特 M：2；T：3；C：3~5
END	结束	程序结束，返回起始地址	无	1
AND	与	单个动合触头与左边触头串联连接	X、Y、M、S、T、C	1
ANI	与反转	单个动断触头与左边触头串联连接	X、Y、M、S、T、C	1
OR	或	单个动合触头与上一触头并联连接	X、Y、M、S、T、C	1
ORI	或反转	单个动断触头与上一触头并联连接	X、Y、M、S、T、C	1
SET	置位	令元件自保持 ON	Y、M、S	Y、M：1；S、特 M：2
RST	复位	令元件自保持 OFF 或清除寄存器的内容	Y、M、S、C、D、V、Z、积 T	Y、M：1；S、特 M、C、积 T：2；D、V、Z：3
ANB	回路块与	并联电路块的串联连接	无	1
ORB	回路块或	串联电路块的并联连接	无	1
MPS	存储器进栈	保存程序运行的当前值	无	1
MRD	存储器读栈	读取进栈时保存的状态值	无	1
MPP	存储器出栈	读取并复位栈内存储器的运算结果	无	1
LDP	取脉冲上升沿	上升沿脉冲逻辑运算开始	X、Y、M、S、T、C	2
LDF	取脉冲下降沿	下降沿脉冲逻辑运算开始	X、Y、M、S、T、C	2
ANDP	与脉冲上升沿	上升沿脉冲串联连接	X、Y、M、S、T、C	2
ANDF	与脉冲下降沿	下降沿脉冲串联连接	X、Y、M、S、T、C	2
ORP	或脉冲上升沿	上升沿脉冲并联连接	X、Y、M、S、T、C	2
ORF	或脉冲下降沿	下降沿脉冲并联连接	X、Y、M、S、T、C	2
PLS	上升沿脉冲	输入为上升沿时微分输出	Y、M	2
PLF	下降沿脉冲	输入为下降沿时微分输出	Y、M	2
MC	主控起点	主控电路块起点	操作数 N（0-7 层），Y、M（不含特殊 M）	3
MCR	主控复位	主控电路块终点	操作数 N（0-7 层）	2
INV	取反	逻辑运算结果取反	无	1
NOP	空操作	无任何动作	无	1
STL	步进指令	步进梯形图开始	S	1
RET	步进返回	步进梯形图结束	无	1

附录 D　FX₃U 系列 PLC 应用（功能）指令一览表

分类	FNC NO.	指令助记符	功能说明	分类	FNC NO.	指令助记符	功能说明
程序流程	00	CJ	条件跳转	浮点数运算	128	ENEG	二进制浮点数符号翻转
	01	CALL	子程序调用		129	INT	二进制浮点数→二进制整数
	02	SRET	子程序返回		130	SIN	二进制浮点数 SIN 运算
	03	IRET	中断返回		131	COS	二进制浮点数 COS 运算
	04	EI	开中断		132	TAN	二进制浮点数 TAN 运算
	05	DI	关中断		133	ASIN	二进制浮点数 SIN⁻¹ 运算
	06	FEND	主程序结束		134	ACOS	二进制浮点数 COS⁻¹ 运算
	07	WDT	监视定时器刷新		135	ATAN	二进制浮点数 TAN⁻¹ 运算
	08	FOR	循环的起点与次数		136	RAD	二进制浮点数角度→弧度的转换
	09	NEXT	循环的终点		137	DEG	二进制浮点数弧度→角度的转换
传送与比较	10	CMP	比较		140	WSUM	算出数据合计值
	11	ZCP	区间比较		141	WTOB	字节单位的数据分离
	12	MOV	传送		142	BTOW	字节单位的数据结合
	13	SMOV	位传送		143	UNI	16 位数据的 4 位结合
	14	CML	取反传送		144	DIS	16 位数据的 4 位分离
	15	BMOV	成批传送		147	SWAP	上下字节交换
	16	FMOV	多点传送		149	SORT2	数据排列 2
	17	XCH	交换	定位	150	DSZR	带 DOG 搜索的原点回归
	18	BCD	二进制转换成 BCD 码		151	DVIT	中断定位
	19	BIN	BCD 码转换成二进制		152	TBL	表格设定定位
四则逻辑运算	20	ADD	二进制加法运算		155	ABS	ABS 当前值读取
	21	SUB	二进制减法运算		156	ZRN	原点回归
	22	MUL	二进制乘法运算		157	PLSY	可变速的脉冲输出
	23	DIV	二进制除法运算		158	DRVI	相对位置控制
	24	INC	二进制加 1 运算		159	DRVA	绝对位置控制
	25	DEC	二进制减 1 运算	时钟运算	160	TCMP	时钟数据比较
	26	WAND	字逻辑与		161	TZCP	时钟数据区间比较
	27	WOR	字逻辑或		162	TADD	时钟数据加法
	28	WXOR	字逻辑异或		163	TSUB	时钟数据减法
	29	NEG	求二进制补码		164	HTOS	[小时、分、秒] 数据的秒转换
循环与移位	30	ROR	循环右移		165	STOH	秒数据的 [小时、分、秒] 转换
	31	ROL	循环左移		166	TRD	时钟数据读出
	32	RCR	带进位右移		167	TWR	时钟数据写入
	33	RCL	带进位左移		169	HOUR	计时仪（长时间检测）
	34	SFTR	位右移	外部设备	170	GRY	二进制数→格雷码
	35	SFTL	位左移		171	GBIN	格雷码→二进制数
	36	WSFR	字右移		176	RD3A	模拟量模块（FX0N-3A）A/D 数据读出
	37	WSFL	字左移		177	WR3A	模拟量模块（FX0N-3A）D/A 数据写入
	38	SFWR	FIFO（先入先出）写入	扩展功能	180	EXTR	扩展 ROM 功能（FX2N/FX2NC）
	39	SFRD	FIFO（先入先出）读出	其他指令	182	COMRD	读出软元件的注释数据
数据处理	40	ZRST	区间复位		184	RND	产生随机数
	41	DECO	解码		186	DUTY	出现定时脉冲
	42	ENCO	编码		188	CRC	CRC 运算
	43	SUM	统计 ON 位数		189	HCMOV	高速计数器传送
	44	BON	查询位某状态	数据块的处理	192	BK+	数据块加法运算
	45	MEAN	求平均值		193	BK−	数据块减法运算
	46	ANS	报警器置位		194	BKCMP =	数据块的比较（S1）=（S2）
	47	ANR	报警器复位		195	BKCMP >	数据块的比较（S1）>（S2）
	48	SQR	求平方根		196	BKCMP <	数据块的比较（S1）<（S2）
	49	FLT	整数与浮点数转换		197	BKCMP <>	数据块的比较（S1）<>（S2）
高速处理	50	REF	输入输出刷新		198	BKCMP <=	数据块的比较（S1）≦（S2）
	51	REFF	输入滤波时间调整		199	BKCMP >=	数据块的比较（S1）≧（S2）

（续）

分类	FNC NO.	指令助记符	功能说明	分类	FNC NO.	指令助记符	功能说明
高速处理	52	MTR	矩阵输入	字符串的控制	200	STR	BIN→字符串的转换
	53	HSCS	比较置位（高速计数用）		201	VAL	字符串→BIN 的转换
	54	HSCR	比较复位（高速计数用）		202	$+	字符串的合并
	55	HSZ	区间比较（高速计数用）		203	LEN	检测出字符串的长度
	56	SPD	脉冲密度		204	RIGHT	从字符串的右侧开始取出
	57	PLSY	指定频率脉冲输出		205	LEFT	从字符串的左侧开始取出
	58	PWM	脉宽调制输出		206	MIDR	从字符串中任意取出
	59	PLSR	带加减速脉冲输出		207	MIDW	字符串中的任意替换
便捷指令	60	IST	状态初始化		208	INSTR	字符串的检索
	61	SER	数据查找		209	$MOV	字符串的传送
	62	ABSD	凸轮控制（绝对式）	数据处理3	210	FDEL	数据表的数据删除
	63	INCD	凸轮控制（增量式）		211	FINS	数据表的数据插入
	64	TTMR	示教定时器		212	POP	后入的数据读取（后入先出控制用）
	65	STMR	特殊定时器		213	SFR	16 位数据 n 位右移（带进位）
	66	ALT	交替输出		214	SFL	16 位数据 n 位左移（带进位）
	67	RAMP	斜波信号	触点比较	224	LD =	(S1)=(S2) 时起始触头接通
	68	ROTC	旋转工作台控制		225	LD>	(S1)>(S2) 时起始触头接通
	69	SORT	列表数据排序		226	LD<	(S1)<(S2) 时起始触头接通
外围设备 I/O	70	TKY	10 键输入		228	LD<>	(S1)<>(S2) 时起始触头接通
	71	HKY	16 键输入		229	LD≤	(S1)≤(S2) 时起始触头接通
	72	DSW	BCD 数字开关输入		230	LD≥	(S1)≥(S2) 时起始触头接通
	73	SEGD	七段码译码		232	AND =	(S1)=(S2) 时串联触头接通
	74	SEGL	七段码分时显示		233	AND>	(S1)>(S2) 时串联触头接通
	75	ARWS	方向开关		234	AND<	(S1)<(S2) 时串联触头接通
	76	ASC	ASCI 码转换		236	AND<>	(S1)<>(S2) 时串联触头接通
	77	PR	ASCI 码打印输出		237	AND≤	(S1)≤(S2) 时串联触头接通
	78	FROM	BFM 读出		238	AND≥	(S1)≥(S2) 时串联触头接通
	79	TO	BFM 写入		240	OR =	(S1)=(S2) 时并联触头接通
外部设备（选件设备）	80	RS	串行数据传送		241	OR>	(S1)>(S2) 时并联触头接通
	81	PRUN	八进制位传送（#）		242	OR<	(S1)<(S2) 时并联触头接通
	82	ASCI	16 进制数转换成 ASCI 码		244	OR<>	(S1)<>(S2) 时并联触头接通
	83	HEX	ASCI 转换成 16 进制数		245	OR≤	(S1)≤(S2) 时并联触头接通
	84	CCD	校验		246	OR≥	(S1)≥(S2) 时并联触头接通
	85	VRRD	电位器变量输入	数据表的处理	256	LIMIT	上下限限位控制
	86	VRSC	电位器变量区间		257	BAND	死区控制
	87	RS2	串行数据传送 2		258	ZONE	区域控制
	88	PID	PID 运算		259	SCL	定标（不同点坐标数据）
数据传送2	102	ZPUSH	变址寄存器的批次躲避		260	DABIN	十进制 ASCII→BIN 的转换
	103	ZPOP	变址寄存器的恢复		261	BINDA	BIN→十进制 ASCII 的转换
浮点数运算	110	ECMP	二进制浮点数比较		269	SCL2	定标 2（X/Y 坐标数据）
	111	EZCP	二进制浮点数区间比较	外部设备通信（变频器通信）	270	IVCK	变频器的运行监控
	112	EMOV	二进制浮点数数据传送		271	ICDR	变频器的运行控制
	116	ESTR	二进制浮点数→字符串的转换		272	IVRD	变频器的参数读取
	117	EVAL	字符串→二进制浮点数的转换		273	IVWR	变频器的参数写入
	118	EBCD	二进制浮点数→十进制浮点数		274	IVBWR	变频器的参数成批写入
	119	EBIN	十进制浮点数→二进制浮点数	数据传送3	278	RBFM	BFM 分割读出
	120	EADD	二进制浮点数加法		279	WBFM	BFM 分割写入
	121	EUSB	二进制浮点数减法	高速处理2	280	HSCT	高速计数器表比较
	122	EMUL	二进制浮点数乘法	扩展文件寄存器的控制	290	LOADR	读出扩展文件寄存器
	123	EDIV	二进制浮点数除法		291	SAVER	扩展文件寄存器的一并写入
	124	EXP	二进制浮点数指数运算		292	INITR	扩展寄存器的初始化
	125	LOGE	二进制浮点数自然对数运算		293	LOGR	记入扩展寄存器
	126	LOG10	二进制浮点数常用对数运算		294	RWER	扩展文件寄存器的删除、写入
	127	ESQR	二进制浮点数开平方		295	INITER	扩展文件寄存器的初始化

参 考 文 献

［1］ 任艳君，康亚 . 电气控制与 PLC 技术项目教程［M］. 北京：机械工业出版社，2014.

［2］ 许蓼 . 电机与电气控制技术［M］. 北京：机械工业出版社，2019.

［3］ 唐惠龙，牟宏钧 . 电机与电气控制技术项目式教程［M］. 北京：机械工业出版社，2018.

［4］ 温贻芳，李洪群，王月芹 . PLC 应用与实践（三菱）［M］. 北京：高等教育出版社，2019.

［5］ 汤自春 . PLC 技术应用（三菱机型）［M］. 北京：高等教育出版社，2018.

［6］ 王建，马新合，刘禹林 . 实用 PLC 技术［M］. 沈阳：辽宁科学技术出版社，2010.

［7］ 肖峰，贺哲荣 . PLC 编程 100 例［M］. 北京：中国电力出版社，2011.

［8］ 王阿根 . PLC 控制程序精编 108 例［M］. 北京：电子工业出版社，2011.

［9］ 阮友德 . 电气控制与 PLC［M］. 北京：人民邮电出版社，2010.

［10］ 姜新桥，石建华 . PLC 应用技术项目教程［M］. 北京：电子工业出版社，2010.

［11］ 刘建华，张静之 . 三菱 FX_{2N} 系列 PLC 应用技术［M］. 北京：机械工业出版社，2010.